土木工程材料与检测技术

主　编　李红英
参　编　刘　宝　张　治
主　审　刘　珩

哈尔滨工程大学出版社
Harbin Engineering University Press

内容简介

本书共分为11章,内容包括绪论、土木工程材料的基本性质、无机气硬性胶凝材料、水泥、混凝土、建筑砂浆、砌筑材料、建筑钢材、建筑功能材料、木材、合成高分子材料。本书在介绍常用土木工程材料的基础上,按照最新国家及行业标准、规范介绍了常用土木工程材料检测技术,并结合土木工程实际应用,突出新材料、新技术、新标准,以及材料检测的重要性。

本书可作为土木工程、建筑工程管理等多个本科专业的教材,也可用于土木工程类其他专业,并可供土木工程设计、施工、科研等相关人员学习参考。

图书在版编目(CIP)数据

土木工程材料与检测技术 / 李红英主编. -- 哈尔滨 : 哈尔滨工程大学出版社, 2025. 3. -- ISBN 978-7-5661-4730-1

Ⅰ. TU5

中国国家版本馆 CIP 数据核字第 2025J4X611 号

土木工程材料与检测技术

TUMU GONGCHENG CAILIAO YU JIANCE JISHU

选题策划 田 婧
责任编辑 丁月华
封面设计 李海波

出版发行 哈尔滨工程大学出版社
社　　址 哈尔滨市南岗区南通大街 145 号
邮政编码 150001
发行电话 0451-82519328
传　　真 0451-82519699
经　　销 新华书店
印　　刷 哈尔滨市海德利商务印刷有限公司
开　　本 787 mm×960 mm 1/16
印　　张 16.5
字　　数 421 千字
版　　次 2025 年 3 月第 1 版
印　　次 2025 年 3 月第 1 次印刷
书　　号 ISBN 978-7-5661-4730-1
定　　价 79.80 元

http://www.hrbeupress.com

E-mail:heupress@hrbeu.edu.cn

前　言

为了符合土木工程专业课程教学的要求，本书在介绍常用土木工程材料的基础上，按照最新国家及行业标准、规范进行编写。本书结合土木工程实际应用，突出新材料、新技术、新标准，以及材料检测的重要性。

本书由李红英主编，刘宝、张治参编，其中第 1 章至第 7 章、第 9 章由李红英编写，第 8 章由李红英、刘宝编写，第 10 章由刘宝编写，第 11 章由张治编写。全书由刘珩主审。

本书可作为土木工程、建筑工程管理等多个本科专业的教材，也可用于土木工程类其他专业，并可供土木工程设计、施工、科研等相关人员学习参考。

由于土木工程材料发展迅猛，新材料、新品种不断涌现，各行业的技术标准不统一，加上编者水平有限，书中的疏漏之处恐难避免，欢迎读者批评指正。

编　者

2024 年 8 月

目　　录

第1章　绪　　论

土木工程材料是土木工程建设的重要物质基础,其产量及质量直接影响建筑工程的进步和国民经济的发展。土木工程材料在建设工程中的用量相当大,据统计,在工程总造价中,材料费一般占总投资的50%~70%,所以,在工程建设中恰当地选择、合理地使用土木工程材料对降低工程造价、提高投资效益具有十分重要的意义。

土木工程材料的性能、种类、规格及合理使用,直接影响建筑工程的坚固性、耐久性、美观性、适用性及安全性。若材料的选择、使用不当,则达不到预期效果,往往会导致工程质量降低,甚至酿成工程事故。对建筑工程而言,材料、设计、施工三者是一项密不可分的系统工程,材料的品种、质量制约着结构的设计、施工的方法等各个方面,而设计、施工等方面的技术革新又对材料提出更高的要求,同时新材料的出现会促使新的建筑设计的改进、结构设计方法的变化以及施工技术的革新等。

在土木工程施工过程中,土木工程材料检测工作是保障工程质量与安全的重要措施,对建筑工程的施工、验收等方面起着至关重要的作用。土木工程材料的检测工作不仅是判定和控制土木工程材料质量、监控施工过程、保障工程质量的手段和依据,也是推动科技进步、合理使用土木工程材料、降低生产成本、提高企业效益的有效途径。土木工程材料检测贯穿于工程施工的整个过程,各项土木工程材料的检测结果,是工程施工及工程质量验收必需的技术依据。

1.1　土木工程材料的分类和发展

1.1.1　土木工程材料的分类

土木工程材料品种繁多,用途不一,分类方法也很多。最常用的分类方法是按材料的化学成分分类,可分为无机材料、有机材料和复合材料三大类,如图1-1所示。土木工程材料按使用功能可分为承重和非承重材料、抗冲击材料、防辐射材料、吸声和隔声材料等;按材料所处的建筑物部位可分为主体结构材料、屋面材料、地面材料、外墙材料、内墙材料等。除此之外还有许多其他分类方法。

- 无机材料
  - 金属材料
    - 黑色金属材料(如钢、铁、不锈钢等)
    - 有色金属材料(如铝、铜及合金等)
  - 非金属材料
    - 天然石材(如砂、石等)
    - 烧土制品(如砖、瓦、玻璃、陶瓷等)
    - 胶凝材料(如石灰、石膏、水泥等)
    - 混凝土及硅酸盐制品(如混凝土、砂浆及硅酸盐制品)
- 有机材料
  - 植物材料(如木材、竹材等)
  - 沥青材料(如石油沥青、煤沥青及沥青制品等)
  - 高分子材料(如塑料、涂料及胶黏剂等)
- 复合材料
  - 金属与非金属复合(如钢筋混凝土等)
  - 有机与无机复合(如玻璃钢等)
  - 金属与有机材料复合(如金属夹芯板等)

图 1-1　土木工程材料按化学成分分类

1.1.2　土木工程材料的发展

土木工程材料是随着人类物质文明的进步而不断发展的。远在新石器时代之前,人类就已开始利用土、石、木等天然材料从事营造活动。17 世纪工业革命后,随着工业化的发展,建筑、桥梁、铁路和水利工程大量兴建,人们对土木工程材料的性能有了较高的要求。水泥、混凝土及钢材三大主材的出现标志着土木工程材料及土木工程结构进入到一个新的历史时期。17 世纪 70 年代人们开始使用生铁做建筑材料,19 世纪初人们开始用熟铁建造桥梁和房屋,出现了钢结构的雏形,随后人们制造出了强度高、延性好、质地均匀的建筑钢材,钢结构得到了迅速发展,使建筑物从传统砖石结构、木结构发展到现代高层、大跨钢结构及钢筋混凝土结构。19 世纪 20 年代,英国泥瓦匠约瑟夫·阿斯普丁发明了波特兰水泥,随后出现了现代意义上的水泥混凝土。19 世纪 40 年代出现了钢筋混凝土结构,人们利用混凝土受压,钢筋受拉的特点,充分发挥了两种材料各自的优点,从而使钢筋混凝土结构广泛应用于工程建设的各个领域。为克服钢筋混凝土结构抗裂性能差、刚度低的缺点,20 世纪 30 年代出现了预应力混凝土结构,使土木工程跨入了快速发展的新阶段。20 世纪以后各种功能材料、化学建材层出不穷,种类繁多,满足了土木工程建设各个方面的要求。

改革开放以来,材料科学发展迅猛,新材料、新技术、新工艺日新月异,我国的土木工程材料生产得到了飞速发展。我国的水泥、平板玻璃、建筑陶瓷和石材等非金属材料产量长期位居世界领先地位。近几十年来我国对基建的巨额投资使得对钢铁的需求急剧增加,仅中国的产量就超过了全球总产量的一半,建筑钢材产量居于世界前列。

随着社会的发展,人类对建筑工程的功能要求越来越高,对土木工程材料的性能要求也越来越高。轻质、高强、耐久、高效、便于施工等具有优良性能的高性能材料,是今后土木工程材料发展的基本方向,同时,随着环境保护与可持续发展的要求及人们环保意识的不断增强,节能减排、保护环境、节约能源、保护土地、合理开发和综合利用原料资源、利用工业废料、使用绿色建材、建造绿色建筑等,将是土木工程材料发展的重要趋势和方向。

1.2 土木工程材料的技术标准

在建筑工程中,土木工程材料的检测工作必须以现行的技术标准及有关的规范、规程为依据。技术标准或规范主要是对产品在工程建设的质量、规格及其检测方法等方面所做的技术规定,也是在生产、建设、科学研究及商品流通工作中的一种共同的技术依据。土木工程材料技术标准的主要内容包括产品规格、分类、技术要求、检测方法、验收规则、包装、运输贮存等。

土木工程材料技术标准包括材料质量要求和检测两方面。有些标准的质量要求和检测二者合在一起,有些标准则分开订立。在现场配制的一些材料,其原材料应符合相应的材料标准要求,而其制成品的检测和使用方法,通常在施工验收规范和有关规程中得以体现。如钢筋混凝土材料,其原料水泥、细骨料(砂子)、粗骨料(石子)、钢筋等应符合各自相关标准要求,而钢筋混凝土构件的检测常包含于施工验收规范及有关规程中。

1.2.1 技术标准的分类

技术标准通常可分为基础标准、产品标准、方法标准三类。

基础标准是指在一定范围内作为其他标准的基础,并被普遍使用、具有广泛指导意义的标准,如《水泥的命名原则和术语》《墙体材料术语》等。

产品标准是指衡量产品质量好坏的依据,对产品结构、规格、质量和检测方法所做的技术规定,如《通用硅酸盐水泥》《钢筋混凝土用钢 第 2 部分:热轧带肋钢筋》等。

方法标准是指以试验、检查、分析、抽样、统计、计算、测定等各种方法途径为对象制定的标准,如《水泥胶砂强度检验方法(ISO 法)》《水泥取样方法》等。

1.2.2 技术标准的等级及代号

土木工程材料的技术标准根据发布单位与适用范围的不同,分为国家标准、行业标准、地方标准及企业标准四级。各项标准分别由相应的标准化管理部门批准并颁布,国家质量监督检验检疫总局是我国国家标准化管理的最高机关。国家标准和行业标准都是全国通用标准,分为强制性标准和推荐性标准。地方标准是由地方主管部门制定和发布的地方性技术文件,根据本地区的现状、经济要素等制定适合本地区使用。企业生产的产品没有国家标准、行业标准、地方标准的,企业应制定相应的企业标准作为组织生产管理的依据。一般情况下,企业标准应高于类似(或相关)产品的国家标准,并报请有关主管部门审查备案。常用标准及代号见表 1-1。

表 1-1　常用标准及代号

标准种类	代号		表示方法
国家标准	GB	国家强制性标准	标准的表示方法:由标准名称、部门代号、标准编号和颁布年份组成。 例如:《通用硅酸盐水泥》(GB 175—2023)。
	GB/T	国家推荐性标准	
行业标准	JC	建材行业标准	
	JG	建筑工业行业标准	
	YB	黑色冶金行业标准	
	JT	交通运输行业标准	
	SL	水利行业标准	
	DL	电力行业标准	
	SH	石油化工行业标准	
地方标准	DB	地方强制性标准	
	DB/T	地方推荐性标准	
企业标准	QB	企业标准	

世界各国对材料的标准化都很重视,均制定了各自的标准。如美国的材料试验协会标准"ASTM"、英国标准"BS"、日本工业标准"JLS"等,世界范围内统一使用的国际标准为"ISO"体系。

随着科学技术的不断发展,新材料、新技术日新月异,土木工程材料的标准也在不断完善和更新,相关企业等在实际工程中要及时关注国家及行业最新标准和规范,正确选择和合理使用材料,以保证工程质量。

1.3　材料检测基础知识

土木工程材料检测,是指利用一定的检测方法和仪器对土木工程材料的一项或多项质量特性进行测量、检查、试验或度量,并将结果与相关的技术标准或规定要求相比较,从而确定每个试件的合格情况。材料检测工作内容可概括为"测、比、判","测"就是测量、检查、试验、度量,"比"就是将"测"的结果与规定要求进行比较,"判"就是根据"比"的结果做出合格与否的判断。

1.3.1　土木工程材料检测过程

工程材料检测的步骤主要包括见证取样、送样和检测。

见证取样、送样是指在建设单位或监理单位技术人员的见证下,由施工单位的现场检测人员对工程中涉及结构安全的试件、试块和材料进行现场取样,并送到具有检测资质的实验室进行检测。不同材料的抽样标准遵从国家相关取样标准。

检测实验室要具有相应的质量检测资质;检测人员要具有相关的资格证书,且要具有科学的态度,不得误报和修改试验原始数据,检测报告必须经过审核,经相关负责人签字和检测单位盖章才有效。检测的依据为现行的有关技术标准和规范。

1. 取样

在进行材料检测之前,首先要选取具有代表性的材料作为试样。取样的原则是代表性和随机性,即在若干批次的材料中,按照相应规定对任意堆放材料抽取一定数量的试样,并依据测量结果对其所代表的批次的质量进行判断。取样方法按材料的不同而不同,对此相关的技术标准和规范都做出了明确的规定。

2. 仪器的选择

材料检测仪器的选择要充分考虑精度和量程的要求。通常,称量精度大致为试样质量的0.1%,有效量程以仪器最大量程的20%~80%为宜。例如,需要称量试样的质量时,若试样称量的精度要求为0.1 g,则应选用感量为0.1 g的天平。测量试件的尺寸时,同样有精度要求,一般对边长大于50 mm的试件,精度可取1 mm;对边长小于50 mm的试件,精度可取0.1 mm。进行力学试验时,对试验机的量程根据试件破坏荷载的大小进行选择,以使指针停在试验机度盘的20%~80%为宜。

3. 测试试件

检测前一般应对取得的试样或试件进行处理、加工或成型,以制备满足检测要求的试样或试件。制备方法因检测项目不同而异,应严格按照各个试验所规定的方法进行。如混凝土抗压强度检测要制成标准立方体试件,水泥胶砂抗压、抗折强度检测要制成相应尺寸的试件。

4. 结果计算与评定

对各次检测数据进行处理,一般情况下,取 n 次平行检测数据的算术平均值作为检测结果。检测结果应满足精度和有效数字的要求。

对检测结果进行计算处理后,应给予相应评定,评定其是否满足标准要求,有时,根据需要还应对检测结果进行分析,并得出结论。

5. 检测条件

由于材料自身的复杂性,总会有这样或那样的不同,材料的检测结果也不会是完全一样的。同一材料在检测条件发生变化的时候,质量特性也会有很大的不同,导致得出不同的检测结果。如温度、湿度、试件尺寸、受荷面平整度及加载速度等的差别都会引起检测数据的变化,最终影响检测数据的准确性。

(1)温度

检测时的温度对材料的某些检测结果影响很大,特别是温度极端的情况。在常温下进行检测,对一般材料来说影响不大,但对温度敏感性强的材料,必须严格控制温度。一般情况下,材料的强度会随着检测时温度的升高而降低。

(2)湿度

检测时试件的湿度也明显影响检测数据,试件的湿度越大,测得的强度越低。性能测试中,材料的干湿程度对检测结果的影响就更为明显。因此,在检测时试件的湿度应控制在一定范围内。

(3)试件尺寸

由材料力学性质可知,当试件受压时,对于同一材料,小试件比大试件的检测强度大。相同受压面积的试件,高度大的试件比高度小的试件检测强度小。因此,对于不同材料的试件的尺寸大小都有规定。如混凝土立方体抗压强度试件,标准立方体试件的尺寸是150 mm×150 mm×150 mm,如果不采用标准立方体试件尺寸,计算的过程中要乘以相应的折算系数。

(4)受荷面平整度

试件受荷面平整度也会对检测强度造成影响,如受荷面不平整,较为粗糙,会引起应力集中而使检测强度大为降低。在混凝土强度检测中,当受荷面不平整度达到 0. 25 mm 时,检测强度可能降低 30%。上凸比下凹引起的应力集中更加明显。所以,受荷面必须平整,如成型面受荷,必须用适当强度的材料找平。

(5)加载速度

施加于试件的加载速度对强度检测结果有较大影响,加载速度越慢,测得的强度越小,这是由于应变有足够的时间发展,应力还不大时变形已达到极限应变,试件即被破坏。因此,对各种材料的力学性能检测都有加载速度的规定。

6. 检测报告

材料检测的主要结果应在检测报告中反映,检测报告的格式可以不尽相同,通常由内封面、扉页、报告主页、附件等组成。

工程的质量检测报告内容一般包括:委托方名称和地址、报告日期、样品编号、工程名称、样品产地和名称、规格及代表数量、检测条件、检测依据、检测项目、检测结果和结论、审核与批准信息、有效性声明等一些辅助备注说明等。

检测报告反映的是质量检测经过数据整理、计算、编制的结果,而不是原始记录,更不是计算过程的罗列。经过整理计算后的数据可以用图表等形式表示,达到说明的目的,起到一目了然的效果。为了编写出符合要求的检测报告,在整个检测过程中必须认真做好有关现象及原始数据的记录,以便于分析、评定检测结果。检测记录的完整性、严肃性、实用性、原始性、安全性是材料检测的基本要求。

1.3.2 检测数据的分析与处理

1. 误差

在材料检测时,由于测量仪器设备、方法、人员或环境等因素,测量结果与被测量的真值之间总会有一定的差距。误差就是指测量结果与真值之间的差异。

(1)绝对误差和相对误差

绝对误差是测量结果 x 减去被测量的真值 x_0 所得的差,简称误差,即 $\Delta=x-x_0$。绝对误差往往不能用来比较测量的准确程度,为此,需要用相对误差来表达差异。相对误差是绝对误差除以被测量的量的真值所得的商,即

$$s=\Delta/x_0\times100\%=(x-x_0)/x_0\times100\%。$$

(2)系统误差和随机误差

系统误差是指在重复条件下(即在测量程序、人员、仪器、环境等尽可能相同的条件下,

在尽可能短的时间间隔内完成重复测量任务)，对同一量进行无限多次测量所得结果的平均值与被测量的真值之差。系统误差决定测量结果的准确程度，其特征是误差的绝对值和符号保持恒定或遵循某一规律变化。

随机误差是指在重复条件下，对同一被测量进行多次重复测量时测量值围绕真值随机波动所产生的误差。随机误差决定测量结果的精密程度，其特征是每次误差的取值和符号没有一定的规律，且不能预计。多次测量的误差整体服从统计规律，当测量次数不断增加时，其误差的算术平均值趋于零。

2. 数据统计

(1)数据的均值

测量结果的真值是一个理想概念，一般情况下是未知的。根据统计规律，当测量次数足够多时，测量结果的平均值便接近真值。但在工程实践中，测量次数不可能太多，一般检测项目都规定了进行有限次平行测量，将各次测量数据的平均值作为测量结果。

①算术平均值

算术平均值是最常用的一种平均值计算方法，用来了解一批数据的平均水平，衡量这些数据的集中趋势，按下式计算：

$$\overline{X} = \frac{X_1 + X_2 + \cdots + X_n}{n} = \frac{\sum_{i=1}^{n} X_i}{n} \tag{1-1}$$

式中 $\overline{X}$——算术平均值；

$X_1, X_2, \cdots, X_n$——各测量数据值；

n——测量数据个数。

②均方根平均值

对数据大小跳动反应比较灵敏的是均方根平均值，计算公式为

$$X_S = \sqrt{\frac{X_1^2 + X_2^2 + ... + X_n^2}{n}} = \sqrt{\frac{\sum_{i=1}^{n} x^2}{n}} \tag{1-2}$$

式中 X_S——均方根平均值；

$X_1, X_2, \cdots, X_n$——各测量数据值；

n——测量数据个数。

③加权平均值

测量数据平均值的大小不仅取决于各测量数据的大小，而且取决于各测量数据出现的次数(频数)，各测量数据出现的次数对其在平均数中的影响起着权衡轻重的作用。因此，可将各测量数据乘以其出现的次数，加总求和后再除以总的测量次数，得到的数值称为加权平均值。其中，各测量数据出现的次数叫作权数或权重。计算公式如下：

$$M = \frac{X_1 g_1 + X_2 g_2 + ... + X_n g_n}{g_1 + g_2 + ... + g_n} = \frac{\sum_{i=1}^{n} xg}{\sum_{i=1}^{n} g} \tag{1-3}$$

式中　M——加权平均值；

$X_1,X_2,\cdots,X_n$——各测量数据值；

$g_1,g_2,\cdots,g_n$——各测量数据值的频率；

n——测量数据个数。

(2)中位数

将一组数据按大小顺序排列，位于中间的数据称为中位数，也叫中值。当数据的个数 n 为奇数时，居中者即为该组数据的中位数；当数据的个数 n 为偶数时，居中的两个数据的平均值即为该组数据的中位数。例如，一组混凝土抗压强度的测量值分别为 25.20 MPa、25.43 MPa、25.62 MPa、25.63 MPa、25.71 MPa、25.93 MPa，则这组数据的中位数为(25.62 MPa+25.63 MPa)/2=25.625 MPa。

(3)数据的分散程度

①极差

极差表示数据离散的范围，也可用来度量数据的离散性，也叫范围误差或全距，是指一组平行测量数据中最大值和最小值之差。

②算术平均误差

算术平均误差又叫平均偏差，是指各测量数据与总体平均值的绝对误差的绝对值的平均值，其计算公式为

$$\delta=\frac{|X_1-\overline{X}|+|X_2-\overline{X}|+\cdots+|X_n-\overline{X}|}{n} \tag{1-4}$$

式中　δ——算术平均误差；

$X_1,X_2,\cdots,X_n$——各测量数据值；

$\overline{X}$——测量数据的算术平均值；

n——测量数据个数。

③标准差(均方根差)

知道试件的平均水平是不够的，还要了解数据的波动情况及其带来的危险性，标准差(均方根差)是衡量数据波动性(离散性大小)的指标。标准差的计算公式为

$$S=\sqrt{\frac{(X_1-\overline{X})^2+(X_2-\overline{X})^2+\cdots+(X_n-\overline{X})^2}{n-1}} \tag{1-5}$$

式中　S——标准差；

$X_1,X_2,\cdots,X_n$——各测量数据值；

$\overline{X}$——测量数据的算术平均值；

n——测量数据个数。

④变异系数

标准差是表示测量数据绝对波动大小的指标，当测量较大的量值时，绝对误差一般较大，因此需要考虑用相对波动的大小来表示标准差，即变异系数。计算公式为

$$C_v=\frac{S}{\overline{X}}\times 100\% \tag{1-6}$$

式中　C_v——变异系数,%;

S——标准差;

$\overline{X}$——测量数据的算术平均值。

从变异系数可以看出用标准差表示不出来的数据波动情况。例如,甲、乙两厂均生产 32.5 级矿渣硅酸盐水泥。甲厂某月生产的水泥 28 天抗压强度平均值为 39.8 MPa,标准差为 1.68;乙厂生产的水泥 28 天抗压强度平均值为 36.2 MPa,标准差为 1.62。两厂的变异系数分别为:甲厂 4.22%,乙厂 4.48%。从标准差看,甲厂大于乙厂。但从变异系数看,甲厂小于乙厂,说明乙厂生产的水泥的抚压强度波动大,比甲厂产品的稳定性差,进而可以说明其质量差别大。

⑤正态分布和概率

如果想得到测量数据波动得更加完整的规律,则须通过画测量数据概率分布图的办法观察分析。在工程实践中,很多随机变量的概率分布都可以近似地用正态分布来描述。可参阅概率论等有关教材或文献资料。

3. 根据检测数据建立直线关系式

在进行材料检测时,有时需要根据测量数据找出材料的某两个质量特性指标之间的关系,建立相关经验公式,如抗压强度与抗拉(抗折)强度的关系、快速试验与标准试验强度的关系等。在工程实践中,常见的两个变量之间的经验相关公式是简单的直线关系式,如标准稠度、下沉深度等经验公式都是直线关系式。直线关系式为

$$Y=b+aX \tag{1-7}$$

式中　Y——因变量;

X——自变量;

a——系数或斜率;

b——常数或截距。

建立两个变量间直线关系的方法很多,有作图法、选点法、平均法、最小二乘法等。

思考题

1. 土木工程材料的技术标准如何分级?

2. 影响材料检测结果变化的因素有哪些?

3. 测得六组水泥试件的抗压强度分别为 35.0 MPa、38.4 MPa、35.8 MPa、37.4 MPa、37.8 MPa、34.8 MPa,这六组水泥试件的极差为多少?

第2章　土木工程材料的基本性质

在土木工程中,所用到的材料要受到各种物理、化学、力学因素单独及综合作用,需要具备良好的物理、力学性能;同时这些材料又会受到各种外部不利因素的影响,需要具备良好的耐久性能;为便于施工还应具备良好的施工性能。因此,对土木工程材料性质的要求是严格和多方面的。本章主要介绍材料的基本物理性质、力学性质及耐久性质。

2.1　材料科学的基本理论

影响材料性质的有材料内部与外部的各种因素。材料的内部因素,也就是物质的组成与结构起着决定性的作用。物质由一种或一种以上元素组成,这些元素又都由固定的原子构成。同一种或不同种类的原子通过化学键结合在一起构成分子。分子有大有小,按一定规律形成气体、液体或固体状态。固体又分为结晶状态和无定性状态(玻璃体),以及两者共存的状态。材料的组成、结构和构造决定着材料的宏观物理、力学性能。

2.1.1　材料的组成

材料的组成是决定材料性质的最基本因素。材料的组成包括材料的化学组成、矿物组成和相组成。

1. 化学组成

化学组成是指构成材料的化学元素及化合物的种类和数量。当材料与环境及各类物质相接触时,它们之间必然要按化学规律发生相互作用。化学组成是决定材料性质的最根本因素。在材料的微观结构中,质点(分子和原子)是通过结合键(离子键、共价键、金属键及范德华力)连接成整体的。

2. 矿物组成

矿物是指具有特定的晶体结构、特定的物理力学性能的组织结构。矿物组成是指构成材料的矿物种类和数量。矿物组成是在其化学组成确定的条件下决定材料性质的主要因素。如水泥主要由硅酸三钙、硅酸二钙、铝酸三钙、铁铝酸四钙等矿物成分组成,其水化硬化特点就是这些主要矿物成分与水反应所表现出的特点。

3. 相组成

材料中结构相近、性质相同的均匀部分称为相。自然界中的物质可分为气相、液相、固相三种形态。同种化学物质由于加工工艺的不同,温度、压力等环境条件的不同,可形成不同的相,这些相也会转变其存在状态,如由气相转变为液相或固相。土木工程材料基本上是多相固体材料。

2.1.2　材料的结构和构造

材料的结构、构造是决定材料性能的极其重要的因素。

1. 材料的结构

材料的结构可分为宏观结构、细观结构和微观结构。

(1)宏观结构

材料的宏观结构是指用肉眼或放大镜能够分辨的粗大组织。材料的宏观结构,按其孔隙特征分为:致密结构、多孔结构、微孔结构等;按其组织构造特征分为:堆聚结构、纤维结构、层状结构、散粒结构等。

(2)细观结构

细观结构(也称亚微观结构)是指可用光学显微镜观察到的结构。土木工程材料的细观结构,只能针对某种具体材料来进行分类研究。例如,混凝土可分为基相、集料相、界面相;天然岩石可分为矿物、晶体颗粒,非晶体组织;钢铁可分为铁素体、渗碳体、珠光体。材料细观结构层次上的各种组织结构、性质和特点各异,它们的特征、数量和分布对土木工程材料的性能有重要影响。

(3)微观结构

微观结构是指原子、分子层次的结构,可用电子显微镜或 X 射线来进行分析研究。土木工程材料的使用状态绝大多数为固体,固体材料的微观结构基本上可以分为晶体、玻璃体、胶体三类。材料的许多物理、力学性质,如弹塑性、强度、硬度以及一些关于热的性质,都与材料的结构状态有着密切关系。

①晶体

晶体结构的内部质点(离子、原子、原子团)是按一定的规律在空间呈周期性排列的。根据各类质点在空间排列的状态不同,晶体可以按晶格的边长、晶轴相交的角度等进行分类。常见的晶体有等轴晶系、四方晶系、六方及三方晶系、斜方晶系、单斜晶系及三斜晶系等,均为平行六面体晶体。根据质点分布情况,上述七种结晶格子又可分为原始格子、底心格子、体心格子及面心格子四种类型,如图 2-1 所示。

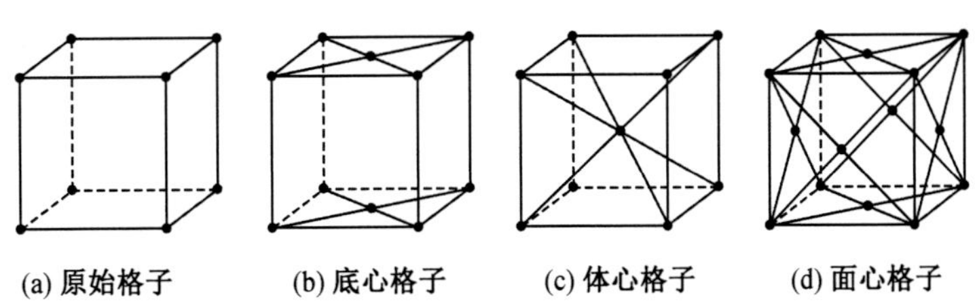

图 2-1　平行六面体的四种质点分布

由于晶体的质点是按规律的集合形状排列的,因此显示各向异性,但是因为材料通常是由许多细小晶体(晶粒)杂乱排列而成的,故在宏观显示各向同性。晶体受力时出现弹性变形,单晶体由于质点的密集程度不同,具有许多滑移面,当外力达到一定程度时,容易沿着这些滑移面滑动而出现塑性变形。晶体的外形、质点的相对密集程度和质点间相互作用力对晶体材料的形状有重要影响。例如建筑钢材,其质点的相对密集程度较高,质点间由金属键连接,因此具有较高强度、塑性变形能力及良好的导电导热性能,而一些硅酸盐矿物的晶体材料,质点相对密集程度不高,质点间大多由共价键连接,因此材料的变形能力小,呈现脆性。

②玻璃体

玻璃体又称为无定形体。玻璃体中质点(原子或分子)的排列是不规则的。大多数金属矿与非金属矿,经高温熔融后,缓慢冷却可以形成晶体,但如果冷却速度较快,质点来不及按一定规律排列就已凝固成固体,就会形成玻璃体结构。玻璃体是化学不稳定的结构,即具有活泼性,容易与其他物质起化学反应,故玻璃体类物质的化学活性较高,如常用作水泥及混凝土矿物掺合料的火山灰、炉渣、粒化高炉矿渣等。玻璃体没有固定的熔点,熔融时只出现软化现象。

③胶体

胶粒是一种细小扩散粒子(粒径为 $10^{-10} \sim 10^{-7}$ m 的固体颗粒)分散在连续相介质(如水、气、溶剂)中形成的结构。与晶体及玻璃体结构相比,胶体结构的强度较低,变形能力较大。

胶体中分散粒子可以通过布朗运动而自由运动,这种胶体称为溶胶,溶胶具有较大的流动性;胶体中分散粒子较多已不能按布朗运动自由移动,形成有结构黏性的构造,称为凝胶。溶胶在静置时能逐渐变为凝胶,凝胶在振动、搅拌等刺激下又能变为溶胶,这种现象称为触变性。水泥浆、新拌混凝土等均表现出触变性。

2. 材料的构造

材料的构造是指具有特定性质的材料结构单元的相互搭配情况。“构造”这一概念与结构相比,进一步强调了相同材料或不同材料间的搭配与组合关系。如木材的宏观构造、微观构造就是指相同的结构单元——木纤维管胞,按不同的形态和方式在宏观和微观层次上的搭配和组合情况,它决定了木材的各向异性等一系列物理、力学性质。又如具有特定构造的复合墙板,就是由具有不同性质的材料,经一定组合搭配而成的一种复合材料,它的构造赋予了复合墙板良好的隔热保温、隔声、防火抗震、坚固耐久等功能和性质。

随着材料科学与工程的理论和技术的不断发展,深入研究材料的组成、结构、构造和材料性能之间的关系,不仅可以帮助人们在实际工程中正确选用材料,而且可以使人们通过一定的物理、化学等先进技术和工艺来改变或改善材料内部的组成、结构和构造,创造出更多满足人们需要的新材料。

2.2 材料的基本物理性质

2.2.1 材料的密度、表观密度与堆积密度

1. 密度

密度是指材料在绝对密实状态下单位体积的质量,计算公式为

$$\rho=\frac{m}{V} \tag{2-1}$$

式中　ρ——密度,g/cm³;

m——材料的质量,g;

V——材料在绝对密实状态下的体积,cm³。

绝对密实状态下的体积是指不包括孔隙在内的固体体积。除了钢材、玻璃等少数材料外,绝大多数材料都有一些孔隙。一般固体材料组成结构示意图如图 2-2 所示,图中 M 为固体材料的总质量,m_0 为孔隙质量。固体材料的总体积 V_0 包括固体实体的体积 V 和孔隙体积 V_p,孔隙体积又包括开口孔体积 V_k 和闭口孔体积 V_b。闭口孔不吸水,开口孔吸水。即

$$V_0=V+V_p=V+(V_k+V_b)$$

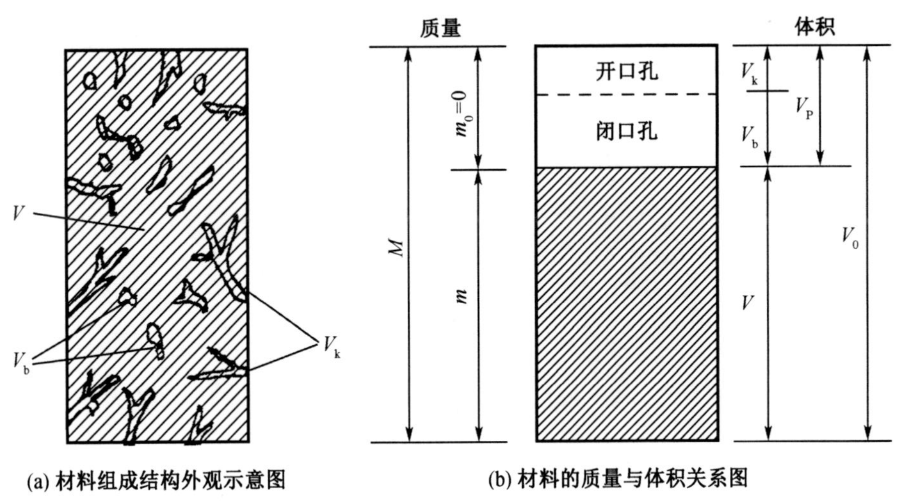

(a) 材料组成结构外观示意图　　(b) 材料的质量与体积关系图

图 2-2　固体材料组成结构示意图

测定有孔隙材料的密度时,首先将材料磨成粒径小于 0.2 mm 细粉,干燥后,用李氏瓶测定其体积,如砖、石材等块体材料都用这种方法测定其密度。对于砂、石等材料,其内部有些与外部不连通的孔隙,使用时无法排除,因此在测定密度时,直接以块状材料为试样,以排水(液)法测量其体积,将所得体积近似作为其绝对密实状态的体积,并按式(2-1)计算,这时所得的密度称为近似密度(g/cm³)。

2. 表观密度

表观密度是指材料在自然状态下单位体积的质量,计算公式为

$$\rho_0=\frac{m}{V_0} \tag{2-2}$$

式中　ρ_0——表观密度,g/cm³;

m——材料的质量,g;

V_0——材料在自然状态下的体积,cm³。

材料的表观体积是指包含内部孔隙的体积。当材料内部孔隙含水时,其质量和体积均将变化,故测定材料的表观密度时,应注意其含水情况。一般情况下,表观密度是指气干状态下的表观密度;而在烘干状态下的表观密度,称为干表观密度。

对于块体材料而言，如果是规则试件，则可以通过量测方法测量块体材料的体积（如测量长方体材料的长、宽、高，计算出体积），从而得到材料在自然状态下的体积 V_0；如果是不规则试件，则可以通过封蜡法测量块体材料在自然状态下的体积 V_0，即用熔融的石蜡涂抹于块体表面，将块体材料表面的开口孔封闭，然后用排水法测量块体材料的体积，从而计算出材料的表观密度。

3. 堆积密度

堆积密度是指松散材料（粉状或粒状材料）在堆积状态下单位体积（图 2-3）的质量，计算公式为

$$\rho_0' = \frac{m}{V_0'} \tag{2-3}$$

式中 ρ_0'——堆积密度，g/cm^3；

m——材料的质量，g；

V_0'——材料在自然状态下的堆积体积，cm^3。

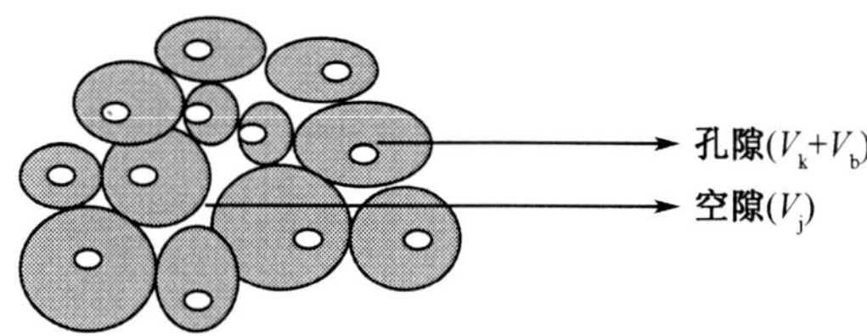

图 2-3　松散材料的堆积体积示意图

松散材料在自然堆积状态下的体积 V_0'既包括材料固体实体的体积，又包括颗粒内部的孔隙（开口孔与闭口孔：V_k+V_b），还包括颗粒与颗粒之间由于堆积不紧密而造成的空隙 V_j，因此

$$V_0' = V+V_k+V_b+V_j$$

测定散粒材料的堆积密度时，通常将材料填充在一定体积的容器内，材料质量是指填充在一定容器内的材料质量，其堆积体积是指所用容器的体积，因此，材料的堆积体积包含了颗粒之间的空隙。

在土木工程中，计算材料的用量、构件的自重、配料计算以及确定材料的堆放空间时，经常需用到密度、表观密度和堆积密度等数据。常用工程材料的有关数据见表 2-1。

表 2-1　常用工程材料的密度、表观密度及堆积密度

材料	密度/(g/cm^3)	表观密度/(kg/m^3)	堆积密度/(kg/m^3)
石灰岩	2.60	1 800~2 600	
花岗岩	2.80	2 500~2 900	
碎石(石灰岩)	2.60		1 400~1 700
砂	2.60		1 450~1 650
普通黏土砖	2.50	1 600~1 800	

表 2-1(续)

材料	密度/(g/cm³)	表观密度/(kg/m³)	堆积密度/(kg/m³)
空心黏土砖	2.50	1 000~1 400	
水泥	3.20		1 200~1 300
普通混凝土		2 100~2 600	
轻集料混凝土		800~1 900	
木材	1.55	400~800	
钢材	7.85	7 850	

2.2.2　材料的密实度与孔隙率

1. 密实度

密实度是指块体材料中固体实体体积占总体积的比例,计算公式为

$$D=\frac{V}{V_0}\times 100\% \quad 或 \quad D=\frac{\rho_0}{\rho}\times 100\% \tag{2-4}$$

2. 孔隙率

孔隙率是指块体材料中孔隙体积占总体积的比例,计算公式为

$$P=\frac{V_0-V}{V_0}=1-\frac{V}{V_0}=\left(1-\frac{\rho_0}{\rho}\right)\times 100\% \tag{2-5}$$

即

$$D+P=1 \tag{2-6}$$

孔隙率的大小直接反映了材料的致密程度。材料内部孔隙的构造,可分为开孔与闭孔两种。开口孔不仅彼此连通而且与外界连通,而闭口孔不仅彼此封闭且与外界相隔绝。孔隙可按其孔径尺寸的大小分为极微细孔隙、细小孔隙和粗大孔隙。在孔隙率一定的前提下,孔隙结构和孔径尺寸及其分布对材料的性能影响较大。

材料的孔隙率和密实度与材料的物理、力学性质密切相关,密实度越大,材料的强度越大,耐水性越好,质量越大;相反孔隙率越大,材料的强度越小,耐水性越差,但质量越轻,保温隔热、吸音等性能优良。因此,在实际工程中要根据工程实际应用部位合理选择材料的密实度和孔隙率。

随着材料科学技术的不断进步,可以采用一些先进技术手段改变材料的密实度和孔隙率以达到使用要求。例如,采用双掺技术(同时掺入高效减水剂和超细矿物掺合料)配制密实度高的高强混凝土,用作结构工程材料;可以配制泡沫混凝土来提高混凝土的保温隔热性能,同时可大大降低混凝土的自重。

2.2.3 材料的填充率与空隙率

1. 填充率

填充率是指松散材料(砂子、石子等)中固体实体所占总体积的比例,计算公式为

$$D'=\frac{V}{V'_0}\times100\% \quad 或 \quad D'=\frac{\rho_0{}'}{\rho_0}\times100\% \tag{2-7}$$

2. 空隙率

空隙率是指松散材料中颗粒之间的空隙体积所占总体积的比例,计算公式为

$$P'=\frac{V'_0-V}{V'_0}=1-\frac{V_0}{V'_0}=\left(1-\frac{\rho'_0}{\rho_0}\right)\times100\% \tag{2-8}$$

即

$$D'+P'=1 \tag{2-9}$$

空隙率的大小反映了松散材料的颗粒之间互相填充的程度。空隙率是控制混凝土集料的级配及计算砂率的重要依据。对于混凝土用砂、石骨料而言,空隙率越小,砂、石骨料的级配越好,混凝土的密实度越高,强度越高。

2.2.4 材料与水相关的性质

由于雨、雪、地表水、地下水及空气中的湿度的存在,土木工程材料在工程中使用时不可避免地要接触水分,因此了解材料与水相关的性质十分重要。

1. 亲水性与憎水性

水分与不同的材料表面接触时,其相互作用的结果是不同的。如图 2-4 所示,在材料、水和空气三相的交点处,沿水滴表面的切线与水和固体接触面所成的夹角(θ)称为润湿边角。润湿边角 θ 越小,浸润性越好。如果润湿边角为零,则表示该材料完全为水所浸润。

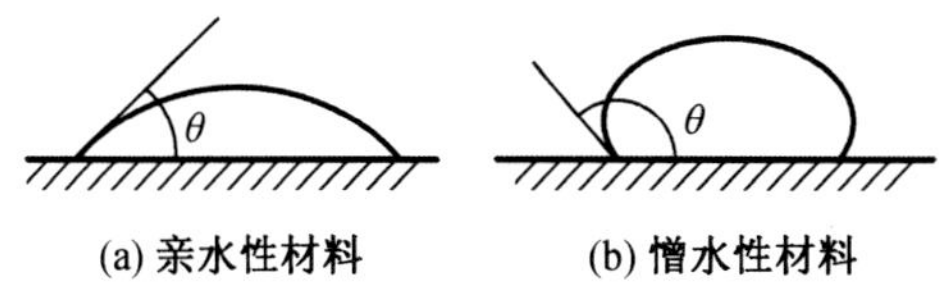

(a) 亲水性材料　　(b) 憎水性材料

图 2-4　材料润湿边角

当 $\theta\leq90°$时,水分子之间的内聚力小于水分子与材料表面分子之间的相互吸引力,此种材料称为亲水性材料。当 $\theta>90°$时,水分子之间的内聚力大于水分子与材料表面分子之间的吸引力,材料表面不会被水浸润,此种材料称为憎水性材料。

土木工程材料大多为亲水性材料,如石材、水泥、混凝土、木材等,只有少数材料为憎水性材料,如沥青、石蜡、塑料等。在土木工程防水中常用这些憎水性材料作为防水材料,而对于大多数的亲水性材料,当遇到水的侵害时就会发生渗水、漏水等情况,需要采取相应措施进行防水、止水,以保证工程正常使用。

2. 吸水性

材料与水接触时吸收水分的性质称为材料的吸水性,可用吸水率表示。当材料吸水饱和时,吸水性常用质量吸水率表示。

质量吸水率:材料在饱水状态下,吸入水分的质量占材料干燥质量的比例,计算公式为

$$W_m=\frac{m_1-m}{m}\times 100\% \tag{2-10}$$

式中　W_m——材料的质量吸水率,%;

m——材料在干燥状态下的质量,g;

m_1——材料在吸水饱和后的质量,g。

在工程材料中,多数情况下是按质量计算吸水率的,但也有按体积计算吸水率的(吸入水分的体积占材料表观体积的百分率)。

吸水率不仅与材料的亲水性、憎水性有关,而且与材料的孔隙率和孔隙特征密切相关。如果材料具有细微且连通的孔隙,则吸水率大,若是封闭孔隙,则水分不易渗入。对于粗大的孔隙,水分虽然容易渗入,但仅能润湿孔隙表面而不易在孔中留存,所以,含封闭或粗大孔隙的材料,吸水率较低。

由于孔隙结构的不同,各种材料的吸水率相差很大。如花岗岩等致密岩石的吸水率仅为0.5%~0.7%,普通混凝土的吸水率为2%~3%,黏土砖的吸水率为8%~20%,而木材或其他轻质材料的吸水率则常大于100%。

材料吸收水分后,不仅表观密度增大、强度降低、保温隔热性能变差,且更易受到冰冻的破坏,因此,材料的吸水率越低越好。

3. 吸湿性

材料在潮湿空气中吸收水分的性质称为吸湿性。吸湿作用一般是可逆的,也就是说材料既可吸收空气中的水分,又可向空气中释放水分。材料的吸湿性可用含水率表示。

材料中所含水的质量与干燥状态下材料的质量之比称为材料的含水率,计算公式为

$$W_{\mathrm{h}}=\frac{m_1-m}{m}\times 100\% \tag{2-11}$$

式中　W_{h}——材料的含水率,%;

m——材料在干燥状态下的质量,g;

m_1——材料在含水状态下的质量,g。

材料与空气湿度达到平衡时的含水率称为平衡含水率。吸湿性对材料性能亦有显著的影响。例如,木制门窗在潮湿环境中往往不易开关,就是由于木材吸湿膨胀而引起的。而保温材料吸湿含水后,导热系数将增大,保温性能会变差。

4. 耐水性

材料长期在饱和水作用下不破坏、强度也不显著降低的性质称为耐水性。

水分子进入材料后,由于材料表面力的作用,会在材料表面定向吸附,产生劈裂破坏作用,因此导致材料强度有不同程度的降低;同时,水分子进入材料内部后,也可能使某些材料发生吸水膨胀,导致材料开裂破坏。此外,材料内部某些可溶性物质发生溶解,也将导致材料孔隙率增加,进而降低强度。因此,一般材料遇水后,强度都有不同程度的降低,即使致密的岩石也不能避免这种影响。例如,花岗岩长期在水中浸泡,强度将下降3%以上。普

通黏土砖、木材等与水接触后，所受影响则更大。材料的耐水性可用软化系数来表示：

$$K_s=\frac{f_{ws}}{f_d} \tag{2-12}$$

式中 K_s——软化系数；

f_{ws}——材料在饱水状态下的强度，MPa；

f_d——材料在干燥状态下的强度，MPa。

软化系数的范围为0~1。软化系数的大小，是选择耐水材料的重要依据。长期受水浸泡或处于潮湿环境中的工程，应选择软化系数在0.85以上的材料来建造，受潮较轻的或次要结构物的材料，软化系数不宜小于0.7。

5. 抗渗性

抗渗性是指材料在压力水作用下抵抗渗透的能力。材料的抗渗性常用渗透系数 K 或抗渗等级 PN 表示。

渗透系数 K 是指一定厚度的材料，在单位水头压力作用下，单位时间内透过单位面积的水量，用公式表示为

$$K=\frac{Qd}{AtH} \tag{2-13}$$

式中 K——渗透系数，cm/s；

Q——透水量，cm^3；

d——试件厚度，cm；

A——透水面积，cm^2；

t——透水时间，s；

H——水头压力，cm。

渗透系数反映了材料抵抗压力水渗透的能力，渗透系数 K 越大，则材料的抗渗性越差。

在土木工程中，对混凝土、砂浆等材料，常用抗渗等级 PN 来评价其抗渗性，用公式表示为

$$\mathrm{P}N=H-0.1 \tag{2-14}$$

式中 PN——抗渗等级，MPa(如P6、P8分别表示材料能承受0.6 MPa、0.8 MPa的水压力)；

H——试件开始渗水时的水压力，MPa；

N——材料能够承受最大水压力(MPa)的10倍。

材料的抗渗性与材料的孔隙率、孔隙特征及亲水、憎水性等因素有关。通常具有较大孔隙且有连通的毛细孔的亲水性材料往往抗渗性较差，密实的材料及具有闭口微孔的材料抗渗性好。对于地下工程及水工建筑，工程所需的材料应满足抗渗性的要求。一般认为当混凝土的抗渗等级大于或等于P6时为防水混凝土。

6. 抗冻性

材料的抗冻性指吸水饱和的材料能经受多少次冻融循环而不破坏，强度也不严重降低的性能。材料的冻融破坏是引起材料破坏的各因素中，破坏力最大的。用抗冻等级FN来表示，N表示试件能经受冻融循环最大循环次数。经过 N 次冻融循环后要求材料的强度损失不超过25%，质量损失不超过5%，且经过目测没有严重的缺棱掉角、裂纹、剥落等破坏现象，即可认为达到 N 次，抗冻等级为FN，如F25、F50、F100等。

材料经受冻融循环作用而破坏,一方面是由于材料内部孔隙中的水结冰膨胀而导致材料胀裂,另一方面是因为在融化过程中,材料融化内外不一致,即先外后内,在此过程中产生内外应力差,从而引起裂缝的产生。为了保证材料在冻和融过程中彻底结冰和融化,抗冻性试验通常是将规定的标准试件浸水饱和后,在-15 ℃条件下冻结一定时间,然后将温度升至 15 ℃进行融化,如此反复进行。

材料的抗冻性取决于材料的孔隙率、孔隙特征、吸水饱和程度和自身强度。材料的强度大、软化系数大、吸水饱和程度低,则抗冻性好。材料的抗冻性是衡量材料耐久性的重要指标,抗冻性越好的材料,抵抗温度变化、干湿交替等风化作用的能力也越强。因此,材料的抗冻性不仅可以作为寒冷地区选材的重要依据,也可以作为温暖地区为确保建筑物耐久性进行选材的依据。

2.3　材料的基本力学性质

2.3.1　材料的强度

1. 材料的理论强度

材料的理论强度是指材料在理想状态下应具有的强度,大小取决于其质点间的作用力。以共价键、离子键形成的结构,化学键能大;材料的理论强度和弹性模量值也大;而以分子键形成的结构,化学键能较低,材料的理论强度和弹性模量值均较小。

材料在理想状态下,受力破坏的原因是由拉力造成的结合键的断裂,或者因剪力而造成的质点间的滑移。其他受力形式导致的材料破坏,实际上都是外力在材料内部产生的拉应力和剪应力造成的。

实际材料与理想材料的差别在于实际材料中存在许多缺陷,如微裂纹、微孔隙等。当材料受外力作用时,在微裂纹的尖端部位会产生应力集中现象,使得其局部应力大大超过材料的理论强度,进而引起裂纹不断扩展,延伸,以至相互连通,最后导致材料的破坏。故材料的理论强度远远大于其实际强度。而消除工程材料内部的缺陷,则会大大提高材料的强度。

2. 材料的强度

材料在外力(荷载)作用下,抵抗破坏的能力称为强度。当材料受外力作用时,其内部将产生应力。外力逐渐增大,内部应力也相应地加大,直到材料结构不再能够承受时,材料即破坏。此时材料所承受的极限应力值,就是材料的强度。

根据外力作用方式的不同,材料强度分为抗压强度[图 2-5(a)]、抗拉强度[图 2-5(b)]、抗弯强度[图 2-5(c)、图 2-5(d)]及抗剪强度[图 2-5(e)]等。材料的抗压强度、抗拉强度、抗剪强度的计算公式为

$$f=\frac{P}{A} \tag{2-15}$$

式中 f——材料的强度,N/mm^2 或 MPa;

P——材料破坏时的最大荷载,N;

A——受力截面的面积,mm^2。

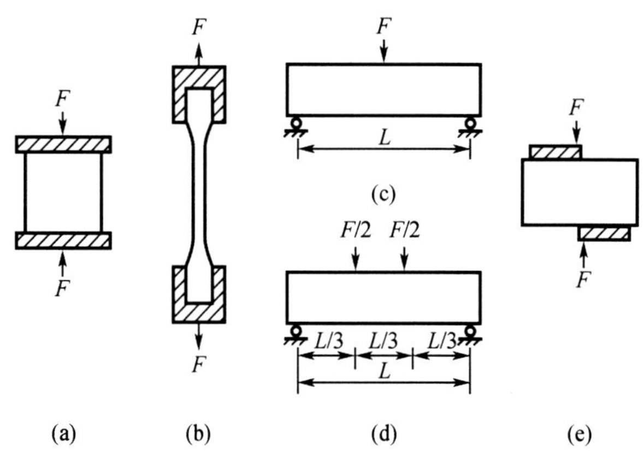

图 2-5 材料受力示意图

材料的抗弯强度(或抗折强度)与试件受力、界面形状及支撑条件有关,如果矩形截面的条形试件放在两支点上,中间受集中荷载[图 2-5(c)],则抗弯强度为

$$f_c = \frac{3PL}{2bh^2} \tag{2-16}$$

若在三分点上加两个集中荷载,则抗弯强度为

$$f_c = \frac{PL}{bh^2} \tag{2-17}$$

式中 f_c——材料的抗弯强度,N/mm^2 或 MPa;

P——材料破坏时的最大荷载,N;

L——两支点间的距离,mm;

b、h——试件的宽与高,mm。

影响材料强度的因素有内因和外因,内因主要包括材料的组成、结构等内在因素,外因主要包括含水率、试验条件等外界影响因素。

(1)内因

不同的材料由于其内在组成、结构不同,强度差异很大,即材料的微观结构决定材料的力学性能。即使相同种类的材料,其孔隙率及构造特征不同,各种强度也有显著差异。一般来说,孔隙率越大的材料,强度越低。不同种类的材料,强度差异很大。砖、石材、混凝土和铸铁等材料的抗压强度较大,而抗拉强度及抗弯强度较小。木材的顺纹抗拉强度大于抗压强度。钢材的抗拉、抗压强度都很大。

(2)试验条件

试验条件不同,材料强度试验值就不同。如试件的尺寸和形状、试件表面光滑程度、试验时的加荷速度、试验环境温度和湿度等都会对试验结果产生较大影响。例如,测定混凝土强度时,试件尺寸越大,测得的强度试验值越小;试件表面越光滑,测得的强度试验值越小;加荷速度越快,测得的强度试验值越大。另外,一般温度越高,材料强度试验值会越小;含水率越大,材料强度试验值越小。

3. 强度等级

工程材料常根据其强度划分为若干不同的等级,即强度等级。脆性材料如石材、混凝土、砖等主要以抗压强度来划分等级;塑性材料如钢材、沥青等主要以抗拉强度来划分等级。强度值和强度等级不能混淆,强度等级是一个范围,是根据强度值进行划分的。

在工程中根据实际需求合理选用材料的强度等级,对于正确进行设计和控制工程质量都非常重要。

4. 比强度

比强度是指单位质量的材料能提供多少强度,即材料的强度与其表观密度之比。比强度是衡量材料轻质高强性能的一项重要指标。比强度越大,材料轻质高强的性能越好,选择比强度大的材料对增加建筑物的高度、减轻结构自重、降低工程造价具有重大意义。研究和应用比强度大的复合材料是材料发展的必然趋势。表 2-2 列出了几种主要材料的比强度值。

表 2-2　几种主要材料的比强度值

材料(受力状态)	表观密度/(kg/m^3)	强度/MPa	比强度
普通混凝土(抗压)	2 400	40	0.017
低碳钢(抗拉)	7 850	420	0.054
松木(顺纹抗拉)	500	100	0.200
烧结普通砖(抗压)	1 700	10	0.006
玻璃钢(抗弯)	2 000	450	0.225
铝合金(抗拉)	2 800	450	0.160
石灰岩(抗压)	2 500	140	0.056

2.3.2　弹性与塑性

材料在外力作用下产生变形,当外力除去后变形随即消失,完全恢复至原来形状的性质称为弹性。这种可完全恢复的变形称为弹性变形。材料在外力作用下,当应力超过一定限值时产生显著变形,且不产生裂缝或发生断裂,外力取消后,仍保持变形后的形状和尺寸的性质称为塑性。这种不能恢复的变形称为塑性变形。

实际上,在真实材料中,完全的弹性材料或完全的塑性材料是不存在的。有的材料在低应力作用下,主要发生弹性变形;而在应力接近或高于其屈服强度时,则产生塑性变形。建筑钢材就是如此,如图 2-6 所示。有的材料在受力时,弹性变形和塑性变形同时发生,这种弹塑性变形在取消外力后,弹性变形可以恢复,而塑性变形则不能恢复。混凝土材料的受力变形就属于这种类型,如图 2-7 所示。

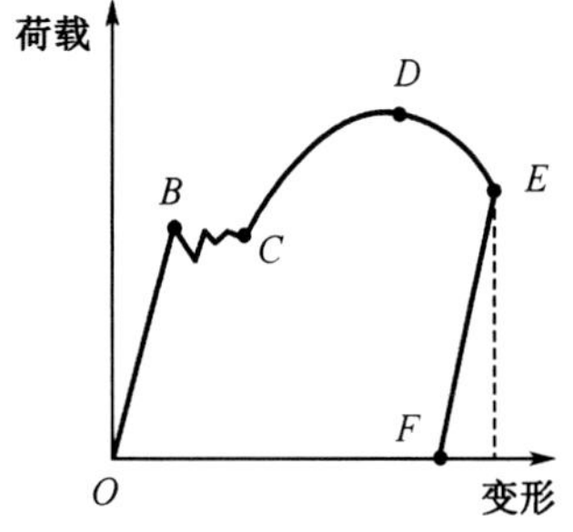

图 2-6　低碳钢应力应变曲线

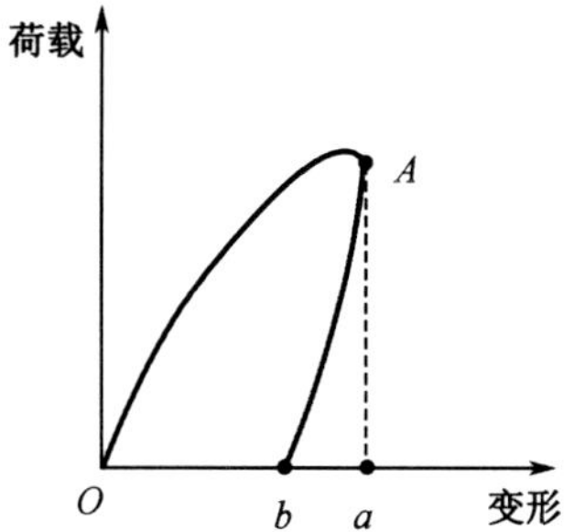

图 2-7　普通混凝土应力应变曲线

2.3.3　脆性与韧性

当外力达到一定限度后,材料突然破坏,且破坏时无明显的塑性变形,材料的这种性质称为脆性。其特点是材料在外力作用下,达到破坏荷载时的变形很小。脆性材料不利于抵抗振动和冲击荷载,会使结构发生突然性破坏,是工程中应避免的。陶瓷、玻璃、石材、砖瓦、混凝土、铸铁等都属于脆性较大的材料。

在冲击、振动荷载作用下,材料能够吸收较大的能量,不发生破坏的性质,称为韧性(亦称冲击韧性)。材料的韧性常用冲击试验来检验。建筑钢材(软钢)、木材等属于韧性材料。在桥梁、吊车梁及有抗震要求的土木工程结构中,应考虑材料的韧性。

2.4　材料的耐久性

材料的耐久性是材料在使用中,抵抗其自身和环境的长期破坏作用,保持其原有性能不破坏、不变质的能力。用具有良好耐久性的土木工程材料修筑的工程结构,会具有较长的使用寿命。因此,提高材料耐久性可延长工程结构的使用寿命,节约能源和材料等自然资源。

环境复杂多变,影响材料耐久性的破坏因素亦千变万化。这些破坏因素单独或交互作用于材料,可形成化学的、物理的和生物的破坏作用。各种破坏因素的复杂性和多样性,使得耐久性是材料的一项综合性质。因此,在考虑材料的耐久性时,既要考虑耐久性的综合性,又要注意其特殊性。材料的耐久性是一项综合性质,包括抗冻性、抗渗性、抗风化性、耐热性、耐腐蚀性等内容,不同材料其耐久性的侧重点有所不同。

在实际工程中,由于各种因素,土木工程结构常常会因耐久性不足而过早破坏。因此,耐久性是土木工程材料的一项重要的技术性质。目前,工程技术人员都已认识到,对土木工程结构根据耐久性进行设计,更具有科学性和实用性。只有深入了解并掌握土木工程材料耐久性的本质,从材料、设计、施工、使用各方面共同努力,才能保证工程材料和结构的耐久性,延长工程结构的使用寿命。

2.5　材料基本物理性能的检测

材料基本物理性能的检测项目较多,对于各种不同材料及不同用途,检测项目及检测方法视具体要求而有一定差别。下面以石料为例,介绍土木工程材料的几种基本物理性能检测的试验方法。

2.5.1　密度测定(李氏比重瓶法)

石料密度是指石料矿质单位体积(不包括开口孔与闭口孔体积)的质量。

1. 主要仪器设备

李氏比重瓶(图 2-8)、筛子(孔径 0.315 mm)、烘箱、干燥器、天平(感量 0.001 g)、温度计、恒温水槽、粉磨设备等。

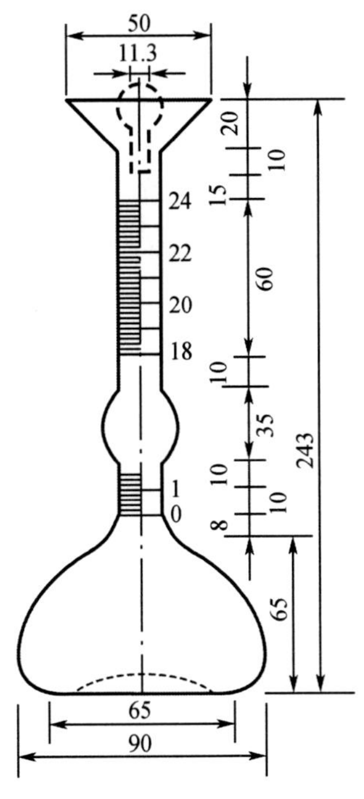

图 2-8　李氏比重瓶(单位:mm)

2. 试验步骤

(1)将石料试样粉碎、研磨、过筛后放入烘箱中,以 100 ℃±5 ℃的温度烘干至恒重。将烘干后的粉料储放在干燥器中冷却至室温,以待取用。

(2)在李氏比重瓶中注入煤油或其他与试样不起反应的液体至突颈下部的零刻度线以上,将李氏比重瓶放在温度为(20±2)℃的恒温水槽内,使刻度部分浸入水中,恒温 0.5 h。记下李氏比重瓶第一次读数 V_1(精确到 0.05 mL,下同)。

(3)从恒温水槽中取出李氏比重瓶,用滤纸将李氏比重瓶内零刻度线起始读数以上没有煤油的部分仔细擦净。

(4)取 100 g 左右试样,用感量为 0.001 g 的天平(下同)准确称取瓷皿和试样总质量 m_1。用牛角匙小心地将试样通过漏斗渐渐送入李氏比重瓶内(不能大量倾倒,因为这样会妨碍李氏比重瓶中的空气排出,或在咽喉部分形成气泡,妨碍粉末的继续下落),使液面上升接至 20 mL 刻度处(或略高于 20 mL 刻度处),注意勿使石粉黏附于液面以上的瓶颈内壁上。摇动李氏比重瓶,如图 2-8 所示,排出其中空气,至液体不再产生气泡为止。再将李氏比重瓶放入恒温水槽,在相同温度下恒温 0.5 h,记下李氏比重瓶第二次读数 V_2。

(5)准确称取瓷皿加剩下的试样总质量 m_2。

3. 试验结果

(1)石料试样密度按下式计算(精确至 0.01 g/cm³):

$$\rho=\frac{m_1-m_2}{V_2-V_1} \tag{2-18}$$

式中 ρ——石料密度,g/cm³;

m_1——试验前试样加瓷皿总质量,g;

m_2——试验后剩余试样加瓷皿总质量,g;

V_1——李氏瓶第一次读数,mL(cm³);

V_2——李氏瓶第二次读数,mL(cm³)。

(2)以两次试验结果的算术平均值为测定值,当两次试验结果相差大于 0.02 g/cm³ 时,应重新取样进行试验。

2.5.2 表观密度(体积密度)测定(量积法)

表观密度指石料在干燥状态下包括孔隙在内的单位体积固体材料的质量。对于形状不规则石料的毛体积密度,可采用静水称量法或蜡封法测定;对于规则几何形状的试件,可采用量积法测定其表观密度。

1. 主要仪器

天平(称量 500 g、感量 0.01 g)、游标卡尺(精度 0.1 mm)、烘箱、试件加工设备等。

2. 试验步骤

(1)将石料加工成规则几何形状的试件(三个)后放入烘箱内,以 100 ℃±5 ℃的温度烘干至恒重。用游标卡尺量其尺寸(精确至 0.01 cm),并计算其体积 V_0(cm³)。然后用天平称其质量 m(精确至 0.01 g)。

3. 试验结果

按下式计算石料表观密度(体积密度):

$$\rho_0=\frac{m}{V_0} \tag{2-19}$$

式中 ρ_0——石料的表观密度,g/cm³;

m——试件的质量,g;

V_0——试件的体积,cm³。

求试件体积时,如试件为立方体或长方体,则每边应在上、中、下三个位置分别测量,求其平均值,然后计算体积。

对于组织均匀的石料,其体积密度应为三个试件测得结果的平均值;对于组织不均匀的石料,应记录最大与最小值。

2.5.3　孔隙率计算

将已经求出的同一石料的密度和表观密度(体积密度,用同样的单位表示)代入下式计算得出该石料的孔隙率:

$$P=\frac{\rho-\rho_0}{\rho}\times 100\% \tag{2-20}$$

式中　P——石料孔隙率,%;

ρ——石料的密度,g/cm^3;

ρ_0——石料的表观密度,g/cm^3。

计算出石料的孔隙率后,根据 $P+D=1$,得到材料的密实度 D。

2.5.4　堆积密度测定(松散)

松散堆积密度指松散材料(砂子、石子等)在自然堆积状态下单位体积的质量。下面以砂子为例,采用标准量筒测定。

1. 主要仪器

标准量筒(容积 1 L)、天平(感量 1 g)、烘箱、干燥器、漏斗、直尺等。

2. 试验步骤

(1)用浅盘装砂子约 10 kg,放在 100 ℃±5 ℃的烘箱中烘干至恒重,冷却至室温后分成两份备用。

(2)称标准量筒质量 m_1。用标准漏斗将砂子徐徐装入容器,漏斗出料口距容器口 5 cm,待容器顶上形成锥形突出,将多余的砂子用直尺沿容器口中心线向两个相反方向刮平。称量筒与砂子的总质量 m_2。

3. 试验结果

$$\rho_0'=\frac{m_2-m_1}{V_0} \tag{2-21}$$

式中　ρ_0'——砂子的松散堆积密度,kg/m^3;

m_1——量筒的质量,kg;

m_2——量筒和砂子总质量,kg;

V_0——量筒的体积,m^3。

以两次试验结果的算术平均值作为堆积密度测定的结果,精确至 10 kg/m^3。

2.5.5 吸水率测定

1. 主要仪器设备

天平(感量 0.01 g)、烘箱、石料加工设备、容器等。

2. 试验步骤

(1)将试件置于烘箱中,以 100 ℃±5 ℃的温度烘干至恒重。在干燥器中冷却至室温后以天平称其质量 m_1,精确至 0.01 g(下同)。

(2)将试件放在盛水容器中,在容器底部可放些垫条如玻璃管或玻璃杆以使试件底面与盆底不致紧贴,使水能够自由进入。放置 48 h 让其自由吸水直至吸水饱和。

(3)取出试件,用湿纱布擦去表面水分,立即称其质量 m_2。

3. 试验结果计算

(1)按下列公式计算石料吸水率(精确至 0.01%):

$$W=\frac{m_2-m_1}{m_1}\times 100\% \tag{2-22}$$

式中 W——石料吸水率,%;

m_1——烘干至恒重时试件的质量,g;

m_2——吸水至恒重时试件的质量,g。

(2)对于组织均匀的试件,取三个试件试验结果的平均值作为测定值;对于组织不均匀的试件,则取五个试件试验结果的平均值作为测定值。

思考题

1. 将一批混凝土试件经养护至 28 天后分别测得其养护状态下的平均抗压强度为 23 MPa,干燥状态下的平均抗压强度为 25 MPa,吸水饱和状态下的平均抗压强度为 22 MPa,则其软化系数为多少?

2. 某材料吸水饱和后的质量为 20 kg,烘干到恒重时,质量为 16 kg,则材料的质量吸水率为多少?

3. 某石灰石的密度为 2.70 g/cm^3,孔隙率为 1.2%,将该石灰石破碎成石子,石子的堆积密度为 1 680 kg/m^3,求此石子的表观密度和空隙率。

4. 某工地所用卵石材料的密度为 2.65 kg/m^3,表观密度为 2.61 g/cm^3,堆积密度为 1 590 kg/m^3,计算此石子的孔隙率与空隙率。

5. 什么是材料的耐久性?在工程结构设计时应如何考虑材料的耐久性?

6. 材料密度检测时容易出现哪几个方面的误差?

7. 材料的密度、表观密度、堆积密度等对实际工程应用有何作用?

8. 材料的孔隙率对材料性能有什么影响?

第 3 章　无机气硬性胶凝材料

胶凝材料是指经过一系列物理、化学作用后，能将散粒状或块状材料黏结成整体的材料，也称为胶结材料。

胶凝材料根据化学组成不同，一般可分为无机胶凝材料和有机胶凝材料两大类。有机胶凝材料以天然的或合成的有机高分子化合物为基本成分，常用的有沥青、各种合成树脂等。无机胶凝材料则以无机化合物为基本成分，常用的有石膏、石灰、各种水泥等。无机胶凝材料根据凝结硬化条件的不同，又可分为气硬性胶凝材料和水硬性胶凝材料两类。

在无机胶凝材料中，气硬性胶凝材料是指只能在空气中硬化，产生强度保持或继续发展其强度的胶凝材料，常用的有石膏、石灰和水玻璃等。水硬性胶凝材料是指既能在空气中又能在水中硬化，产生、发展强度并保持其强度的胶凝材料。

3.1　石　　膏

石膏是以硫酸钙（$CaSO_4$）为主要成分的气硬性胶凝材料。石膏胶凝材料及其制品具有许多优良的性质，原料来源丰富，生产能耗低，因而在土木工程中得到广泛应用。目前，常用的石膏主要有建筑石膏、高强石膏、无水石膏等。

3.1.1　石膏的生产

生产石膏的原料主要是天然二水石膏（$CaSO_4 \cdot 2H_2O$）矿石，也可用含有二水石膏的化工副产品和废渣（称为化工石膏）。石膏生产的主要工序是破碎、加热煅烧与磨细。根据加热方式和煅烧温度的不同，可生产出不同性质的石膏产品。

$$CaSO_4 \cdot 2H_2O \xrightarrow{107 \sim 170\ ℃} CaSO_4 \cdot \frac{1}{2}H_2O + \frac{3}{2}H_2O$$

主要成分为二水石膏的天然二水石膏或化工石膏受热时，随着温度的升高，发生反应，至 107～170 ℃时，生成半水石膏（$CaSO_4 \cdot \frac{1}{2}H_2O$），也叫建筑石膏；当加热温度为 170～200 ℃时，半水石膏继续脱水，成为可溶性硬石膏，与水调和后仍能很快凝结硬化；当加热温度为 200～250 ℃时，石膏中残留很少的水，凝结硬化速度非常缓慢；当加热温度为 400～750 ℃时，石膏完全失去水分，成为不溶性硬石膏，失去凝结硬化能力，成为死烧石膏；当温度高于 800 ℃时，部分石膏分解成的氧化钙起催化作用，所得产品又重新具有凝结硬化性能，这就是高温煅烧石膏。在建筑工程中，应用的石膏胶凝材料主要是建筑石膏。

3.1.2 建筑石膏的凝结硬化

建筑石膏与适量的水拌和后,成为可塑的浆体,随着水分的挥发,很快失去塑性并产生强度,逐渐发展成为坚硬的固体。这种现象称为凝结硬化,它是因为浆体内部发生了一系列的物理化学变化,具体如下:

$$CaSO_4 \cdot \frac{1}{2}H_2O+\frac{3}{2}H_2O \longrightarrow CaSO_4 \cdot 2H_2O$$

建筑石膏与水拌和后,与水反应生成二水石膏。由于二水石膏在水中的溶解度仅为建筑石膏溶解度的1/5左右,因此建筑石膏的饱和溶液对于二水石膏而言就成了过饱和溶液,所以二水石膏以胶体微粒的形式自溶液中析出,从而破坏了建筑石膏溶解的平衡,使建筑石膏又继续溶解和水化。如此循环进行,直到建筑石膏全部耗尽。在这一过程中,浆体中的自由水分因水化和蒸发而逐渐减少,二水石膏胶体微粒数量不断增加,浆体的稠度逐渐增大,可塑性逐渐减小,表现为石膏的凝结。其后,浆体继续变稠,胶体微粒逐渐凝聚成晶体,晶体逐渐长大、共生和相互交错,使浆体产生强度并不断发展,表现为石膏的硬化。

3.1.3 建筑石膏的技术性质

建筑石膏为白色粉末,密度为2.60~2.75 g/cm^3,堆积密度为800~1 000 kg/m^3。建筑石膏按强度、凝结时间等技术要求分为4.0、3.0、2.0三个等级,其基本技术要求见表3-1。

表3-1 建筑石膏的基本技术要求(GB/T 9776—2022)

等级	凝结时间/min		强度/MPa			
			2 h湿强度		干强度	
	初凝	终凝	抗折	抗压	抗折	抗压
4.0	≥3	≤30	≥4.0	≥8.0	≥7.0	≥15.0
3.0			≥3.0	≥6.0	≥5.0	≥12.0
2.0			≥2.0	≥4.0	≥4.0	≥8.0

浆体开始失去流动性的状态称为初凝,从加水至初凝的时间称为初凝时间。浆体完全失去流动性并产生强度的状态称为终凝,从加水至终凝的时间称为终凝时间。

3.1.4 建筑石膏的特性及应用

1. 建筑石膏的性质

(1)凝结硬化快

建筑石膏初凝时间和终凝时间都很短,为便于使用,需降低其凝结速度,故可加入缓凝剂。常用的缓凝剂有硼砂、酒石酸钾钠、柠檬酸、聚乙烯醇等。

(2)体积微膨胀

建筑石膏凝固时不像石灰和水泥那样出现体积收缩,反而略有膨胀(膨胀量约 1%),因此石膏制品表面光滑、尺寸准确、色白、装饰性好。

(3)孔隙率大、强度低

建筑石膏水化反应的理论需水量只占其质量的 18.6%。在使用中为使浆体具有足够的流动性,通常加水量可达 60%~80%。硬化后,由于多余水分的蒸发,在内部形成大量孔隙,孔隙率可达 50%~60%,强度较低,质量(表观密度)小。

由于石膏制品的孔隙率大,因而导热系数小、吸声性强、吸湿性强,可调节室内的温度和湿度。

(4)防火性好

建筑石膏制品的导热系数小、传热速度慢,且二水石膏受热脱水产生的水蒸气可以阻止火势的蔓延。

(5)耐水性差

由于建筑石膏硬化后的成分为 $CaSO_4 \cdot 2H_2O$,在潮湿条件下,晶粒间的结合力减弱,$CaSO_4 \cdot 2H_2O$ 在水中可逐渐溃散、溶解,从而导致强度大大降低,进而使石膏破坏,因此石膏是一种气硬性胶凝材料,不耐水,不宜用于潮湿部位。

2. 建筑石膏的应用

(1)室内抹灰及粉刷

建筑石膏可用于室内抹灰及粉刷,抹灰墙面色白美观,同时具有阻火、吸声、施工方便、凝结快等特点。

(2)石膏板

根据建筑石膏的上述性能特点,可将其制成各种墙体材料(如纸面石膏板、纤维石膏板、石膏空心条板、石膏砌块等),各种装饰石膏板、石膏浮雕花饰、雕塑制品等。

(3)石膏自流平地面

由于石膏具有阻燃、保温、轻质等优点,因此可以在室内装修时采用自流平石膏地面,特别是在地暖中使用效果良好。

由于建筑石膏不耐水,因此在运输及贮存时应注意防潮,一般贮存三个月后,强度将降低 30%左右。所以对贮存期超过三个月的石膏应重新进行质量检验,以确定其等级。

3.2 石　　灰

石灰既是一种古老的建筑材料,又是一种新型材料。说它古老,因为它在很早以前就得到广泛使用;说它新型,是因为现代很多新型材料的应用都有石灰的参与。

石灰是在建筑工程中使用较早的矿物胶凝材料之一。石灰的原料分布很广,生产工艺简单,成本低廉,在建筑工程中应用很广。目前,工程中常用的石灰产品有磨细生石灰粉、消石灰粉和石灰膏。

3.2.1 石灰的生产

生产石灰的原料有石灰石、白云石、白垩、贝壳等。它们的主要成分是碳酸钙($CaCO_3$),经煅烧后,碳酸钙分解成氧化钙(CaO)和二氧化碳(CO_2),得到块状生石灰:

$$CaCO_3 \xrightarrow{900\ ℃} CaO+CO_2\uparrow$$

(1)正火石灰

在正常温度和煅烧时间下煅烧的石灰具有多孔、颗粒细小、水化反应快等特点,这种石灰为正常石灰,也称正火石灰。

(2)过火石灰

若在实际生产过程中,煅烧温度过高或煅烧时间过长,烧制的石灰结构致密、孔隙率小、密度大、晶粒粗大,表面被一层由于高温产生的玻璃体物质(釉质)包裹,则这种石灰称为过火石灰。当过火石灰遇水时,不容易吸收水分形成发生化学反应。当石灰遇水并与水发生反应时,正火石灰已经水化,并且开始凝结硬化,形成一定的体积外形时,如果里面掺杂了过火石灰,由于过火石灰水化非常滞后,此时这些过火石灰才慢慢吸水,与水发生反应,在其水化过程中仍旧会产生体积膨胀,因此会导致已硬化的石灰结构产生裂纹、崩裂及隆起等破坏现象。所以过火石灰石是有危害的。

过火石灰的水化滞后现象在实际工程应用中非常不利,因此需要提前采取措施消除过火石灰的危害,即进行“陈伏”。所谓“陈伏”就是将生石灰放在储灰池中并加入大量水,使其发生熟化反应生成石灰浆,“陈伏”期一般为 2 周。此时,石灰浆既消除了过火石灰,又便于保存。

(3)欠火石灰

若在实际生产过程中,煅烧温度过低或煅烧时间过短,石灰中仍含有大量未分解的碳酸钙,则其是一种未烧透的石灰石,这种石灰称为欠火石灰。欠火石灰是一种废品,不会给石灰应用带来危害,但会降低石灰的利用率。

建筑工程中常用的石灰品种有以下几种。

块灰:块状石灰,主要成分为氧化钙。

生石灰粉:由块灰磨细而成,主要成分为氧化钙。

消石灰粉:也称熟石灰,由生石灰加适量水而成,主要成分为氢氧化钙[$Ca(OH)_2$]。

石灰膏:也称石灰浆,由生石灰加大量水而成,即含过量水的熟石灰,主要成分为氢氧化钙。

在生产石灰的原料中,常含有碳酸镁($MgSO_4$),经煅烧后,分解成氧化镁(MgO);按氧化镁含量的多少,石灰分为钙质石灰和镁质石灰两类。当生石灰中氧化镁含量≤5%时,此种石灰称为钙质石灰;当氧化镁含量>5%时,此种石灰称为镁质石灰。

3.2.2 石灰的熟化

在使用石灰时,将生石灰加水,使之消解为消石灰的过程,称为石灰的消化,又称熟化。其反应方程式为

$$CaO+H_2O \xrightarrow{900\ ℃} Ca(OH)_2+热量$$

石灰在熟化过程中表现出以下特点：

(1)水化热大、水化速度快

石灰的熟化为放热反应，水化最初 1 h 的放热量是硅酸盐水泥水化一天放热量的 9 倍，常常表现为“冒白气”或“冒蒸汽”等放热现象。

(2)水化过程中体积膨胀

生石灰在熟化过程中其外观体积可增大 1~2.5 倍。这一性能是引起过火石灰危害的主要原因。

按用途石灰熟化的方法有两种：

(1)用于拌制石灰砌筑砂浆或抹灰砂浆时，需将生石灰熟化成石灰膏

生石灰在化灰池中熟化成石灰浆后，通过筛网流入储灰坑。石灰浆在储灰坑中沉淀并除去上层水分后称为石灰膏。生石灰中常含有欠火石灰和过火石灰。欠火石灰降低石灰的利用率；过火石灰颜色较深，密度较大，表面常被黏土杂质融化形成的玻璃釉状物包覆，熟化很慢。当石灰已经硬化后，其中过火颗粒才开始熟化，体积膨胀，会引起隆起和开裂。为了消除过火石灰的危害，石灰浆应在储灰坑中“陈伏”两星期以上。“陈伏”期间，石灰浆表面应保有一层水分，与空气隔绝，以免碳化。

(2)用于拌制石灰土(石灰、黏土)、三合土(石灰、黏土、砂石或炉渣等)时，将生石灰熟化成消石灰粉

生石灰熟化成消石灰粉时，理论上需水量为生石灰质量的 32.1%，由于一部分水分需消耗于蒸发，因此实际加水量常为生石灰质量的 60%~80%，应以能充分消解而又不过湿成团为度。工地可采用分层浇水法，每层生石灰块厚约 50 cm。或在生石灰块堆中插入有孔的水管，缓慢地向内灌水。

3.2.3　石灰的硬化

石灰浆在空气中逐渐硬化，是通过下面两个同时进行的过程完成的。

(1)结晶作用

游离水分蒸发，$Ca(OH)_2$ 逐渐从饱和溶液中结晶，即为干燥硬化过程。

(2)碳化作用

$Ca(OH)_2$ 与空气中的 CO_2 化合生成碳酸钙结晶，释出水分并被蒸发，化学反应方程式为

$$Ca(OH)_2+CO_2+nH_2O = CaCO_3+(n+1)H_2O$$

碳化作用实际上是二氧化碳与水形成碳酸(H_2CO_3)，然后与 $Ca(OH)_2$ 反应生成 $CaCO_3$。所以这个作用不能在没有水分的全干状态下进行。而且，碳化作用在长时间内只限于表层，$Ca(OH)_2$ 的结晶作用则主要在内部发生，所以，石灰浆硬化后，是由表里两种不同的晶体组成的。随着时间延长，表层 $CaCO_3$ 的厚度逐渐增加。

3.2.4 石灰的技术性质

根据《建筑生石灰》(JC/T 479—2013)的规定,按石灰中氧化镁的含量,将生石灰分为钙质石灰(MgO 的含量≤5%)和镁质石灰(MgO 的含量>5%)两类,建筑生石灰的分类见表3-2。

表 3-2 建筑生石灰的分类

类别	名称	代号
钙质石灰	钙质石灰 90	CL 90
	钙质石灰 85	CL 85
	钙质石灰 75	CL 75
镁质石灰	镁质石灰 85	ML 85
	镁质石灰 80	ML 80

3.2.5 石灰的特性及应用

1. 石灰的特性

(1)可塑性好

生石灰消解为石灰浆时生成的氢氧化钙颗粒细微、表面积大,容易吸附水膜,因此保水性好。同时水膜层使颗粒间摩擦力降低,因此石灰浆可塑性增强。

(2)硬化慢、强度低

从石灰浆的硬化过程可知,其碳化作用十分缓慢,一方面是由于空气的二氧化碳浓度较低;另一方面是由于表面碳化生产碳酸钙外壳后,不利于二氧化碳的深入,也不利于内部水分的蒸发。此外,生石灰消解的理论用水量为生石灰质量的 32.1%,而实际加水量常为生石灰质量的 60%~80%,硬化后由于多余水分的蒸发,在内部形成大量孔隙,因此硬化后的石灰强度很低,如石灰砂浆(1:3)的 28 天抗压强度仅为 0.2~0.5 MPa。

(3)耐水性差

由于石灰表面的碳化作用十分有限,在石灰硬化体中,主要成分仍然是氢氧化钙,而氢氧化钙是易溶于水的,因此石灰是不耐水的,是气硬性胶凝材料。

(4)硬化时体积收缩大

石灰在硬化过程中,水分挥发,引起体积收缩,产生裂纹。因此石灰一般不单独使用,通常掺入骨料(砂子)、纤维材料(如纸筋、麻刀、头发及有机纤维等),以提高其抗拉强度,减少收缩裂纹。

(5)吸湿性强

生石灰吸湿性强,保水性好,是一种传统的干燥剂。

2. 石灰在建筑工程中的用途

(1)室内外粉刷

向消石灰粉或石灰膏中加入大量的水搅拌稀释,称为石灰乳,可用于内墙和顶棚刷白,我国农村也用于涂刷外墙。

(2)配制石灰土和三合土

消石灰粉或生石灰粉与黏土拌和后的混合物,称为石灰土(或灰土),若加入砂石或炉渣、碎砖等即成三合土。石灰土和三合土在夯实或压实后,可用作墙体、建筑物基础、路面和地面的垫层或简易地面。石灰土和三合土的强度形成机理尚待继续研究,可能是由于石灰改善了黏土的和易性,在强力夯打之下,大大提高了紧密度。而且,黏土颗粒表面的少量活性氧化硅和氧化铝与氢氧化钙起化学反应,生成了不溶性水化硅酸钙和水化铝酸钙,将黏土颗粒黏结起来,因而提高了黏土的强度和耐水性。石灰土中石灰用量增大,则强度和耐水性相应提高,但超过某一用量(视石灰质量和黏土性质而定)后,二者就不再提高了。一般石灰用量为石灰土总质量的6%~12%或更低。为了方便石灰与黏土等的拌和,宜用磨细生石灰或消石灰粉,磨细生石灰还可使灰土和三合土有较高的紧密度,因而有较高的强度和耐水性。

(3)生产硅酸盐制品

将石灰与硅质原料(石英砂、粉煤灰、矿渣等)混合磨细,经成型、加温加压等养护工序后,使其发生化学反应,可制得耐水性较好、强度较高的新型硅酸盐制品。

(4)地基加固

将生石灰灌入地基的桩孔并捣实,可以利用石灰消化时产生的体积膨胀将土壤挤压,从而加固软土地基,这种桩俗称"石灰桩"。

(5)静态破碎剂

利用石灰消化时产生的体积膨胀,可将较大混凝土块或岩石等破碎,这种破碎方式称为静态破碎。

3. 石灰的储存

对于石灰的储存,由于块状生石灰放置太久会吸收空气中的水分而自动熟化成消石灰粉,再与空气中二氧化碳作用而还原为碳酸钙,失去胶结能力,所以贮存生石灰时不但要防止受潮,而且不宜贮存过久,最好运到后即熟化成石灰浆,将贮存期变为"陈伏"期。由于生石灰受潮熟化时放出大量的热,而且体积会膨胀,因此,储存和运输生石灰时,还要注意安全。

3.3 水　玻　璃

水玻璃俗称"泡花碱",是一种水溶性硅酸盐,由碱金属氧化物和二氧化硅(SiO_2)结合而成,如硅酸钠($Na_2O \cdot nSiO_2$)、硅酸钾($K_2O \cdot nSiO_2$)。水玻璃分子式中 SiO_2 与 Na_2O(或 K_2O)的分子数的比值 n 为水玻璃的模数,模数越大,越难溶于水,越容易分解、硬化,硬化后黏结力、强度、耐热性与耐酸碱性越高。一般建筑工程中常用水玻璃的 n 值为 2.4~3.5。

水玻璃的生产有干法和湿法两种。干法生产是用石英岩和纯碱为原料,磨细拌匀后在

熔炉内于 1 300~1 400 ℃温度下熔化,生成固体水玻璃,溶解于水中得到液体水玻璃。化学反应式可表示为

$$Na_2CO_3+nSiO_2 \xrightarrow{1\,300\sim1\,400\ ℃} Na_2O\cdot nSiO_2+CO_2\uparrow$$

湿法生产是用石英岩粉和纯碱为原料,在高压锅内 2~3 个大气压下进行压蒸反应,直接生成液体水玻璃。建筑工程上常用的水玻璃为无色、青绿色或棕色的黏稠状液体。

3.3.1 水玻璃的硬化

水玻璃在空气中与二氧化碳作用,析出无定性硅酸凝胶,并逐渐干燥和硬化,化学反应式为

$$Na_2O\cdot nSiO_2+CO_2+mH_2O \longrightarrow nSiO_2\cdot mH_2O+Na_2CO_3$$

由于空气中 CO_2 浓度低,上述反应进行得很慢,为加速其硬化,常加入促凝剂氟硅酸钠 Na_2SiF_6 加速硅胶析出,化学反应式为

$$2(Na_2O\cdot nSiO_2)+Na_2SiF_6+mH_2O \longrightarrow (2n+1)SiO_2\cdot mH_2O+6NaF$$

氟硅酸钠的适宜掺量为水玻璃质量的 12%~15%。

3.3.2 水玻璃的特性及应用

1. 水玻璃的特性

(1)黏结力强

水玻璃在硬化过程中析出的硅酸凝胶具有很强的黏结性,因此水玻璃硬化后有较高的黏结强度。

(2)耐热性好

在高温下硅酸凝胶干燥快,可形成 SiO_2 空间网络骨架,强度较高。

(3)耐酸性好

硅酸凝胶与酸类物质不反应,因而具有很好的耐酸性。

(4)抗渗性和抗风化能力强

硅酸凝胶能堵塞材料毛细孔并在表面形成连续密封膜,因此水玻璃具有良好的抗渗性和抗风化能力。

(5)耐水性差

在水的长期作用下,硅胶弱化,黏结力降低,碳酸钠溶解于水,强度降低,因此其耐水性差,为气硬性胶凝材料。

2. 水玻璃在建筑工程中的用途

(1)涂刷建筑物表面,提高抗风化能力

硅酸凝胶可填充材料孔隙,提高材料的密实度、强度、抗渗性、抗冻性及耐水性等,从而提高材料的抗风化能力,但其不能用于涂刷或浸渍石膏制品,因为硅酸钠与硫酸钙会发生化学反应生成硫酸钠,在孔隙中结晶,体积膨胀造成破坏。

(2)配制耐酸混凝土、耐酸砂浆等

水玻璃具有较好的耐酸性,用水玻璃和耐酸粉料、粗细骨料可配制防腐工程用的耐酸

砂浆、耐酸混凝土等。

(3)配制耐热混凝土、耐热砂浆

水玻璃硬化后可形成 SiO_2 空间网状结构,具有良好的耐火性,因此可由于配制耐热混凝土。

(4)配制快凝堵漏防水剂

水玻璃加两种、三种或四种矾,即可配制成二矾、三矾、四矾快凝防水剂。这种防水剂凝结迅速,可用于调配水泥防水砂浆,用于堵塞漏洞、缝隙等局部抢修。

思考题

1. 石灰是气硬性胶凝材料,为什么石灰土能做路基材料?
2. 石灰水化、硬化过程有什么特点?
3. 什么是石灰的“陈伏”,生石灰在熟化时为什么需要“陈伏”?
4. 目前在建筑工程中,石膏主要应用在哪些方面?
5. 同样颜色和外观的石灰和石膏如何区分?
6. 石灰为什么是气硬性胶凝材料?

第 4 章　水　　泥

水泥是水硬性胶凝材料,既能在空气中又能在水中凝结硬化,产生、发展并保持强度。水泥是土木工程中应用最广泛的建筑材料之一。根据国家标准,用于一般建筑工程的水泥为通用硅酸盐水泥,如硅酸盐水泥、普通硅酸盐水泥、矿渣硅酸盐水泥、火山灰质硅酸盐水泥、粉煤灰硅酸盐水泥和复合硅酸盐水泥等。具有专门用途的水泥称为专用水泥,如道路水泥、大坝水泥、油井水泥等。具有特殊性能的水泥称为特种水泥,如白水泥、快硬硅酸盐水泥、膨胀水泥等。本章重点介绍通用硅酸盐水泥,简要介绍一些特种水泥。

4.1　通用硅酸盐水泥

《通用硅酸盐水泥》(GB 175—2023)规定:通用硅酸盐水泥是以硅酸盐水泥熟料和适量石膏及规定的混合材料制成的水硬胶凝材料。

4.1.1　通用硅酸盐水泥的组分和代号

通用硅酸盐水泥按混合材料的品种和掺量分为硅酸盐水泥、普通硅酸盐水泥、矿渣硅酸盐水泥、粉煤灰硅酸盐水泥、火山灰质硅酸盐水泥和复合硅酸盐水泥。各品种的组分和代号应符合表 4-1、表 4-2、表 4-3 的规定。

表 4-1　硅酸盐水泥的组分要求

品种	代号	组分(质量分数)/%		
		熟料+石膏	混合材料	
			粒化高炉矿渣、矿渣粉	石灰石
硅酸盐水泥	P · Ⅰ	100	—	—
	P · Ⅱ	95~100	0~5	—
			—	0~5

表 4-2　普通硅酸盐水泥、矿渣硅酸盐水泥、粉煤灰硅酸盐水泥和火山灰质硅酸盐水泥的组分要求

<table>
<tr><th rowspan="4">品种</th><th rowspan="4">代号</th><th colspan="5">组分(质量分数)/%</th></tr>
<tr><th rowspan="3">熟料+石膏</th><th colspan="4">混合材料</th></tr>
<tr><th colspan="3">主要混合材料</th><th rowspan="2">替代混合材料</th></tr>
<tr><th>粒化高炉矿渣</th><th>粉煤灰</th><th>火山灰质混合</th></tr>
<tr><td>普通硅酸盐水泥</td><td>P·O</td><td>80~94</td><td colspan="3">6~20</td><td>0~5[a]</td></tr>
<tr><td rowspan="2">矿渣硅酸盐水泥</td><td>P·S·A</td><td>50~79</td><td>21~50</td><td>—</td><td>—</td><td rowspan="2">0~8[b]</td></tr>
<tr><td>P·S·B</td><td>30~49</td><td>51~70</td><td>—</td><td>—</td></tr>
<tr><td>粉煤灰硅酸盐水泥</td><td>P·F</td><td>60~79</td><td>—</td><td>21~40</td><td>—</td><td rowspan="2">0~8[c]</td></tr>
<tr><td>火山灰质硅酸盐水泥</td><td>P·P</td><td>60~79</td><td>—</td><td>—</td><td>21~40</td></tr>
</table>

注:a——替代混合材料为符合 GB 175-2023 规定的石灰石;b——替代混合材料为符合 GB 175-2023 规定的粉煤灰或火山灰质混合材料、石灰石中的一种;c——替代混合材料为符合 GB 175-2023 规定的石灰石。

表 4-3　复合硅酸盐水泥的组分要求

<table>
<tr><th rowspan="3">品种</th><th rowspan="3">代号</th><th colspan="6">组分(质量分数)/%</th></tr>
<tr><th rowspan="2">熟料+石膏</th><th colspan="5">混合材料</th></tr>
<tr><th>粒化高炉矿渣</th><th>粉煤灰</th><th>火山灰质混合材料</th><th>石灰石</th><th>砂岩</th></tr>
<tr><td>复合硅酸盐水泥</td><td>P·C</td><td>50~79</td><td colspan="5">21~50[a]</td></tr>
</table>

注:a——混合材料由符合 GB 175-2023 规定的粒化高炉矿渣/矿渣粉、粉煤灰、火山灰质混合材料、石灰石和砂岩中的三种(含)以上材料组成。其中,石灰石含量(质量分数)不大于水泥质量的 15%。

4.1.2　硅酸盐水泥的生产及矿物组成

硅酸盐水泥是通用硅酸盐水泥的基本品种,分为两个类型:未掺混合材料的为Ⅰ型硅酸盐水泥,代号 P·Ⅰ;掺入不超过水泥质量 5%的混合材料的称为Ⅱ型硅酸盐水泥,代号 P·Ⅱ。

1. 硅酸盐水泥生产

硅酸盐水泥熟料的原料主要是石灰质和黏土质两类。石灰质原料主要提供 CaO,它可以采用石灰石、白垩、石灰质凝灰岩等。黏土质原料主要提供 SiO_2、Al_2O_3 及少量 Fe_2O_3,它可以采用黏土、黄土等。为了调整化学成分、控制焙烧温度,还需要加入少量辅助材料,如铁矿粉、氧化镁等。

通用硅酸盐水泥生产的大体步骤是:将几种原材料按适当比例配合后在磨机中磨成生料;然后将制得的生料入窑进行煅烧;再把烧好的熟料配以适当的石膏(和混合材料)在磨机中磨成细粉,即得到水泥。硅酸盐水泥的生产工艺简称为“两磨一烧”,如图 4-1 所示。

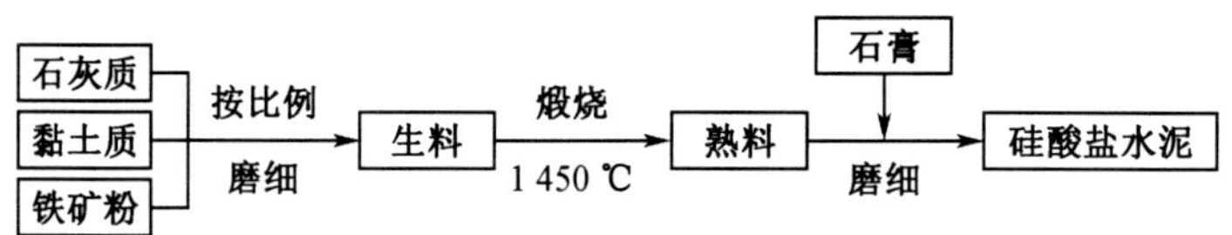

图 4-1 硅酸盐水泥生产工艺流程

2. 硅酸盐水泥熟料矿物组成

硅酸盐水泥的主要熟料矿物的名称和含量(质量分数)范围如下:

硅酸三钙($3CaO \cdot SiO_2$),简写为 C_3S,含量 37%~60%;

硅酸二钙($2CaO \cdot SiO_2$),简写为 C_2S,含量 15%~37%;

铝酸三钙($3CaO \cdot Al_2O_3$),简写为 C_3A,含量 7%~15%;

铁铝酸四钙($4CaO \cdot Al_2O_3 \cdot Fe_2O_3$),简写为 C_4AF,含量 10%~18%。

在以上主要熟料矿物中,硅酸三钙和硅酸二钙的总含量(质量分数)在 70%以上,铝酸三钙与铁铝酸四钙的总含量在 25%左右,故称为硅酸盐水泥。除主要熟料矿物外,水泥中还含有少量游离氧化钙、游离氧化镁和碱,其总含量(质量分数)一般不超过水泥质量的 10%,但这些成分往往给水泥应用带来很大影响。

4.1.3 硅酸盐水泥的水化及凝结、硬化

1. 硅酸盐水泥的水化

硅酸盐水泥的性能是由其组成矿物的性能决定的。水泥具有强度高、耐水性好等许多优良的技术性能,这主要是水泥熟料中几种主要矿物水化作用的结果。

水泥加水拌和后,水泥矿物成分与水发生水化反应,生成水化产物,并放出一定的热量。水泥主要矿物成分水化的化学反应式为

$$\underset{\text{硅酸三钙}}{2(3CaO \cdot SiO_2)}+6H_2O \xlongequal{\text{快}} \underset{\text{水化硅酸钙}}{3CaO \cdot 2SiO_2 \cdot 3H_2O}+\underset{\text{氢氧化钙}}{3Ca(OH)_2}$$

$$\underset{\text{硅酸二钙}}{2(2CaO \cdot SiO_2)}+4H_2O \xlongequal{\text{慢}} \underset{\text{水化硅酸钙}}{3CaO \cdot 2SiO_2 \cdot 3H_2O}+\underset{\text{氢氧化钙}}{Ca(OH)_2}$$

$$\underset{\text{铝酸三钙}}{3CaO \cdot Al_2O_3}+6H_2O \xlongequal{\text{很快}} \underset{\text{水化铝酸三钙}}{3CaO \cdot Al_2O_3 \cdot 6H_2O}$$

$$\underset{\text{铁铝酸四钙}}{4CaO \cdot Al_2O_3 \cdot Fe_2O_3}+7H_2O \xlongequal{\text{中等}} \underset{\text{水化铝酸三钙}}{3CaO \cdot Al_2O_3 \cdot 6H_2O}+\underset{\text{水化铁酸钙}}{CaO \cdot Fe_2O_3 \cdot H_2O}$$

硅酸盐水泥加水后，铝酸三钙迅速与水发生反应，并放出大量热，硅酸三钙也很快水化，发热量较大，而硅酸二钙则水化较慢，发热量也较小，铁铝酸四钙的水化速度和放热量均中等。其中硅酸三钙和硅酸二钙水化生成的水化硅酸钙不溶于水，以胶体微粒形式析出，并逐渐凝聚成凝胶体水化硅酸钙（简称 C-S-H 凝胶）；生成的氢氧化钙在溶液中的浓度很快达到饱和，呈晶体析出。铝酸三钙水化生成水化铝酸三钙，铝酸四钙水化生成水化铝酸三钙和水化铁酸钙。四种熟料矿物的水化特性各不相同，对水泥的强度、凝结硬化速度及水化放热等的影响也不相同。各种熟料矿物水化的强度增长如图 4-2 所示。

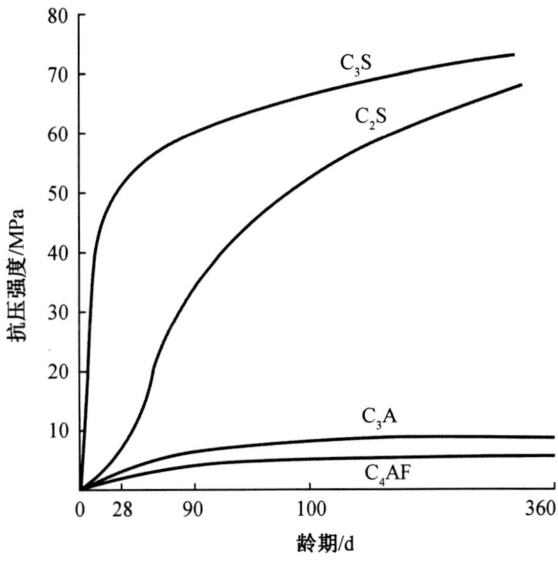

图 4-2　各种熟料矿物的强度增长

水泥是几种熟料矿物的混合物，改变熟料矿物成分间的比例时，水泥的性质即发生相应的变化。例如，提高硅酸三钙的含量，可以制得高强度水泥。又如降低铝酸三钙和硅酸三钙含量并提高硅酸二钙含量，可制得水化热低的水泥，如大坝水泥。

当有石膏存在时，水化铝酸钙会与石膏反应生成水化硫铝酸钙（$3CaO \cdot Al_2O_3 \cdot 3CaSO_4+31H_2O$）针状晶体，也称钙矾石（简称 AFt）。钙矾石强度较高，生产时会发生 1～2.5 倍的体积膨胀，因此如果石膏含量过高，水泥石结构就会遭受开裂而破坏。

硅酸盐水泥水化后，生成的主要水化物有：水化硅酸钙（C-S-H 凝胶）、水化铁酸钙凝胶、氢氧化钙、水化铝酸钙和钙矾石。在充分水化的水泥石中，C-S-H 凝胶约占 70%，$Ca(OH)_2$ 约占 20%，钙矾石和水化硫铝酸钙约占 7%，其余水化产物约占 3%。

2. 硅酸盐水泥的凝结、硬化

水泥加水拌和后，成为可塑的水泥浆，水泥浆逐渐变稠失去塑性，称为水泥的凝结。随后产生明显的强度并逐渐发展成坚硬的人造石——水泥石，这一过程称为水泥的硬化。水泥的水化、凝结和硬化过程实际上是一个连续的复杂的物理化学变化过程。

水泥的水化、凝结和硬化从水泥颗粒表面开始，逐渐往水泥颗粒的内核深入进行。开始时水化速度较快，水泥的强度增长快；但由于水化不断进行，堆积在水泥颗粒周围的水化物不断增多，阻碍水和水泥未水化部分的接触，水化减慢，强度增长也逐渐减慢；但无论时间多久，水泥颗粒的内核很难完全水化。因此，在硬化后的水泥石中，同时包含有水泥熟料矿物水化的凝胶体和结晶体、未水化的水泥颗粒、水（自由水和吸附水）和孔隙（毛细孔和凝胶孔），它们在不同时期相对数量的变化，使水泥石的性质随之改变。

需要注意的是水泥石结构是多孔结构，在凝结、硬化过程中由于多余水分挥发而造成内部产生孔隙，这些孔隙会给水泥石结构带来渗透、腐蚀等一系列不良影响。

3. 影响水泥凝结、硬化的因素

为了正确使用水泥，调节水泥的性能，必须了解水泥凝结硬化的影响因素。影响水泥凝结、硬化的因素，除矿物成分、细度、用水量外，还有龄期、环境的温湿度、石膏掺量以及外加剂等。

（1）龄期

水泥加水拌和后前四周的水化速度较快，强度发展也快，四周之后显著减慢。但是，只要维持适当的温度与湿度，水泥的水化将不断进行，其强度在几个月、几年，甚至几十年后还会继续增长。

（2）温度和湿度

温度对水泥的凝结、硬化有明显影响。当温度升高时，水化反应加快，水泥强度增长也较快；而当温度降低时，水化反应则减缓，强度增长缓慢。因此要保持环境的温度和湿度，使水泥石强度不断增长。

（3）石膏掺量

水泥中掺入适量石膏，可调节水泥的凝结、硬化速度。在水泥粉磨时，当不掺石膏或石膏掺量不足时，水泥会发生瞬凝现象，这是由于铝酸三钙在溶液中电离出三价离子（Al^{3+}），它与硅酸钙凝胶的电荷相反，促使胶体凝聚。加入石膏后，石膏与水化铝酸钙作用，生成钙矾石，难溶于水，沉淀在水泥颗粒表面上形成保护膜，降低了溶液中 $A1^{3+}$ 的浓度，并阻碍了铝酸三钙的水化，延缓了水泥的凝结。但如果石膏掺量过多，则会促使水泥凝结加快。

（4）外加剂

在实际工程施工时常常会加入一些外加剂（如促凝剂、缓凝剂等）来调节水泥的凝结时间。外加剂对水泥的凝结、硬化影响较大，要根据实际工程情况合理加入。

4.1.4 通用硅酸盐水泥的技术性质

国家标准《通用硅酸盐水泥》（GB 175—2023）对通用硅酸盐水泥的化学指标、碱含量、细度、凝结时间、安定性和强度等做了规定，其中化学指标、凝结时间、安定性、强度中任何一项不符合技术要求时，判定为不合格。

1. 化学指标

通用硅酸盐水泥的化学指标应符合表 4-4 的规定。化学指标按照《水泥化学分析方法》（GB/T 176—2017）进行检测。

表 4-4　通用硅酸盐水泥的化学要求　　单位:%

<table>
<tr><th>品种</th><th>代号</th><th>不溶物
(质量分数)</th><th>烧失量
(质量分数)</th><th>三氧化硫
(质量分数)</th><th>氧化镁
(质量分数)</th><th>氯离子
(质量分数)</th></tr>
<tr><td rowspan="2">硅酸盐水泥</td><td>P·I</td><td>≤0.75</td><td>≤3.0</td><td rowspan="3">≤3.5</td><td rowspan="3">≤5.0[a]</td><td rowspan="8">≤0.06[c]</td></tr>
<tr><td>P·Ⅱ</td><td>≤1.50</td><td>≤3.5</td></tr>
<tr><td>普通硅酸盐水泥</td><td>P·O</td><td>—</td><td>≤5.0</td></tr>
<tr><td rowspan="2">矿渣硅酸盐水泥</td><td>P·S·A</td><td>—</td><td>—</td><td rowspan="2">≤4.0</td><td>≤6.0[b]</td></tr>
<tr><td>P·S·B</td><td>—</td><td>—</td><td>—</td></tr>
<tr><td>火山灰质硅酸盐水泥</td><td>P·P</td><td>—</td><td>—</td><td rowspan="3">≤3.5</td><td rowspan="3">≤6.0</td></tr>
<tr><td>粉煤灰硅酸盐水泥</td><td>P·F</td><td>—</td><td>—</td></tr>
<tr><td>复合硅酸盐水泥</td><td>P·C</td><td>—</td><td>—</td></tr>
</table>

注:a——如果水泥压蒸安定性合格,则水泥中氧化镁含量(质量分数)允许放宽至 6.0%;b——如果水泥中氧化镁含量(质量分数)大于 6.0%,需进行水泥压蒸安定性试验并合格;c——当买方有更低要求时,买卖双方协商确定。

2. 碱含量

碱含量是指水泥中碱性氧化物的质量分数。碱含量过高的水泥容易与活性骨料发生碱骨料反应,给混凝土结构造成致命性的破坏。

根据《通用硅酸盐水泥》(GB 175—2023)规定,水泥中的碱含量按[$\omega(Na_2O)+0.658\omega(K_2O)$]计算、若使用活性骨料,碱含量不得大于 0.60%。

3. 细度

水泥颗粒的大小对水泥的性质有很大影响。水泥颗粒粒径一般在 0.007~0.200 mm 范围内,颗粒越小,与水起反应的表面积就越大,因而水泥颗粒小、水化较快且较完全,早期强度和后期强度都较高,但在空气中的硬化收缩性较大,成本也较高。如水泥颗粒过大则不利于水泥活性的发挥。国家标准中规定水泥的细度可用筛析法和比表面积法检验。

筛析法是采用边长为 80 μm 的方孔筛对水泥试样进行筛析试验,用筛余百分数表示水泥的细度。比表面积法是单位质量的粉末所具有的总表面积,以 m^2/kg 表示。

按照国家标准《通用硅酸盐水泥》(GB 175—2023)规定,硅酸盐水泥和普通硅酸盐水泥的比表面积应不小 300 m^2/kg 且不大于 400 m^2/kg。矿渣硅酸盐水泥、火山灰硅酸盐水泥、粉煤灰硅酸盐水泥、复合硅酸盐水泥等四种水泥的细度以筛余表示,其 80 μm 的方孔筛筛余应不大于 10%。

国家标准规范规定:细度不合格的水泥为不合格品,但不影响水泥的正常使用。

4. 标准稠度用水量

不同品种的水泥在水化时的需水量有较大区别,影响水泥用水量的主要因素有水泥的细度、矿物成分、掺合料等。

由于水泥的凝结时间和安定性与加水量密切相关,为了使凝结时间和安定性的测定结果具有可比性,国家标准规范规定:在检测水泥凝结时间和安定性时必须将水泥浆拌制成具有标准稠度的水泥浆,即只有具有标准稠度的水泥浆才能测定其凝结时间和安定性。

按照《水泥标准稠度用水量、凝结时间、安定性检验方法》(GB/T 1346—2011),用标准维卡仪测定标准稠度用水量,以拭杆沉入净浆,其顶部距底板为 6 mm±1 mm 时的水泥净浆为标准稠度净浆。

标准稠度用水量是拌制水泥浆达到标准稠度时所需的用水量,用加水量与水泥的质量百分比(%)来表示。

5. 凝结时间

凝结时间分初凝时间和终凝时间。初凝时间为水泥加水拌和起至标准稠度净浆开始失去可塑性所需的时间;终凝时间为水泥加水拌和起至标准稠度净浆完全失去可塑性并开始产生强度所需的时间。为使混凝土和砂浆有充分的时间进行搅拌、运输、浇捣和砌筑,水泥初凝时间不能过短。当施工完毕后,则要求尽快硬化,具有强度,故终凝时间不能太长。

《通用硅酸盐水泥》(GB 175—2023)规定,水泥的凝结时间是以标准稠度的水泥净浆,在规定温度及湿度环境下用水泥净浆凝结时间测定仪测定的。该标准规定,初凝时间不小于 45 min,终凝时间不大于 390 min。普通硅酸盐水泥、矿渣硅酸盐水泥、火山灰硅酸盐水泥、粉煤灰硅酸盐水泥、复合硅酸盐水泥等 5 种水泥的初凝时间不小于 45 min,终凝时间不大于 600 min。

国家相关标准、规范规定:初凝时间不合格的水泥为废品,不得使用。这是因为水泥凝结过快时,晶粒粗大、结构疏松、强度较低,水泥质量得不到保证;终凝时间不合格的水泥为不合格品,在实际工程中可根据实际情况采取措施使用。

6. 安定性

如果水泥已经硬化,产生不均匀的体积变化,即所谓安定性不良,就会使构件产生膨胀性裂缝,降低建筑物质量,甚至引起严重事故。

引起安定性不良的原因,一般是熟料中所含的游离氧化钙过多,也可能是熟料中所含的游离氧化镁过多或掺入的石膏过多。熟料中所含的游离氧化钙或氧化镁都是过烧的,熟化很慢,在水泥硬化后才进行熟化,这时水泥体积膨胀,产生不均匀的体积变化,使水泥石开裂。当石膏掺量过多时,在水泥硬化后,它还会继续与固态的水化铝酸钙反应生成高硫型水化硫铝酸钙,体积约增大 1.5 倍,也会引起水泥石开裂。

《通用硅酸盐水泥》(GB 175—2023)规定,用沸煮法检验水泥的体积安定性。测试方法可以用试饼法也可用雷氏法。有争议时以雷氏法为准。试饼法是通过观察水泥净浆试饼沸煮(3 h)后的外形变化来检验水泥的体积安定性,雷氏法是测定水泥净浆在雷氏夹中沸煮(3 h)后的膨胀值。沸煮法起加速氧化钙熟化的作用,所以只能检查游离氧化钙所引起的水泥体积安定性不良。由于游离氧化镁在压蒸下才加速熟化,石膏的危害则需长期在常温水中才能被发现,两者均不便于快速检验,所以,国家标准规定水泥熟料中游离氧化镁含量不得超过 5.0%,水泥中三氧化硫含量不超过 3.5%,以控制水泥的体积安定性。

国家标准规定:体积安定性不良的水泥应作为废品处理,不能用于工程中。

7. 强度及强度等级

水泥的强度是水泥的重要技术指标。根据国家标准《通用硅酸盐水泥》(GB 175—2023)和《水泥胶砂强度检验方法(ISO 法)》(GB/T 17671—2021)的规定,水泥和标准砂按质量比为 1∶3 混合,用 0.50 的水灰比(W/C),按规定的方法制成试件,在标准温度[(20±1) ℃]

的水中养护，测定 3 d 和 28 d 的强度。硅酸盐水泥、普通硅酸盐水泥的强度等级分为 42. 5、42. 5R、52. 5、52. 5R、62. 5、62. 5R 共 6 个等级；矿渣硅酸盐水泥、粉煤灰硅酸盐水泥、火山灰质硅酸盐水泥的强度等级分为 32. 5、32. 5R、42. 5、42. 5R、52. 5、52. 5R 共 6 个等级；复合硅酸盐水泥的强度等级分为 42. 5、42. 5R、52. 5、52. 5R 共 4 个等级。其中代号 R 表示早强型水泥。通用硅酸盐水泥不同龄期强度要求不得低于表 4-5 中的数值。

表 4-5　通用硅酸盐水泥各龄期的强度要求（GB 175—2023）

强度等级	抗压强度/MPa		抗折强度/MPa	
	3 d	28 d	3 d	28 d
32. 5	≥12. 0	≥32. 5	≥3. 0	≥5. 5
32. 5R	≥17. 0		≥4. 0	
42. 5	≥17. 0	≥42. 5	≥4. 0	≥6. 5
42. 5R	≥22. 0		≥4. 5	
52. 5	≥22. 0	≥52. 5	≥4. 5	≥7. 0
52. 5R	≥27. 0		≥5. 0	
62. 5	≥27. 0	≥62. 5	≥5. 0	≥8. 0
62. 5R	≥32. 0		≥5. 5	

国家标准规定：强度等级不合格的水泥为不合格品，在实际工程中可根据情况降低等级使用。

8. 水化热

水泥在水化过程中放出的热称为水泥的水化热。水化放热量和放热速度不仅取决于水泥的矿物成分，而且还与水泥细度、水泥中掺混合材料及外加剂的品种、数量等有关。

大型基础、水坝、桥墩等大体积混凝土构筑物，由于水化热积聚在内部不易散失，内部温度经常上升，内外温度差所引起的应力，可使混凝土产生裂缝，因此水化热对大体积混凝土而言是有害因素。

4. 1. 5　水泥石的腐蚀与防止

水泥硬化后称为水泥石，水泥石在通常的使用条件下，有较好的耐久性，但在某些腐蚀性液体或气体介质中，会逐渐受到腐蚀。常见典型介质的腐蚀主要有以下几类。

1. 软水腐蚀（溶出性腐蚀）

雨水、雪水、蒸馏水、工厂冷凝水及含重碳酸盐甚少的河水与湖水等都属于软水。当水泥石长期与这些水分相接触时，最先溶出的是氢氧化钙（每升水中能溶解氢氧化钙 1. 3 g 以上）。在静水及无水压的情况下，由于周围的水易为溶出的氢氧化钙所饱和，使溶解作用中止，所以溶出仅限于表层，影响不大。但在流水及压力水作用下，氢氧化钙会不断溶解流失,而且,石灰浓度的继续降低还会引起其他水化物的分解溶蚀,使水泥石结构遭受进一步的破坏,这种现象称为溶析,也成为溶出性腐蚀。

2. 盐类腐蚀

(1)硫酸盐的腐蚀

在海水、湖水、盐沼水、地下水、某些工业污水及流经高炉矿渣或煤渣的水中常含钠、钾、铵等的硫酸盐,它们与水泥石中的氢氧化钙发生置换反应,生成硫酸钙。

硫酸钙与水泥石中的固态水化铝酸钙作用生成高硫型水化硫铝酸钙:

$$4CaO \cdot Al_2O_3 \cdot 12H_2O+3CaSO_4+20H_2O = 3CaO \cdot Al_2O_3 \cdot 3CaSO_4 \cdot 31H_2O+Ca(OH)_2$$

生成的高硫型水化硫铝酸钙含有大量结晶水,体积比原有体积增加 1.5 倍以上。由于是在已经固化的水泥石中发生上述反应,因此对水泥石起极大的破坏作用。高硫型水化硫铝酸钙呈针状晶体,通常称为“水泥杆菌”。

当水中硫酸盐浓度较高时,硫酸钙将在孔隙中直接结晶成二水石膏,使体积膨胀,从而导致水泥石被破坏。

(2)镁盐的腐蚀

在海水及地下水中,常含大量的镁盐,主要是硫酸镁($MgSO_4$)和氯化镁($MgCl_2$)。它们与水泥石中的氢氧化钙起复分解反应:

$$MgSO_4+Ca(OH)_2+2H_2O = CaSO_4 \cdot 2H_2O+Mg(OH)_2$$

$$MgCl_2+Ca(OH)_2 = CaCl_2+Mg(OH)_2$$

生成的氢氧化镁 $Mg(OH)_2$ 松软而无胶凝能力,氯化钙 $CaCl_2$ 易溶于水,二水石膏则引起硫酸盐的破坏作用。因此,硫酸镁对水泥石起镁盐和硫酸盐的双重腐蚀作用。

3. 酸类腐蚀

(1)碳酸腐蚀

在工业污水、地下水中常溶解有较多的二氧化碳,这种水对水泥石的腐蚀作用是通过下面方式进行的,开始时 CO_2 与水泥石中的 $Ca(OH)_2$ 作用生成 $CaCO_3$:

$$Ca(OH)_2+CO_2+H_2O = CaCO_3+2H_2O$$

生成的 $CaCO_3$ 再与含 CO_2 的水作用转变成碳酸氢钙[$Ca(HO_3)_2$],是可逆反应:

$$CaCO_3+CO_2+H_2O = Ca(HCO_3)_2$$

生成的碳酸氢钙易溶于水。当水中含有较多的碳酸,并超过平衡浓度时,上式反应向右进行。因此水泥石中的氢氧化钙,通过转变为易溶的碳酸氢钙而溶失。氢氧化钙浓度降低,还会导致水泥石中其他水化物的分解,使腐蚀作用进一步加剧。

(2)一般酸的腐蚀

在工业废水、地下水、沼泽水中常含无机酸和有机酸,各种酸类对水泥石都有不同程度的腐蚀作用。它们与水泥石中的氢氧化钙作用后生成的化合物,或者易溶于水,或者体积膨胀,在水泥石内造成内应力而导致破坏。腐蚀作用最快的是无机酸中的盐酸、氢氟酸、硝酸、硫酸和有机酸中的醋酸、蚁酸和乳酸。

例如,盐酸与水泥石中的氢氧化钙作用生成的氯化钙易溶于水。

$$2HCl+Ca(OH)_2 = CaCl_2+2H_2O$$

硫酸与水泥石中的氢氧化钙作用,生成的二水石膏直接在水泥石孔隙中结晶发生膨胀,或者再与水泥石中的水化铝酸钙作用,生成高硫型水化硫铝酸钙,其破坏性更大。

$$H_2SO_4+Ca(OH)_2 = CaSO_4 \cdot 2H_2O$$

4. 强碱腐蚀

碱类溶液如浓度不大一般是无害的。但铝酸盐含量较高的硅酸盐水泥遇到强碱(如氢氧化钠)作用后也会被破坏。氢氧化钠与水泥熟料中未水化的铝酸盐作用,生成易溶的铝酸钠:

$$3CaO \cdot Al_2O_3+6NaOH = 3NaO \cdot Al_2O_3+3Ca(OH)_2$$

当水泥石被氢氧化钠浸透后又在空气中干燥,与空气中的二氧化碳作用生成碳酸钠:

$$2NaOH+CO_2 = Na_2CO_3+H_2O$$

碳酸钠在水泥石毛细孔中结晶沉积,而使水泥石胀裂。

水泥石的腐蚀是一个极为复杂的物理化学作用过程,它在遭受腐蚀时,很少仅有单一的侵蚀作用,往往是几种作用同时存在,互相影响。

水泥腐蚀的基本原因是:

(1)水泥石中存在引起腐蚀的组成成分氢氧化钙和水化铝酸钙;

(2)水泥石本身不密实,有很多毛细孔通道,使侵蚀性介质易于进入其内部;

(3)腐蚀与通道的相互作用。

5. 防止水泥腐蚀的方法

(1)合理选用水泥品种。例如为抵抗硫酸盐的腐蚀,采用铝酸三钙含量小于5%的抗硫酸盐水泥。

(2)提高水泥石的密实度。在实际工程中可采取优化配合比、优选骨料、掺外加剂、改善施工方法等措施,提高混凝土或砂浆密实度以提高其抗腐蚀能力。

(3)加做保护层。可在混凝土及砂浆表面加上耐腐蚀性高且不透水的保护层,一般可用耐酸石料、耐酸陶瓷、玻璃、塑料、沥青等。

(4)掺入活性混合材料,可提高硅酸盐水泥对多种介质的抗腐蚀性。

4.1.6 通用硅酸盐水泥的性能及应用

1. 硅酸盐水泥

(1)强度高

硅酸盐水泥凝结硬化较快、强度高,主要用于早强工程、高强度混凝土和预应力混凝土工程。

(2)抗冻性好

硅酸盐水泥耐冻性好,适用于要求凝结快、早期强度高,冬季施工及严寒地区遭受反复冻融的工程。

(3)水化热大

硅酸盐水泥水化热大,因此不适合用于大体积混凝土工程。

(4)耐腐蚀性差

水泥石中有较多的氢氧化钙,耐软水侵蚀和耐化学腐蚀性差,故硅酸盐水泥不适用于经常与流动的淡水接触及有水压作用的工程;也不适用于受海水、矿物水等作用的工程。

(5)耐热性差

硅酸盐水泥石结构在250 ℃时其水化产物开始分解,强度下降,因此硅酸盐水泥不宜用于受热构件。

(6)耐磨性好

硅酸盐水泥强度高、干缩小,因此适用于道路、机场等对耐磨性要求较高的工程。

2. 其他通用硅酸盐水泥

通用硅酸盐水泥中,除了硅酸盐水泥外,其他品种水泥中都掺入了混合材料,以改善水泥性能,调节水泥强度等级。

(1)混合材料

水泥混合材料通常分为活性混合材料和非活性混合材料两大类。

①活性混合材料。混合材料磨成细粉,与石灰或与石灰、石膏拌和在一起,并加水,在常温下,能生成具有胶凝性的水化产物,既能在水中又能在空气中硬化,称为活性混合材料。属于这类材料的有粒化高炉矿渣、火山灰质混合材料和粉煤灰。

a. 粒化高炉矿渣。粒化高炉矿渣是将炼铁高炉的熔融矿渣,经急速冷却而成的松软颗粒,储有较高的潜在化学能,从而有较高的潜在活性,主要成分是活性氧化硅和活性氧化铝。

b. 火山灰质混合材料。火山喷发在地面或水中形成的松软物质称为火山灰,主要成分是活性氧化硅和活性氧化铝。火山灰质混合材料泛指火山灰一类物质。

c. 粉煤灰。它是发电厂锅炉以煤粉为燃料,从其烟气中收集下来的灰渣,又称飞灰,呈玻璃态实心或空心的球状颗粒,主要成分是活性氧化硅和活性氧化铝。

②非活性混合材料。它们与水泥成分不起化学作用(即无化学活性)或化学作用很小,仅起提高水泥产量和降低水泥强度等级、减少水化热等作用。

(2)活性混合材料的作用

粒化高炉矿渣、火山灰质混合材料和粉煤灰等活性混合材料,与水调和后,本身不会硬化或硬化极为缓慢,强度很低。但在氢氧化钙溶液中,就会发生显著的水化,而在饱和的氢氧化钙溶液中水化更快。其水化反应一般认为是

$$x\mathrm{Ca(OH)_2}+\mathrm{SiO_2}+m\mathrm{H_2O} = x\mathrm{CaO}\cdot\mathrm{SiO_2}\cdot n\mathrm{H_2O}$$

$$y\mathrm{Ca(OH)_2}+\mathrm{Al_2O_3}+m\mathrm{H_2O} = y\mathrm{CaO}\cdot\mathrm{Al_2O_3}\cdot n\mathrm{H_2O}$$

$Ca(OH)_2$ 和活性 SiO_2 相互作用形成无定形的水化硅酸钙,$Ca(OH)_2$ 与活性 Al_2O_3 相互作用形成水化铝酸钙。

当液相中有石膏存在时,将与水化铝酸钙反应生成水化硫铝酸钙。这些水化物能在空气中凝结硬化,并能在水中继续硬化,具有相当高的强度。因此氢氧化钙和石膏的存在使活性混合材料的潜在活性得以发挥,即氢氧化钙和石膏起着激发水化、促进凝结硬化的作用,故称为激发剂。

(3)其他通用硅酸盐水泥的性能及应用

①普通硅酸盐水泥。由于掺入了少量混合材料,其与硅酸盐水泥相比,早期硬化速度稍慢,抗冻性与耐磨性能也略差,在应用范围方面,与硅酸盐水泥也相同,广泛用于各种混凝土或钢筋混凝土工程,是我国的主要水泥品种之一。

②矿渣硅酸盐水泥。水化慢、凝结硬化慢,早期(3 d)强度较低,但在硬化后期(28 d 以

后)，强度不断增长；耐腐蚀性好；耐热性好，因此可用于耐热混凝土工程；抗碳化能力较差；保水性差、泌水性较大，故矿渣水泥的干缩性较大，不宜长距离运输；抗冻性、抗渗性和抵抗干湿交替循环的性能均不及普通硅酸盐水泥。

③火山灰质硅酸盐水泥。其凝结硬化、水化放热、强度发展、碳化等性能都与矿渣硅酸盐水泥基本相同，但干性较大，在干热条件下会发生起粉现象；在潮湿环境下，会吸收石灰而产生膨胀胶化作用，使水泥石结构致密，因而有较高的密实度和抗渗性，适用于抗渗要求较高的工程。

④粉煤灰硅酸盐水泥。其凝结硬化、主要技术性能与火山灰质硅酸盐水泥很相近。由于粉煤灰的颗粒多呈球形微粒，内比表面积较小，吸附水的能力较小，因而粉煤灰水泥的干燥收缩小，抗裂性较好。同时，拌制的混凝土和易性较好。

⑤复合硅酸盐水泥。由于掺入了两种或两种以上规定的混合材料，因此复合硅酸盐水泥的特性取决于所掺混合材料的种类、掺量及相对比例，与矿渣硅酸盐水泥、火山灰硅酸盐水泥、粉煤灰硅酸盐水泥有不同程度的相似，应根据所掺入的混合材料种类，参照其他掺混合材料水泥的适用范围和工程实践经验选用。

通用硅酸盐水泥在混凝土结构工程中的使用可参照表4-6选择。

表4-6　通用硅酸盐水泥的性能及应用

混凝土工程特点或所处环境条件		优先选用	可以使用	不宜使用
普通混凝土	在普通气候环境中的混凝土	普通硅酸盐水泥	矿渣硅酸盐水泥、火山灰质硅酸盐水泥、粉煤灰硅酸盐水泥、复合硅酸盐水泥	
	在干燥环境中的混凝土	普通硅酸盐水泥	矿渣硅酸盐水泥	火山灰质硅酸盐水泥、粉煤灰硅酸盐水泥
	在高湿度环境中或永远处在水下的混凝土	矿渣硅酸盐水泥	普通硅酸盐水泥、火山灰质硅酸盐水泥、粉煤灰硅酸盐水泥、复合硅酸盐水泥	
	厚大体积的混凝土	粉煤灰硅酸盐水泥、矿渣硅酸盐水泥、火山灰质硅酸盐水泥、复合硅酸盐水泥	普通硅酸盐水泥	硅酸盐水泥、快硬硅酸盐水泥
有特殊要求的混凝土	要求快硬的混凝土	快硬硅酸盐水泥、硅酸盐水泥	普通硅酸盐水泥	矿渣硅酸盐水泥、火山灰质硅酸盐水泥、粉煤灰硅酸盐水泥、复合硅酸盐水泥

表 4-6(续)

混凝土工程特点或所处环境条件		优先选用	可以使用	不宜使用
有特殊要求的混凝土	高强混凝土	硅酸盐水泥	普通硅酸盐水泥、矿渣硅酸盐水泥	火山灰质硅酸盐水泥、粉煤灰硅酸盐水泥
	严寒地区的露天混凝土,寒冷地区的处在水位升降范围内的混凝土	普通硅酸盐水泥	矿渣硅酸盐水泥	火山灰质硅酸盐水泥、粉煤灰硅酸盐水泥
	严寒地区处在水位升降范围内的混凝土	普通硅酸盐水泥		火山灰质硅酸盐水泥、矿渣硅酸盐水泥、粉煤灰硅酸盐水泥、复合硅酸盐水泥
	有抗渗性要求的混凝土	普通硅酸盐水泥、火山灰质硅酸盐水泥		矿渣硅酸盐水泥
	有耐磨性要求的混凝土	硅酸盐水泥、普通硅酸盐水泥	矿渣硅酸盐水泥	火山灰质硅酸盐水泥、粉煤灰硅酸盐水泥

4.1.7 水泥的运输与储存

水泥的储运方式有袋装和散装两种。

运输和贮存水泥要按不同品种、强度等级及出厂日期存放,并加以标识。不同品种、不同强度等级的水泥应分别储运,不得混杂。

散装水泥应分库存放;袋装水泥一般堆放高度不应超过 10 袋,平均每平方米堆放 1 t。水泥即使在良好的贮存条件下,也不可贮存过久,运输过程中不得受潮和混入杂物,因为水泥会吸收空气中的水分和二氧化碳,使颗粒表面水化甚至碳化,丧失胶凝能力,强度大为降低。在一般贮存条件下,3 个月后,水泥强度降低 10%~20%;6 个月后,降低 15%~30%;1 年后,降低 25%~40%。水泥的有效存放期规定:自水泥出厂之日起,存放不得超过 3 个月,超过 3 个月的水泥在使用时应重新检验,以实测强度为准。

4.2 其他品种水泥

在建筑工程中,除了通用水泥外,还需使用一些特性水泥和专用水泥。如用于紧急抢修堵漏、快速硬结硬化的铝酸盐水泥、硫铝酸盐水泥、快硬硅酸盐水泥等;用于装饰装修的白色和彩色硅酸盐水泥;用于防水工程的膨胀水泥以及用于道路工程的道路水泥;等等。

4.2.1 快硬类水泥

普通硅酸盐水泥的主要缺点是早期强度偏低，强度发展较为缓慢。对于紧急抢修抢建工程，快硬高强水泥一直是水泥研究的主要方向，是工程中必不可少的抢修材料之一。近30年来，快硬类水泥的研究、生产和应用迅速发展，出现了诸如快硬普通硅酸盐水泥、高铝水泥、快硬硫铝酸盐水泥、快硬铁铝酸盐水泥、双快水泥、土聚水泥及磷酸盐水泥等不同类型的快硬类水泥，在工程中得到广泛应用，大大满足了抢修抢建工程的材料需求。常用快硬类水泥的性能比较见表4-7。

表4-7　快硬类水泥的性能比较

水泥品种	主要矿物组成	优点	缺点
快硬硅酸盐水泥	硅酸三钙、铝酸三钙等	早强较高，1 d 强度达15 MPa以上，水化热高	早期干缩率较大
高铝水泥	铝酸一钙及其他铝酸盐等	早强高，12 h 强度可达29 MPa以上，抗冻性好	耐碱性极差，长期性能不稳定，存放时间短，小时强度低
快硬硫铝酸盐水泥	无水硫铝酸钙、硅酸二钙等	早强高，1 d 强度可达35 MPa以上，耐硫酸盐侵蚀好	易起粉、易产生裂纹，存放时间短，小时强度低，不耐高温，负温强度低
氟铝酸盐水泥	氟铝酸盐、硅酸二钙等	硬化很快，小时强度高，1 h 可达30 MPa	产量低，存放时间短
磷酸盐水泥	磷酸盐	早强高，1 h 抗压强度可达到20 MPa，抗冻性好	不耐潮湿环境，强度倒退较大，凝结过快
土聚水泥	高活性偏高岭土、碱性激活剂、促硬剂和外加剂	快硬早强，耐硫酸盐侵蚀好	高效激发剂多为液体，掺量大，水化体系碱性偏大

4.2.2 膨胀水泥及自应力水泥

常用水泥和快硬硅酸盐水泥都有一个共同点，就是在硬化过程中会发生一定的收缩，可能造成裂纹、透水和不适于某些工程的使用。膨胀水泥及自应力水泥的不同之处是在硬化过程中不但不收缩，而且有不同程度的膨胀。膨胀水泥及自应力水泥有两种配制途径：一种是以硅酸盐水泥为主配制的，凝结较慢，俗称硅酸盐型膨胀水泥；另一种是以高铝水泥为主配制的，凝结较快，俗称铝酸盐型膨胀水泥。

硅酸盐型膨胀水泥及自应力水泥,是由硅酸盐水泥、高铝水泥和石膏按一定比例共同磨细或分别粉磨再经混匀而成的。铝酸盐型膨胀水泥,是以高铝水泥熟料和二水石膏磨细而成的。硅酸盐型膨胀水泥及自应力水泥的膨胀作用是基于硬化初期,高铝水泥中的铝酸盐和石膏遇水化合,生成钙矾石,起初填充水泥石内部孔隙,强度有所增长;随着水泥不断水化,钙矾石数量增多,晶体长大,就会产生膨胀,削弱和破坏水泥石结构,使强度下降。

铝酸盐型膨胀水泥及自应力水泥的膨胀作用,同样是基于硬化初期,生成钙矾石,体积膨胀;而水泥强度的增长,则是高铝水泥本身水化增长强度之故,同样,膨胀和增强两个作用也是相辅相成的。

膨胀水泥适用于补偿收缩混凝土,用作防渗混凝土,填灌混凝土结构或构件的接缝及管道接头,以及用于结构的加固与修补、浇注机器底座及固结地脚螺丝等。自应力水泥适用于制造自应力钢筋混凝土压力管及配件。

4.3 水泥的检测

水泥的检测指标包括水泥的细度、凝结时间、安定性、强度等级,应按照以下检测依据进行:

(1)《通用硅酸盐水泥》(GB 175—2023);

(2)《水泥标准稠度用水量、凝结时间、安定性检验方法》(GB/T 1346—2011);

(3)《水泥胶砂强度检验方法(ISO 法)》(GB/T 17671—2021);

(4)《水泥细度检验方法 筛析法》(GB/T 1345—2005)。

4.3.1 水泥的取样规定

(1)水泥出厂前按同品种、同强度等级编号和取样。袋装水泥和散装水泥应分别进行编号和取样,每一编号为一取样单位。

散装水泥:随机从不少于 3 个罐车中取等量水泥,混匀后称取不少于 12 kg 试样。

袋装水泥:水泥的取样应有代表性,可连续取,亦可从 20 个以上不同部位取等量样品,总量至少 12 kg。试样应充分拌匀,通过 0.9 mm 方孔筛,并记录筛余物百分数及其性质。

(2)对于按照上述办法取得的水泥试样,在按标准进行检验前,将其分成两等份:一份用于检验,另一份密封保管 3 个月,以备有疑问时复验。

(3)当在使用中对水泥质量有怀疑或水泥出厂超过 3 个月时,应进行复验,并按复验结果使用。

4.3.2 细度检测

细度检测方法有筛析法和比表面积法。采用筛析法时选用筛孔直径为 80 μm 的试验筛。试验方法分负压筛法、水筛法和手工干筛法 3 种,在检验工作中,如对负压筛法与水筛法或手工干筛法测定的结果产生争议时,以负压筛法为准。

负压筛法介绍如下。

1. 主要仪器设备

(1)负压筛析仪。负压筛析仪由筛座、负压筛、负压源及收尘器组成,其中筛座由转速为(30±2) r/min 的喷气嘴、负压表、控制微电机及壳体等构成。筛析仪负压可调范围为4 000~6 000 Pa。

(2)天平。最大称量为100 g,分度值不大于0.05 g。

2. 试验方法

(1)筛析试验前,应把负压筛放在筛座上,盖上筛盖,接通电源,检查控制系统,调节负压至4 000~6 000 Pa。

(2)称取试样25 g,置于洁净的负压筛中,盖上筛盖,放在筛座上,启动筛析仪连续筛析2 min,在此期间如有试样附着在筛盖上,可轻轻地敲击,使试样落下。筛毕,用天平称量筛余物。

(3)当工作负压小于4 000 Pa时,应清理吸尘器内水泥,使负压恢复正常。

3. 试验结果

水泥试样筛余百分数按式(4-1)计算:

$$F=\frac{R_t}{W}\times 100\% \tag{4-1}$$

式中 F——水泥试样的筛余百分数,%;

R_t——水泥筛余物的质量,g;

W——水泥试样的质量,g。

结果计算至0.1%。

4.3.3 标准稠度用水量测定

1. 主要仪器设备

标准稠度维卡仪(如图4-3),滑动部分的总质量为(300±1)g,试杆是由耐腐金属制成,有效长度(50±1)mm,直径为(10±0.05)mm的圆柱体;装净浆用的试模,顶内径为(65±0.5)mm,底内径为(75±0.5)mm,工作高度为(40±0.2)mm。

2. 试验方法

(1)试验前检查。维卡仪的滑动杆能自由滑动,调整至试杆接触玻璃板时指针应对准零点,水泥净浆搅拌机能正常运转。

(2)拌制水泥净浆。拌和前,先用湿棉布擦拭搅拌锅和搅拌叶片,将拌和水倒入搅拌锅内,然后在5~10 s内小心地将称好的500 g水泥试样倒入搅拌锅内,防止水和水泥溅出;拌和时,先将搅拌锅放到搅拌机锅座上,升至搅拌位置,启动机器,慢速搅拌120 s,停拌15 s,接着快速搅拌120 s后停机。

(3)拌和结束后,立即将拌好的净浆装入试模,用小刀插捣,振动数次,刮去多余净浆,抹平后迅速放到维卡仪上,将其中心置于试杆下,将试杆降至净浆表面并拧紧螺丝,然后突然放松,让试杆自由沉入净浆,在试杆沉入30 s时记录试杆与底板之间的距离。整个操作应在搅拌后1.5 min内完成。

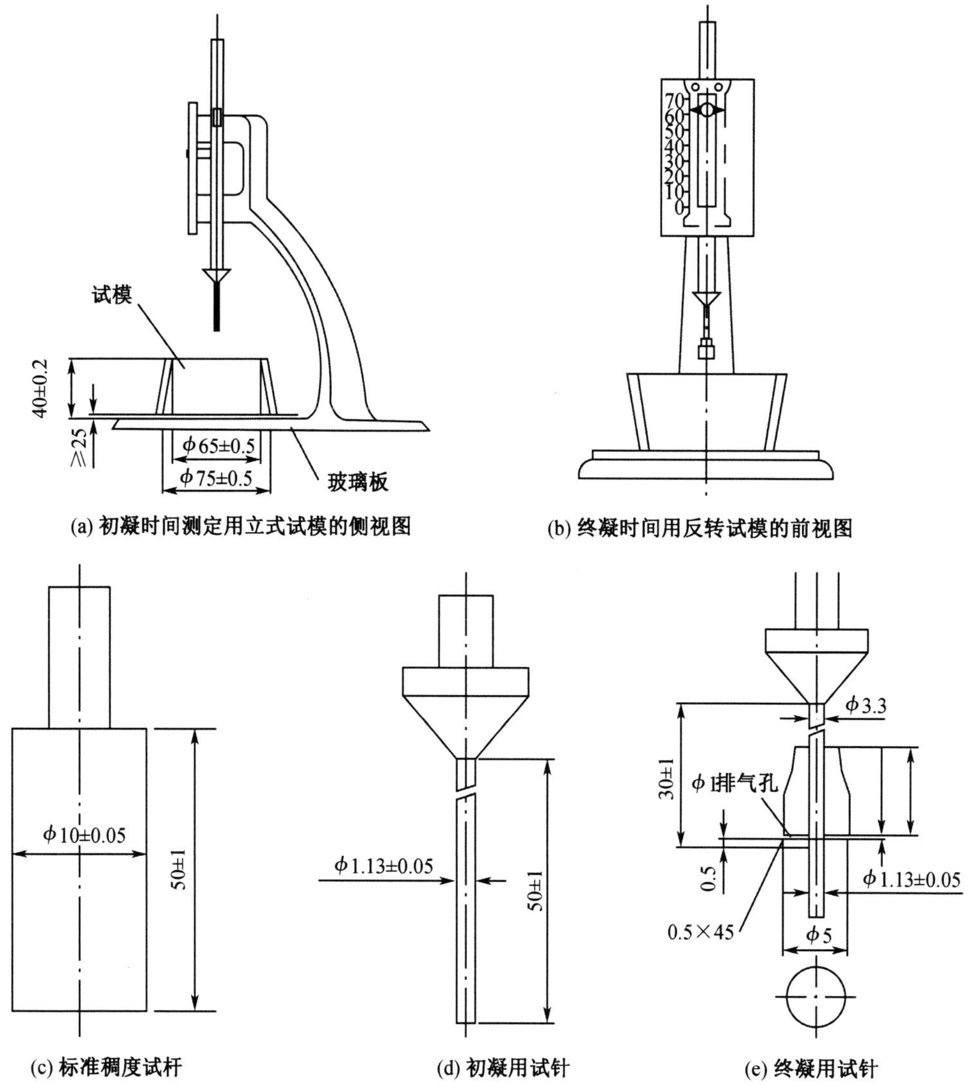

图 4-3　测定水泥标准稠度和凝结时间用的维卡仪(单位:mm)

3. 试验结果

以试杆沉入净浆并距底板(6±1)mm 的净浆为标准稠度净浆。其拌和水量为该水泥的标准稠度用水量(P)(用水泥质量的百分比表示)。如下沉深度超出范围,须另称试样,调整水量,重新试验,直至达到要求为止。

4.3.4　凝结时间测定

1. 主要仪器设备

(1)凝结时间测定仪。与测定标准稠度时所用的测定仪相同,但试杆应换成试针[图 4-3(c)、图 4-3(d)]。

(2)湿气养护箱。应能使温度控制在(20±3)℃,湿度大于90%。

(3)水泥净浆搅拌机、天平、量水器等。

2. 试验方法

(1)测定前,将圆模放在玻璃板上,在内侧稍稍涂上一层机油;调整凝结时间测定仪使试针接触玻璃板时,指针对准标尺零点。

(2)称取水泥试样500 g,以标准稠度用水量按测定标准稠度时制备净浆的方法制成标准稠度净浆,立即一次装入圆模,振动数次后刮平,然后放入湿气养护箱。记录开始加水的时间作为凝结的起始时间。

(3)初凝时间的测定:试件在湿气养护箱中养护至加水后30 min时进行第一次测定。

测定时,从养护箱中取出圆模放到试针下,使试针与净浆面接触,拧紧螺丝1~2 s后突然放松,使试针垂直自由沉入净浆,观察试针停止下沉时指针的读数。当试针沉至距底板(4±1) mm时,即为水泥达到初凝状态;由加水开始至初凝的时间为该水泥的初凝时间,用分钟(min)来表示。

(4)终凝时间的测定:在完成初凝时间测定后,立即将试模连同浆体以平移的方式从玻璃板上取下,翻转180°,大头向上、小头向下地放在玻璃板上,当终凝试针沉入试件0.5 mm时,水泥达到终凝状态;由加水开始至终凝的时间为该水泥的终凝时间,用分钟(min)来表示。

(5)测定时应注意:在进行最初测定的操作时应轻轻扶持金属棒,使其徐徐下降以防试针撞弯,但结果以自由下落为准,在整个测定过程中试针贯入的位置至少要距圆模内壁10 mm。临近初凝时,每隔5 min测定一次,临近终凝时每隔15 min测定一次,到达初凝或终凝状态时应立即重复测一次,当两次结果相同时才能定为到达初凝或终凝状态。每次测定时不得让试针落入原针孔,每次测定完毕须将试针擦净并将圆模放回养护箱内,整个测定过程中要防止圆模受振。

4.3.5 安定性测定

安定性测定可以用试饼法也可以用雷氏法,有争议时以雷氏法为准。试饼法是通过观察水泥净浆试饼沸煮后的外形变化来检验水泥的体积安定性;雷氏法是测定水泥净浆在雷氏夹中沸煮后的膨胀值。

1. 主要仪器设备

(1)沸煮箱。其有效容积约为410 mm×240 mm×310 mm,篦板结构应不影响试验结果,篦板与加热器之间的距离大于50 mm。箱的内层由不易锈蚀的金属材料制成,能在(30±5)min内将箱内的试验用水由室温升温至沸腾并可保持沸腾状态3 h以上,整个试验过程中不需补充水量。

(2)雷氏夹。其由铜质材料制成,结构如图4-4所示。当一根指针的根部先悬挂在一根金属丝或尼龙丝上,另一根指针的根部再挂上300 g质量的砝码时,两根指针的针尖距离增加应在(17.5±2.5)mm范围内,当去掉砝码后针尖的距离能恢复至挂砝码前的状态。

(3)雷氏夹膨胀值测定仪。其如图4-5所示,标尺最小刻度为0.5 mm。

(4)水泥净浆搅拌机、湿气养护箱、量水器、天平等。

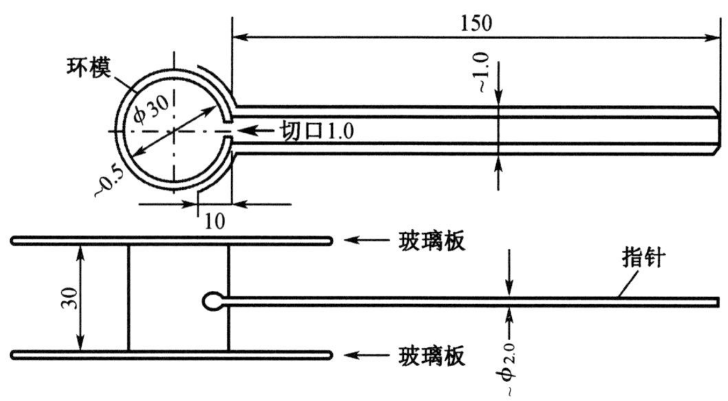

图 4-4 雷氏夹(单位:mm)

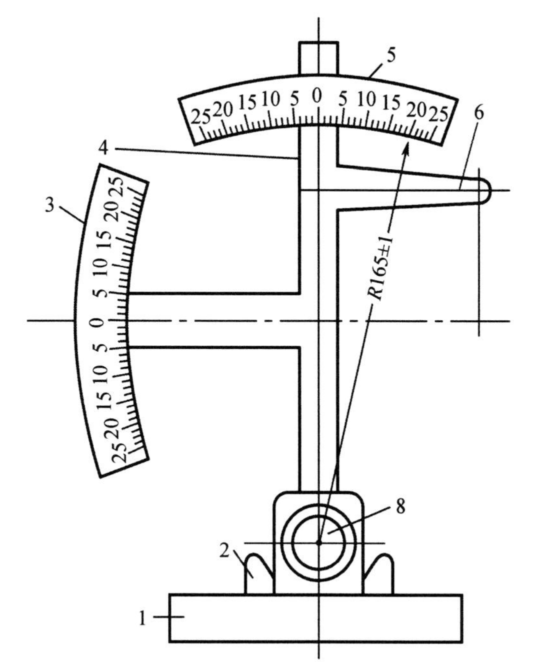

1—底座;2—模子座;3—测弹性标尺;4—立柱;5—测膨胀值标尺;6—悬臂;7—悬尺;8—弹簧顶钮。

图 4-5 膨胀测定仪(单位:mm)

2. 试验方法

(1)准备工作

若采用雷氏法,则每个雷氏夹需配备质量 75~80 g 的玻璃板两块。若采用试饼法,则一个样品需准备两块约 100 mm×100 mm 的玻璃板。每种方法每个试样需成型两个试件。凡与水泥净浆接触的玻璃板和雷氏夹的表面都要稍稍涂上一层油。

(2)以标准稠度用水量制备标准稠度净浆。

(3)试饼的成型方法

将制好的净浆取出一部分分成两等分,使之呈球形,放在预先准备好的玻璃板上,轻轻振动玻璃板并用湿布擦过的小刀由边缘向中央抹动,将净浆做成直径为70~80 mm、中心厚约10 mm,边缘渐薄、表面光滑的试饼。接着将试饼放入湿气养护箱养护(24±2)h。

(4)雷氏夹试件的制备

将预先准备好的雷氏夹放在已稍擦油的玻璃板上,并立刻将制好的标准稠度净浆装满试模,装模时一只手轻轻扶持试模,另一只手用宽约10 mm的小刀插捣15次左右然后抹平,盖上稍涂油的玻璃板,接着立刻将试模移至湿气养护箱内养护(24±2)h。

(5)从养护箱内取出试件,脱去玻璃板

采用试饼法时先检查试饼是否完整(如已开裂翘曲要检查原因,确证无外因时,该试饼已属不合格不必沸煮),在试饼无缺陷的情况下将试饼放在沸煮箱的篦板上。采用雷氏法时,先测量试件指针尖端间的距离(A),精确至0.5 mm,接着将试件放在篦板上,使指针朝上,试件之间互不交叉。

(6)沸煮

调整好沸煮箱内水位,保证水在整个沸煮过程中都能没过试件,不需中途加水;然后在(30±5) min内加热至沸腾并保持3 h±5 min。

3. 结果判别

沸煮结束,即放掉箱中的热水,打开箱盖,待箱体冷却至室温,取出试件进行判别。

若为试饼法,目测未发现裂缝,用直尺检查也没有弯曲的试饼为安定性合格,反之为不合格。当两个试饼判别结果有矛盾时,该水泥的安定性为不合格。

若为雷氏夹法,测量试件指针尖端间的距离(C),记录至小数点后一位,当两个试件沸煮后增加距离的平均值不大于5.0 mm时,即认为该水泥安定性合格,当两个试件的增加距离($C-A$)值相差超过4 mm时,应用同一样品立即重做一次试验。

4.3.6 水泥胶砂强度测定

试体成型试验室温度应保持在(20±2)℃,相对湿度应不低于50%。试体带模养护的养护箱或雾室温度应保持在(20±2)℃,相对湿度应不低于90%。养护池水温度应保持在(20±1)℃。

1. 主要仪器设备

(1)胶砂搅拌机。行星式搅拌机,应符合JC/T 681—2022要求。

(2)胶砂振实台。其应符合JC/T 682—2022的要求,如图4-6所示。

(3)试模。由3个水平的槽模组成,模槽内腔尺寸为40 mm×40 mm×160 mm,可同时成型3条棱形试件。成型操作时应在试模上面加有一个壁高20 mm的金属套模;为控制料层厚度和刮平胶砂表面,应备有两个播料器和一金属刮平尺。

(4)抗折强度试验机。一般采用杠杆比值为1:50的电动抗折试验机,也可以采用性能符合要求的其他试验机。抗折夹具的加荷与支撑圆柱直径应为(10±0.1)mm,两个支撑圆柱中心间距为(100±0.2)mm。

(5)抗压试验机。试验机精度要求为±1%并具有按(2 400±200)N/s速率加荷的能力。试件受力状态如图4-7所示。

(6)抗压夹具。其应符合JC/T 683—2005的要求,受压面积为40 mm×40 mm。典型抗压夹具如图 4-8 所示。

(7)天平(精度为±1 g)、量水器(精度为±1 mL)等。

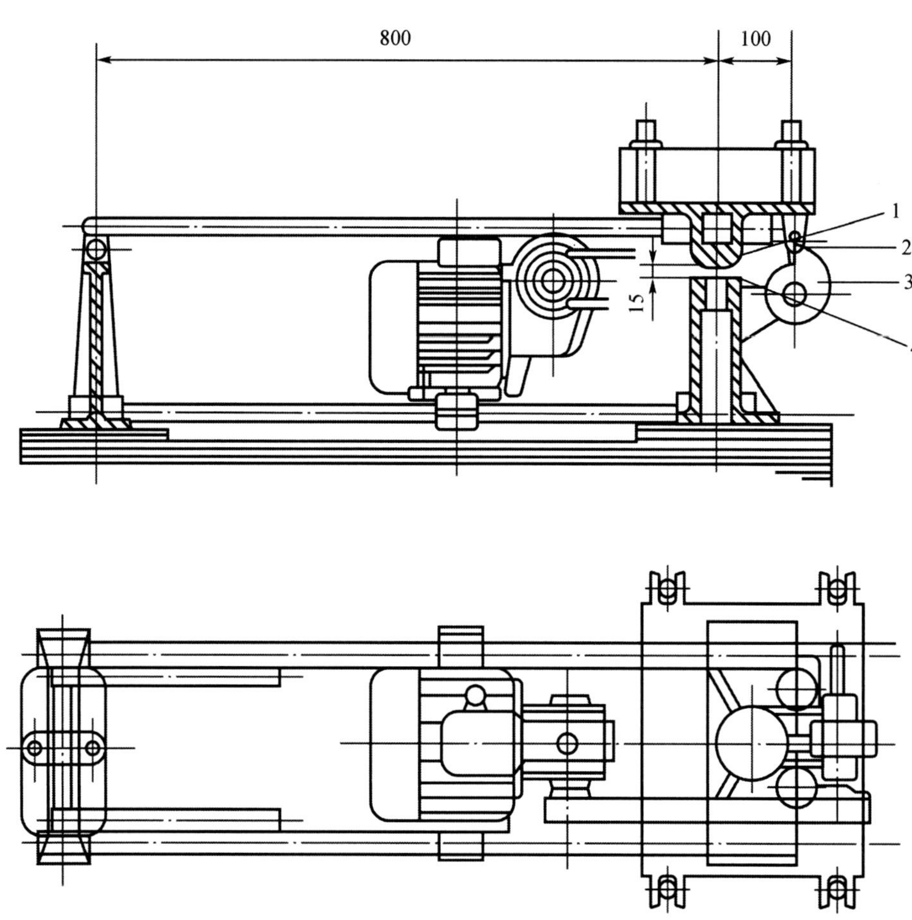

1—突头;2—滑动轮;3—凸轮;4—止动器。

图 4-6　典型的振实台(单位:mm)

2. 试件成型

(1)将试模擦净,四周模板与底座的接触面上应涂黄油,紧密装配,防止漏浆。内壁均匀刷一薄层机油。

(2)试验采用中国 ISO 标准砂,以(1 350±5)g 容量的塑料袋包装。

每锅胶砂可成型 3 条试体。每锅胶砂按质量比水泥∶标准砂∶水 = 1∶3∶0. 5 配制,用天平称取水泥(450±2)g、中国 ISO 标准砂(1 350±5)g,用量水器量取(225±1) mL 水。

(3)把水加入搅拌锅,再加入水泥,把锅放在固定架上,上升至固定位置。然后立即开动搅拌机,低速搅拌 30 s 后,在第二个 30 s 开始的同时均匀地将砂加入。把机器转至高速再拌 30 s。停拌 90 s,在第一个 15 s 内用一胶皮刮具将叶片和锅壁上的胶砂刮入锅中间。在高速下继续搅拌 60 s 后,停机取下搅拌锅。各个搅拌阶段,时间误差应在±1 s 内。将粘在叶片上的胶砂刮下。

(4)胶砂制备后立即进行成型。将空试模和模套固定在振实台上,用一适当勺子直接从搅拌锅中将胶砂分两层装入试模。装第一层时，每个槽里约放 300 g 胶砂，用大播料器垂直架在模套顶部，沿每个模槽来回一次将料层播平，接着振实 60 次。再装入第二层胶砂，用小播料器播平，再振实 60 次。移走套模，从振实台上取下试模，用一金属直尺以近似 90°的角度架在试模顶的一端，然后沿试模长度方向以横向锯割动作慢慢移向另一端，一次将超过试模部分的胶砂刮去，并用同一直尺以近乎水平的角度状态将试体表面抹平。

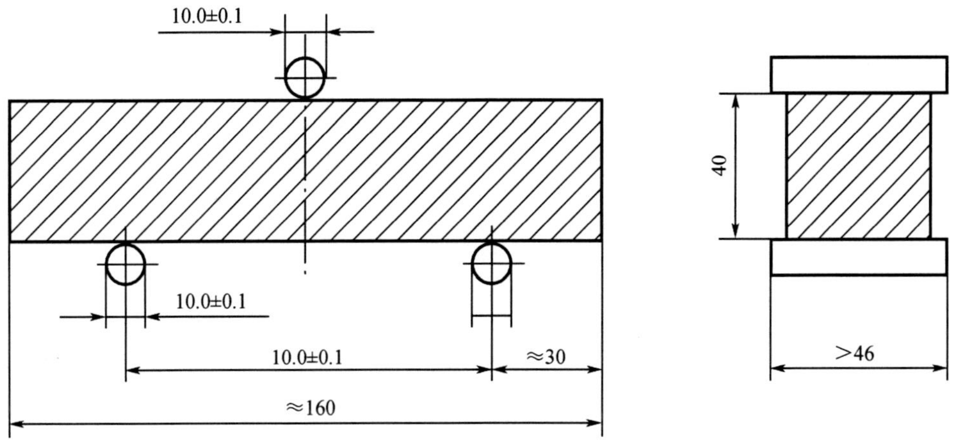

图 4-7　抗折强度测定加荷示意图(单位:mm)

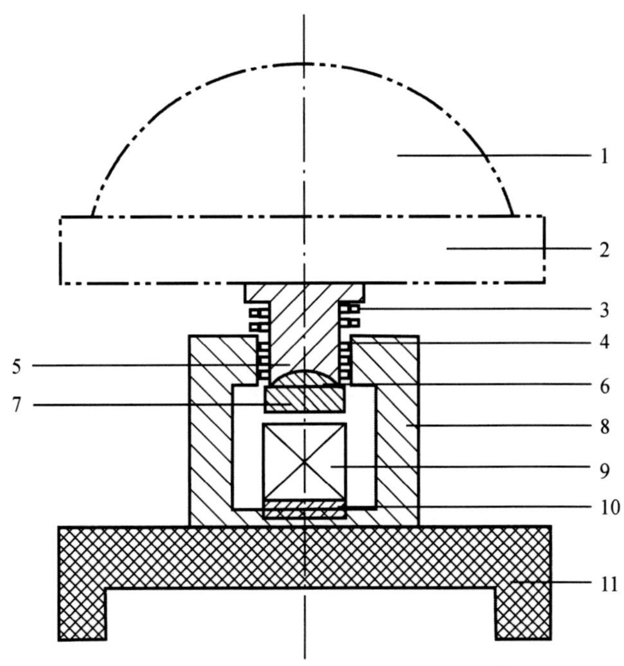

1—压力球座;2—压力机上压板;3—复位弹簧;4—滚珠轴承;5—滑块;
6—夹具球座;7—夹具上压板;8—夹具;9—试件;10—夹具下压板;11—压力机下压板。

图 4-8　典型抗压夹具示意图

(5)在试模上做好标记后,立即将其放入湿气养护箱或雾室进行养护。

3. 脱模与养护

(1)养护到规定脱模时间后取出脱模。脱模前,用防水墨或颜料笔对试体进行编号。对于两个龄期以上的试体,编号时应将同一试模中的 3 条试件分在两个以上的龄期内。

(2)脱模。养护 20~24 h 后脱模。硬化较慢的水泥允许延期脱模,但须记录脱模时间。

(3)试件脱模后立即水平或垂直放入水槽养护,养护水温度为(20±1)℃,试件之间应留有间隙,养护期间试件之间或试体上表面的水深不得小于 5 mm。每个养护池只养护同类型的水泥试件。

4. 强度测定

不同龄期的试件应在下列时间(从水泥加水搅拌开始算起)内进行强度测定:24 h±15 min;48 h±30 min;72 h±45 min;7 d±2 h;28 d±8 h。

(1)抗折强度测定

①每龄期取出 3 条试件先做抗折强度测定。测定前须擦去试件表面的水分和砂粒。清除夹具上圆柱表面附着的杂物。试件放入抗折夹具内,应使试件侧面与圆柱接触。

②采用杠杆式抗折试验机时,在将试件放入前,应使杠杆成平衡状态。在将试件放入后,调整夹具,使杠杆在试件折断时尽可能地接近平衡位置。

③抗折强度测定时的加荷速度为(50 ±10) N/s。

④抗折强度按下式计算(计算至 0.1 MPa):

$$f_b = \frac{1.5F_tL}{b^3} \tag{4-2}$$

式中 f_b——单个试件抗折强度,MPa;

F_t——折断时施加于棱柱体中部的荷载,N;

L——支撑圆柱之间的距离,mm;

b——棱柱体正方形截面的边长,mm。

⑤以一组 3 个试件测定值的算术平均值为抗折强度的试验结果(精确至 0.1 MPa)。当 3 个强度值中有超出平均值±10%的值时,应剔除后再取平均值作为抗折强度试验结果。

(2)抗压强度测定

①立即对抗折强度测定后的两个断块进行抗压强度测定。抗压强度测定须用抗压夹具,使试件受压面积为 40 mm×40 mm。测定前应清除试件受压面与加压板间的砂粒或杂物。测定时以试件的侧面为受压面,并使夹具对准压力机压板中心。

②在整个加荷过程中以(2 400±200)N/s 的速率均匀加荷直至破坏。

③抗压强度按下式计算(计算至 0.1 MPa):

$$f_p = \frac{F_c}{A} \tag{4-3}$$

式中 f_p——单个试件抗压强度,MPa;

F_c——破坏时的最大荷载,N;

A——受压部分面积,即 40 mm×40 mm = 1 600 mm^2。

④以一组 3 个棱柱体上得到的 6 个抗压强度测定值的算术平均值为抗压强度的试验结果(精确至 0.1 MPa)。如 6 个测定值中有一个超出算术平均值的 10%,应剔除这个结果,而

以剩下 5 个的算术平均值为试验结果。如 5 个测定值中还有超过它们算术平均值 10%的，则此组结果作废。

思考题

1. 硅酸盐水泥由哪些矿物成分组成,它们对水泥的性质有何影响?

2. 什么是水泥混合材料,它们使硅酸盐水泥的性质发生哪些变化,在建筑工程中有何意义?

3. 当不得不采用硅酸盐水泥进行大体积混凝土施工时,可采取什么措施来保证工程质量?

4. 分析引起水泥体积安定性不良的原因,并列举检验的方法。

5. 下列混凝土构件和工程,选用哪种水泥合适?说明理由。

(1)现浇楼板、梁、柱;

(2)紧急抢修工程或紧急军事工程;

(3)大体积混凝土坝;

(4)有硫酸盐腐蚀的地下工程;

(5)海港码头工程;

(6)高炉基础。

6. 水泥在建筑工程中使用必须进行哪些方面检测?如何对检测结果进行判定?

第5章　混　凝　土

5.1　概　　述

混凝土是由胶凝材料、水、粗骨料、细骨料按适当比例配合、拌制成拌和物，经一定时间硬化而成的人造石材。混凝土材料具有原料来源丰富、施工方便、可塑性好、抗压强度高、耐久性好等许多优点。因此混凝土是一种重要的土木工程材料，广泛应用在工业与民用建筑、给水与排水工程、道路工程、桥梁工程、水利工程以及地下工程等方面，在国家基础建设和国防建设中占有重要地位。

但普通混凝土也存在自重大、抗拉强度低，抗裂性差、收缩变形大等缺点，给实际工程应用带来一定影响，因此需要在材料、施工技术等方面不断创新。新型高性能混凝土是混凝土发展的必然趋势。

混凝土种类繁多，可根据其表观密度、胶凝材料、用途及生产工艺和施工方法等从不同角度进行分类。

1. 按表观密度分类

(1)重混凝土。其表观密度大于2 600 kg/m^3，骨料采用重晶石、铁矿石、钢屑等，具有防X射线、γ射线的性能，主要用于防辐射工程。

(2)普通混凝土。其表观密度为1 950~2 600 kg/m^3，骨料采用砂、石子等，是土木工程中最常用的混凝土。

(3)轻混凝土。其表观密度小于1 950 kg/m^3，骨料采用陶粒等轻质材料，或不采用骨料而掺入加气剂或泡沫剂形成多孔结构混凝土，主要用于制作轻质结构材料或结构保温。

2. 按胶凝材料分类

混凝土按胶凝材料不同分为水泥混凝土、沥青混凝土、聚合物混凝土等。

3. 按用途分类

混凝土按用途分为结构混凝土、道路混凝土、防水混凝土、防辐射混凝土、大体积混凝土等。

4. 按生产工艺和施工方法分类

混凝土按生产工艺和施工方法分为泵送混凝土、喷射混凝土、离心混凝土、碾压混凝土、自密实混凝土等。

5.2 普通混凝土的组成材料

普通混凝土(简称为混凝土)由水泥、砂、石和水组成,为改善混凝土的某些性能还常加入适量的外加剂和掺合料。

在混凝土中,砂、石起骨架作用,称为骨料;水泥与水形成水泥浆,水泥浆包裹在骨料表面并填充其空隙。在硬化前,水泥浆起润滑作用,赋予拌和物一定的和易性,便于施工。在硬化后,水泥浆则将骨料胶结成一个坚实的整体。加入适宜的外加剂和掺合料,硬化前能改善拌和物的和易性,硬化后能改善混凝土的物理力学性能和耐久性等,尤其是在配制高强度混凝土、高性能混凝土时,外加剂和掺合料是必不可少的。混凝土的性能在很大程度上取决于组成材料的性能,同时也与施工工艺(搅拌、输送方式、成型、养护)有关。因此必须根据工程性质、设计要求和施工现场条件合理选择原材料。

5.2.1 水泥

水泥品种的选择主要根据工程结构特点、工程所处环境及施工条件确定。水泥的性能指标必须符合现行国家有关标准的规定。

水泥强度等级的选择应与混凝土的设计强度等级相适应。水泥强度等级的选择原则为:混凝土设计强度等级越高,则水泥强度等级也宜越高;设计强度等级越低,则水泥强度等级也相应越低。当必须用高强度等级水泥配制低强度等级混凝土时,会使水泥用量偏少,影响和易性及密实度,所以应掺入一定数量的掺和料。当必须用低强度等级水泥配制高强度等级混凝土时,会使水泥用量过多,不经济,而且影响混凝土其他技术性质。

5.2.2 细骨料

粒径在0.15~5.0 mm的骨料称为细骨料,亦即砂。常用的细骨料有河砂、海砂、山岩砂和机制砂(有时也称为人工砂、加工砂)等。根据《建设用砂》(GB/T 14684—2022)的规定,将砂按颗粒级配、含泥量、有害物质、坚固性等分为Ⅰ类、Ⅱ类和Ⅲ类。配制混凝土时所采用的细骨料的质量要求有以下几方面。

1. 有害杂质

细骨料中的有害杂质主要包括两方面:

①黏土和云母。它们黏附于砂表面或夹杂其中,严重降低水泥与砂的黏结强度,同时还增加混凝土的用水量,从而降低混凝土的强度、抗渗性和抗冻性,增大混凝土的收缩。

②有机质、硫化物及硫酸盐。它们对水泥有腐蚀作用,从而影响混凝土的性能。因此对有害杂质含量必须加以限制。天然砂的含泥量应符合表5-1的规定。

表 5-1　天然砂的含泥量和泥块含量

类别	Ⅰ类	Ⅱ类	Ⅲ类
含泥量(按质量计)	≤1.0	≤3.0	≤5.0
泥块含量(按质量计)	0.2	≤1.0	≤2.0

在一般情况下,海砂可用于配制混凝土和钢筋混凝土,但由于海砂含盐量较大,对钢筋有锈蚀作用,故海砂中氯离子含量不应超过 0.06%(以干砂质量计)。对预应力混凝土不宜采用海砂,当必须使用海砂时,需经淡水冲洗至氯离子含量小于 0.02%。用海砂配制素混凝土,对其氯离子含量不予限制。

2. 颗粒形状及表面特征

细骨料的颗粒形状及表面特征会影响其与水泥的黏结及混凝土拌和物的流动性。山岩砂和机制砂的颗粒表面较粗糙,多棱角,与水泥黏结较好,用它拌制的混凝土强度较高,但拌和物的流动性较差;河砂、海砂经水流冲刷,其颗粒多呈圆形,表面光滑,与水泥的黏结较差,用来拌制混凝土时,混凝土的强度则较低,但拌和物的流动性较好。

3. 砂的颗粒级配及粗细程度

砂的颗粒级配,表示砂大小颗粒的搭配情况。良好的级配下,大小颗粒相互填充密实,形成最密实的堆积状态,空隙率达到最小,密实度最大,如图 5-1 所示。这样可以达到节约水泥、提高混凝土综合性能的目标。

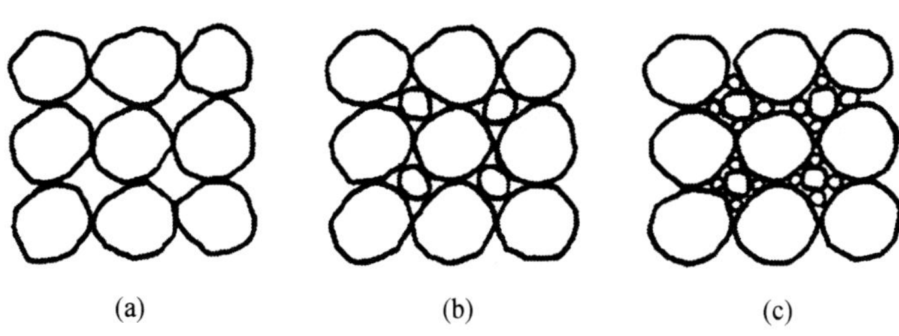

图 5-1　砂的颗粒级配

砂的粗细程度一般分为粗砂、中砂、细砂与特细砂。在相同质量条件下,细砂的总表面积较大,而粗砂的总表面积较小。在混凝土中,砂的表面由水泥浆包裹,如果砂子的总表面积愈大,则需要包裹砂粒表面的水泥浆就愈多。一般来说用粗砂拌制混凝土所需的水泥浆比用细砂更省。在实际工程中,当砂中含有较多的粗粒径砂时,需要用适当的中砂及少量细砂填充其空隙,则可达到空隙率及总表面积均较小的目的,这样不仅可以减少水泥浆的用量,而且可以提高混凝土的密实性与强度。因此,在拌制混凝土时,砂的颗粒级配和粗细程度两个因素应同时考虑。

砂的粗细程度和颗粒级配用筛分析方法测定,粗细用细度模数来表示,级配用级配曲线来表示。筛分析方法是用一套孔径(净尺寸)为 4.75 mm、2.36 mm、1.18 mm、0.6 mm、0.3 mm 及 0.15 mm 的标准筛,将 500 g 的干砂试样由粗到细依次过筛,然后称得余留在各个筛上的砂的质量,并计算出各筛上的分计筛余百分率(各筛上的筛余量占砂样总质量的百分比)及累计筛余百分率。累计筛余百分率与分计筛余百分率的关系见表 5-2。

表 5-2　累计筛余的百分率与分计筛余百分率的计算关系

筛孔尺寸/mm	筛余量/g	分计筛余百分率/%	累计筛余百分率/%
4. 75	m_1	$a_1=(m_1/500)\times100\%$	$A_1=a_1$
2. 36	m_2	$a_2=(m_2/500)\times100\%$	$A_2=a_1+a_2$
1. 18	m_3	$a_3=(m_3/500)\times100\%$	$A_3=a_1+a_2+a_3$
0. 6	m_4	$a_4=(m_4/500)\times100\%$	$A_4=a_1+a_2+a_3+a_4$
0. 3	m_5	$a_5=(m_5/500)\times100\%$	$A_5=a_1+a_2+a_3+a_4+a_5$
0. 15	m_6	$a_6=(m_6/500)\times100\%$	$A_6=a_1+a_2+a_3+a_4+a_5+a_6$

根据 0. 6 mm 筛孔的累计筛余百分率，可将砂划分为 3 个级配区。级配良好的砂，各筛上的累计筛余百分率应处在同一级配区之内（除孔径 4. 75 mm 和 0. 60 mm 筛号外，其他筛号允许稍有超出范围，但其超出量不应大于 5%），见表 5-3。

表 5-3　颗粒级配

砂的分类	天然砂			机制砂		
级配区	1 区	2 区	3 区	1 区	2 区	3 区
方筛孔尺寸/mm	累计筛余/%					
4. 75	10~0	10~0	10~0	10~0	10~0	10~0
2. 36	35~5	25~0	15~0	35~5	25~0	15~0
1. 18	65~35	50~10	25~0	65~35	50~10	25~0
0. 6	85~71	70~41	40~16	85~71	70~41	40~16
0. 3	95~80	92~70	85~55	95~80	92~70	85~55
0. 15	100~90	100~90	100~90	97~85	94~80	94~75

将表 5-3 中的数据绘制成级配曲线，可以更直观地反映砂子的级配情况，天然砂的级配曲线如图 5-2 所示。级配曲线纵坐标为累计筛余百分数，横坐标为筛孔尺寸，绘出 1、2、3 区的筛分曲线，其中 1 区为粗砂区，2 区为中砂区，3 区为细砂区。

细度模数（M_x）愈大，表示砂愈粗。普通混凝土用砂的粗细程度按细度模数分为粗、中、细三级，其细度模数范围：M_x 为 3. 7~3. 1，为粗砂；M_x 为 3. 0~2. 3，为中砂；M_x 为 2. 2~1. 6，为细砂。

$$M_x=\frac{(A_2+A_3+A_4+A_5+A_6)-5A_1}{100-A_1} \tag{5-1}$$

式中　M_x——细度模数；

$A_1\sim A_6$——各筛累计筛余百分率。

4. 砂的坚固性

砂的坚固性是指砂在气候、环境变化或其他物理因素作用下抵抗破裂的能力。按相关标准规定，采用硫酸钠溶液浸泡→烘干→浸泡循环试验法检验，试样经 5 次循环后其质量损失应符合表 5-4 规定。

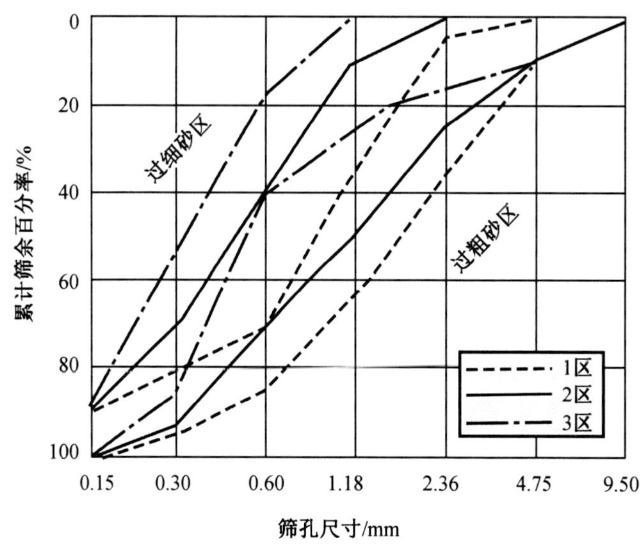

图 5-2 天然砂的级配(筛分)曲线

表 5-4 砂的坚固性指标

类别	Ⅰ类	Ⅱ类	Ⅲ类
质量损失率/%	≤8		≤10

5. 碱骨料反应

碱骨料反应是指水泥中的碱性氧化物(以氧化钠含量计)与砂石骨料中的活性矿物成分在潮湿环境下缓慢发生反应,生成碱-硅酸凝胶等产物,这些产物产生体积膨胀导致混凝土开裂破坏的现象。碱骨料反应会导致混凝土致命性破坏,因此,对于设计使用年限较长的混凝土工程(一般大于或等于 100 年)和重大、重要的混凝土结构工程,国家规范要求必须进行砂石骨料的碱骨料反应检测,对于普通混凝土工程不做强制规定。

5.2.3 粗骨料

颗粒粒径大于 5 mm 的骨料为粗骨料,混凝土工程中常用的有碎石和卵石两大类。碎石为岩石(有时采用大块卵石,称为碎卵石)经破碎、筛分而得;卵石多为自然形成的河卵石经筛分而得。配制混凝土的粗骨料的质量要求有以下几个方面。

1. 有害杂质

与细骨料中的有害杂质一样,粗骨料中的有害杂质主要有黏土、硫化物及硫酸盐、有机物等。它们的危害与在细骨料中的相同。当粗骨料中夹杂着活性氧化硅(活性氧化硅的矿物形式有蛋白石、玉髓和鳞石英等,含有活性氧化硅的岩石有流纹岩、安山岩和凝灰岩等)时,如果混凝土中所用的水泥含有较多的碱,就可能发生碱骨料破坏。碎石和卵石技术指标见表 5-5。

表5-5 碎石和卵石的技术指标

项目	指标		
	Ⅰ类	Ⅱ类	Ⅲ类
卵石含泥量(按质量计)/%	≤0.5	≤1.0	≤1.5
碎石泥粉含量(按质量计)/%	≤0.5	≤1.5	≤2.0
黏土块含量(按质量计)/%	≤0.1	≤0.2	≤0.7
硫化物与硫酸盐含量(以 SO_3 质量计)/%	≤0.5	≤1.0	≤1.0
有机物含量(用比色法试验)	合格	合格	合格
针片状(按质量计)/%	≤5	≤8	≤15
坚固性质量损失/%	≤5	≤8	≤12
碎石压碎指标/%	≤10	≤20	≤30
卵石压碎指标/%	≤12	≤14	≤16

2.颗粒形状及表面特征

粗骨料的颗粒形状及表面特征会影响其与水泥的黏结及混凝土拌和物的流动性。碎石具有棱角,表面粗糙,与水泥黏结较好,而卵石多为圆形,表面光滑,与水泥的黏结差,在水泥和水的用量都相同的情况下,碎石拌制的混凝土流动性较差,但强度较高,而卵石拌制的混凝土则流动性较好,但强度较低。如要求流动性相同,用卵石时用水量可少些,结果强度也不一定低。粗骨料的颗粒形状以近立方体或近球状体为最佳,但在岩石破碎生产碎石的过程中往往产生一定量的针状、片状颗粒,使骨料的空隙率增大,并降低混凝土的强度,特别是抗折强度。针状颗粒是指长度大于该颗粒所属粒级平均粒径的2.4倍的颗粒;片状颗粒是指厚度小于平均粒径0.4倍的颗粒。各类粗骨料针、片状颗粒含量要符合表5-5的要求。

3.最大粒径

混凝土所用粗骨料的公称粒级上限称为最大粒径。骨料粒径越大,其表面积越小,通常空隙率也相应减小,因此所需的水泥浆或砂浆用量也可相应减少,有利于节约水泥、降低成本,并改善混凝土性能。所以在条件许可的情况下,应尽量选较大粒径的骨料,一般不超过40 mm。但在实际工程上,骨料最大粒径还受截面尺寸、钢筋间距等多种条件的限制。根据《混凝土结构工程施工规范》(GB 50666—2011)的规定,混凝土粗骨料的最大粒径不得超过结构截面最小尺寸的1/4,同时不得大于钢筋间最小净距的3/4。对于混凝土实心板,最大粒径达不宜超过1/3板厚,但不得超过40 mm。

4.颗粒级配

粗骨料的颗粒级配对混凝土的影响与细骨料相同,但影响程度更大。级配越好的粗骨料,空隙率越小,混凝土强度、耐久性越好,水泥用量越少。

粗骨料的级配也通过筛分试验来确定,计算方法与细骨料相同。混凝土用粗骨料的级配范围应符合《建设用卵石、碎石》(GB/T 14685—2022)的规定,粗骨料的颗粒级配见表5-6。

表 5-6　粗骨料的颗粒级配

公称粒级/mm		方孔筛/mm											
		2.36	4.75	9.50	16.0	19.0	26.5	31.5	37.5	53.0	63.0	75.0	90.0
连续级配	5~16	95~100	85~100	30~60	0~10	0							
	5~20	95~100	90~100	40~80	—	0~10	0						
	5~25	95~100	90~100	—	30~70	—	0~5	0					
	5~31.5	95~100	90~100	70~90	—	15~45	—	0~5	0				
	5~40	—	95~100	70~90	—	30~65	—	—	0~5	0			
单粒级配	5~10	95~100	80~100	0~15	0								
	10~16		95~100	80~100	0~15								
	10~20		95~100	85~100		0~15	0						
	16~25			95~100	55~70	25~40	0~10						
	16~31,5		95~100		85~100			0~10	0				
	20~40			95~100		80~100			0~10	0			
	40~80					95~100			70~100		30~60	0~10	0

石子的粒级分为连续粒级和单粒级两种。连续粒级指 5 mm 以上至最大粒径 D_{max}，各粒级均占一定比例，且在一定范围内，用连续级配的石子配制的混凝土和易性好，是工程上最常用的级配。单粒级指从 1/2 最大粒径开始至 D_{max}。单粒级用于组成具有要求级配的连续粒级，也可与连续粒级混合使用，以改善级配或配成较大密实度的连续粒级。单粒级一般不宜单独用来配制混凝土，为保证混凝土质量可在一些大型搅拌站使用。

5. 强度

碎石和卵石的强度可用岩石的抗压强度或压碎值指标两种方法表示。当混凝土强度等级为 C60 及以上时，应进行岩石抗压强度检验；而对普通的生产质量管理则可用压碎指标值检验。

压碎指标检验是将一定质量气干状态下粒径为 9.5~19 mm 的石子装入一定规格的圆筒内，在压力机上施加荷载到 200 kN，卸荷后称取试样质量 G_1，用孔径为 2.36 mm 的筛筛除被压碎的细粒，称取试样的筛余量 G_2，压碎指标按式 5-2 计算。

$$Q_c = \frac{G_1 - G_2}{G_1} \tag{5-2}$$

压碎指标表示石子抵抗压碎的能力，以间接地推测其相应的强度。压碎指标值越小，表示石子强度越高，反之亦然。粗骨料的压碎指标值应符合表 5-5 的要求。

6. 坚固性

粗骨料的坚固性指标与砂相似，各类别骨料的质量损失应符合表 5-5 的要求。

7. 骨料的含水状态

骨料一般有绝干状态、气干状态、饱和面干状态和湿润状态等4种含水状态。绝干状态是指砂粒内外不含任何水；气干状态是指砂粒表面干燥而内部孔隙中部分含水；饱和面干状态是指砂粒表面干燥，内部孔隙全部吸水饱和；湿润状态是指砂粒内部吸水饱和，表面还含有部分表面水。在进行混凝土配合比计算时，工业与民用建筑的普通混凝土以干燥状态（气干）的砂、石来计算配合比，水工建筑配制混凝土时，砂、石以饱和面干状态进行计算。

5.2.4 混凝土拌和及养护用水

根据《混凝土拌和用水标准》（JGJ 63—2006）的规定，凡符合国家标准的生活饮用水，均可用于拌制各种混凝土。海水中含有硫酸盐、镁盐和氯化物，对水泥石有侵蚀作用，对钢筋也会造成锈蚀，因此不得用于拌制钢筋混凝土和预应力混凝土，只能用于拌制素混凝土。另外，在野外或山区施工采用天然水拌制混凝土时，均应对水中的有机质、Cl^-和SO_4^{2-}的含量等进行检测，合格后方能使用，特别是某些污染严重的河道或池塘水，一般不得用于拌制混凝土。

5.2.5 混凝土外加剂

混凝土外加剂是指在拌制混凝土过程中掺入的用以改善混凝土性能的物质，其掺量一般不大于水泥质量的5%（特殊情况除外）。

在混凝土中应用外加剂，具有投资少、见效快、技术经济效益显著的特点。为适应混凝土工程的现代化施工工艺的要求，混凝土外加剂已成为除水泥、砂、石和水以外混凝土的第5种必不可少的组分。

混凝土外加剂按化学成分可分为无机化合物、有机化合物、有机和无机的复合物3类；按功能分为4大类：

改善混凝土拌和物流变性能的外加剂，如减水剂、引气剂、泵送剂、保水剂等；

调节混凝土凝结时间和硬化性能的外加剂，如早强剂、缓凝剂、速凝剂等；

改善混凝土耐久性的外加剂，如防冻剂、阻锈剂、防水剂、引气剂等；

改善混凝土其他性能的外加剂，如引气剂、膨胀剂、防水剂等。

下面介绍几种常用的混凝土外加剂

1. 减水剂

减水剂是指在混凝土坍落度相同的条件下，能减少拌和用水量；或者在混凝土配合比和用水量均不变的情况下，能增加混凝土坍落度的外加剂。其按功能可以分为普通减水剂和高效减水剂。此外，还有复合型减水剂，如早强减水剂，既具有减水作用，又具有提高早期强度作用；缓凝减水剂，同时具有延缓凝结时间的功能等。

减水剂的使用效果表现在以下几个方面：

①在用水量和水胶比（W/B）不变的条件下，可以明显增大混凝土拌和物的流动性；

②在维持拌和物流动性和水泥用量不变的条件下，可以减少用水量，从而降低水胶比，达到提高混凝土强度的目的；

③改善混凝土的孔结构,提高密实度,从而可以提高混凝土的耐久性;

④在保持流动性及水胶比不变的条件下,可以减少用水量,从而相应地减少水泥用量,即节约水泥。

此外,还有减少混凝土拌和物泌水、离析现象,降低水化放热速度等效果。

减水剂的掺入方法有时对其效果影响很大,因此应根据外加剂的种类和特点以及具体情况选用合适的掺入方法。

同掺法:将减水剂先溶于水形成溶液后再加入拌和物中一起搅拌。优点是计量准确且易搅拌均匀,使用方便;缺点是增加了溶解和储存工序。此法常用。

后掺法:指在混凝土拌和物运送到浇筑地点后,才加入减水剂再次搅拌均匀进行浇筑。优点是可避免混凝土在运输过程中的分层、离析和坍落度损失,提高减水剂使用效果和对水泥的适应性;缺点是需二次或多次搅拌。此法适用于商品混凝土,且须有混凝土运输搅拌车。

2. 早强剂

早强剂是指能加速混凝土早期强度发展的外加剂。掺量为水泥用量(质量)的0.5%~2%,能促进水泥的初、终凝时间缩短1 h以上;能提高1~7 d强度,3 d强度可提高30%~100%,温度越低,提高幅度越大。早强剂主要有氯盐类、硫酸盐类、有机胺3类以及它们组成的复合早强剂,更多使用的是它们的复合早强剂。

早强剂的作用机理主要是加速水泥水化速度,加速水化产物的早期结晶和沉淀;主要功能是缩短混凝土施工养护期,加快施工进度,提高模板的周转率。早强剂主要适用于有早强要求的工程及低温施工混凝土、有防冻要求的混凝土以及预制构件和蒸汽养护等。

3. 引气剂

在搅拌混凝土过程中能够引入大量均匀分布的、稳定而封闭的微小气泡(直径在10~100 μm)的外加剂,称为引气剂。其主要品种有松香热聚物、松脂皂和烷基苯磺酸盐等。其中,以松香热聚物的效果较好,最常使用。

引气剂显著改善了混凝土的保水性和黏聚性,由于气泡能隔断混凝土中毛细管通道,以及气泡对水泥石内水分结冰时所产生的水压力有缓冲作用,因此,引气剂能显著提高混凝土的抗渗性和抗冻性。大量气泡的存在使得混凝土的弹性模量有所降低,从而对提高抗裂性有利。

4. 速凝剂

速凝剂能使混凝土或水泥砂浆迅速凝结硬化,主要用于矿山井巷、铁路隧道、地下工程、喷锚支护及抢修堵漏等工程。速凝剂质量应符合《喷射混凝土用速凝剂》(GB/T 35159—2017)的规定。

外加剂除上述几类外,还有泵送剂、膨胀剂、防水剂、缓凝剂等许多类型,详见《混凝土外加剂应用技术规范》(GB 50119—2013)。

5.2.6 混凝土掺合料

为了节约水泥、改善混凝土性能,在拌制混凝土时掺入的矿物粉状材料,称为掺合料。常用的有粉煤灰、磨细矿渣粉、硅粉、天然火山灰质材料等,其中粉煤灰的应用最为普遍。

1. 粉煤灰

从煤粉炉烟道气体中收集的粉末称为粉煤灰。形态效应、活性效应、微集料效应被称为粉煤灰三大效应。在混凝土中掺入一定量粉煤灰后，粉煤灰因本身的火山灰活性作用可生成硅酸钙凝胶，作为胶凝材料的一部分起增强作用，在混凝土用水量不变的情况下，还可以起到显著改善混凝土拌和物和易性的效应，增加流动性和黏聚性，另外还可降低水化热。若保持混凝土拌和物原有的和易性不变，则可减少用水量，起到减水的效果，从而提高混凝土的密实度和强度，增强耐久性。

2. 粒化高炉矿渣粉

粒化高炉矿渣粉主要化学成分是 CaO、SiO_2 和 Al_2O_3，占总质量的 90% 以上，化学成分与硅酸盐水泥相近，只是 CaO 含量比硅酸盐水泥少些，SiO_2 较多。一般认为 CaO 和 Al_2O_3 含量高者活性大。

3. 硅粉

硅粉也称硅灰。在冶炼铁合金或工业硅时，由烟道排出的硅蒸气经收尘装置收集而得的粉尘称为硅粉。它由非常细的玻璃质颗粒组成，无定形 SiO_2 含量一般为 85%～96%，具有很高的活性，粒径为 0.1～1.0 μm，是水泥颗粒的 1/50～1/100，其比表面积约为 2 000 m^2/kg。由于硅粉具有高比表面积，因而其需水量很大，将其作为混凝土掺合料配以高效减水剂方可保证混凝土的和易性。当硅粉与高效减水剂配合使用时，硅粉与水泥水化产物 $Ca(OH)_2$ 反应生成水化硅酸钙凝胶，填充水泥颗粒间的空隙，改善界面结构及黏结力，形成密实结构，从而显著提高混凝土强度。同时，掺入硅粉的混凝土，改善了水泥石的孔结构，因此混凝土的抗渗性、抗冻性、抗溶出性及抗硫酸盐腐蚀性等耐久性显著提高。硅灰目前主要用于配制高强混凝土、超高强混凝土、高抗渗混凝土等高性能混凝土。

5.3 混凝土技术性质

混凝土拌和物要具有良好的和易性以便于施工，保证质量；凝结硬化后的混凝土应具有足够的强度以承受荷载；长期使用的混凝土应具有良好的耐久性，以保证结构物经久耐用。因此混凝土的技术性质主要包括和易性、强度和耐久性。

5.3.1 混凝土拌和物的和易性

1. 和易性的概念

新拌混凝土的和易性，也称工作性，是指拌和物易于搅拌、运输、浇捣成型，并获得质量均匀密实的混凝土的一项综合技术性能，包括流动性、黏聚性和保水性等三方面的含义。

(1)流动性，是指混凝土拌和物在本身自重或外力作用下，能产生流动，并均匀密实地填满模板的性能。

(2)黏聚性，是指混凝土拌和物在施工过程中其组成材料之间有一定的黏聚力，不致产生分层和离析的现象。

(3)保水性，是指混凝土拌和物在施工过程中，具有一定的保水能力，不致产生严重的泌水现象。

通常情况下,混凝土拌和物的流动性越大,则保水性和黏聚性越差,反之亦然,它们之间是互相联系的,但常存在矛盾。和易性良好的混凝土既具有满足施工要求的流动性,又具有良好的黏聚性和保水性。良好的和易性既是施工的要求也是获得质量均匀密实混凝土的基本保证。

2. 和易性测定方法

混凝土拌和物和易性是一项综合指标,测定混凝土的和易性的常用方法是测定流动性的指标,同时辅以直观经验来评定黏聚性和保水性。按照《普通混凝土拌和物性能试验方法标准》(GB/T 50080—2016)的规定,对普通混凝土而言,拌和物流动性用坍落度、维勃稠度及扩展度表示。

(1)坍落度

试验室将混凝土拌和物按规定分三层装入标准坍落度筒,每层插捣 25 次,装满刮平垂直提筒,测定混凝土物料由于自重塌下去的高度,即为坍落度,也称坍落度(以 mm 为单位),如图 5-3 所示。在坍落度试验的过程中,应同时观察混凝土拌和物的黏聚性、保水性情况,以更全面地评定混凝土拌和物的和易性。坍落度试验只适用于骨料最大粒径不大于 40 mm、坍落度不小于 10 mm 的混凝土拌和物。

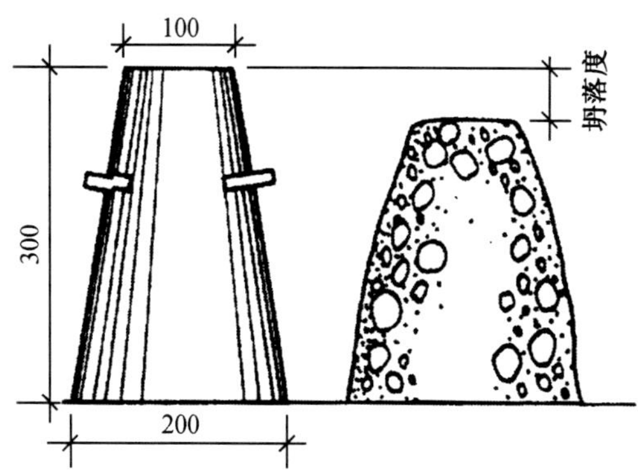

图 5-3 混凝土拌和物坍落度的测定(单位:mm)

根据坍落度的不同,可将混凝土拌和物分以下几类,见表 5-7。

表 5-7 混凝土按坍落度分类

名称	坍落度/mm	测定方法(指标)
干硬性混凝土	≤10	维勃稠度
塑性混凝土	10~90	坍落度
流动性混凝土	100~150	坍落度
大流动性混凝土	≥160	扩展度

(2)维勃稠度

对于干硬性的混凝土拌和物(坍落度值小于 10 mm)通常采用维勃稠度仪(图 5-4)测定其稠度(维勃稠度),所读秒数,称为维勃稠度。时间越短,流动性越好;时间越长,流动性越差。该法适用于骨料最大粒径不超过 40 mm,维勃稠度在 5~30 s 的混凝土拌和物稠度测定。

图 5-4 维勃稠度仪

(3)扩展度

扩展度是混凝土拌和物坍落后扩展的直径,适用于对大流行混凝土流动性的测定。测定时将混凝土拌和物按规定装入坍落度筒,垂直提筒后,当拌和物不再扩散时,使用钢尺测量扩展面的最大直径以及与最大直径呈垂直方向的直径,当两直径之差小于 50 mm 时,取其算术平均值作为扩展度。

3. 坍落度的选择

选择混凝土拌和物的坍落度时,应根据构件截面大小、钢筋疏密和捣实方法来确定。当构件截面尺寸较小或钢筋较密,或采用人工插捣时,坍落度可选择大些;反之,坍落度可选择小些。根据《普通混凝土拌和物性能试验方法标准》(GB/T 50080—2016)的规定,混凝土浇筑时的坍落度宜按表 5-8 选用。

表 5-8 混凝土浇筑时的坍落度选择 单位:mm

结构种类	坍落度
基础或地面等的垫层	—
无配筋的大体积结构(挡土墙、基础等)或配筋稀疏的结构	10~30
板、梁和大型及中型截面的柱子等	30~50
配筋密列的结构(薄壁、斗仓、筒仓、细柱等)	50~70
配筋特密的结构	70~90

4. 影响和易性的主要因素

影响混凝土拌和物和易性的主要因素有原材料、水泥浆量、水胶比、砂率、外界环境及施工条件等。

(1)水泥浆量与水胶比

混凝土拌和物中的水泥浆，赋予混凝土拌和物流动性。水胶比是指水与胶凝材料(水泥+活性矿物掺合料)用量的比值。在水胶比不变的情况下，单位体积拌和物内，如果水泥浆愈多，则拌和物的流动性愈大。但水泥浆过多，将会出现流浆现象，使拌和物的黏聚性变差，同时对混凝土的强度与耐久性也会产生一定影响，且水泥用量也大；水泥浆过少，致使其不能填满骨料空隙或不能很好包裹骨料表面时，就会产生崩坍现象，黏聚性变差。因此，混凝土拌和物中水泥浆的含量应以满足流动性要求为度，不宜过多或过少。

水泥浆的稠稀是由水胶比决定的。在水泥用量不变的情况下，水胶比愈小，水泥浆就愈稠，混凝土拌和物的流动性便愈小。当水胶比过小时，水泥浆干稠，混凝土拌和物的流动性过低，会使施工困难，也不能保证混凝土的密实性。增加水胶比会使流动性加大。如果水胶比过大，又会造成混凝土拌和物的黏聚性和保水性不良，而产生流浆、离析现象，并严重影响混凝土的强度。水胶比不能过大或过小，一般根据混凝土强度和耐久性要求合理地选用。因此，在实际工程中常采取加水胶比不变的水泥浆来调节或改善混凝土的和易性。

(2)砂率

砂率是指砂子占砂石总质量的百分率，可用式 5-3 表示：

$$\beta_s=\frac{m_s}{m_s+m_g} \tag{5-3}$$

式中 β_s——砂率；

m_s——砂子的质量，kg；

m_g——石子的质量，kg。

砂率的变动会使骨料的空隙率和骨料的总表面积有显著改变，因而对混凝土拌和物的和易性产生显著影响。砂率过大时，骨料的总表面积及空隙率都会增大，在水泥浆含量不变的情况下，包裹砂石的水泥浆层变薄，颗粒间摩擦力增大，从而使得混凝土拌和物的流动性减小。砂率过小时，石子的空隙不能由砂子完全填充，因此多余的空隙需要水泥浆去填充，在水泥浆含量不变的情况下，包裹砂石的水泥浆层也会变薄，颗粒间摩擦力增大，降低了混凝土拌和物的流动性。

因此，砂率有一个合理值。合理砂率(或最优砂率)是指砂子填满石子空隙并有一定的富余量，能在石子间形成一定厚度的包裹层，以减少粗骨料间的摩擦阻力，使混凝土流动性达最大值。而在实际工程中由于混凝土的坍落度一定，在保持流动性不变的情况下，可取当使水泥浆用量达最小值时的砂率为合理砂率(或最优砂率)。

由于影响合理砂率的因素很多，用计算的方法得出准确的合理砂率比较困难。一般在保证拌和物不离析，又能很好地浇灌、捣实的条件下，应尽量选用较小的砂率，这样就可以节约水泥。当无使用经验时可参照表 5-9 选用合理的数值。对表中没有出现的水胶比对应的砂率可采用内插法确定。

表 5-9　混凝土的砂率

水胶比	卵石最大公称粒径/mm			碎石最大公称粒径/mm		
	10.0	20.0	40.0	16.0	20.0	40.0
0.40	26~32	25~31	24~30	30~35	29~34	27~32
0.50	30~35	29~34	28~33	33~38	32~37	30~35
0.60	33~38	32~37	31~36	36~41	35~40	33~38
0.70	36~41	35~40	34~39	39~44	38~43	36~41

(3)组成材料的性质

①水泥品种。不同水泥品种,其标准稠度需水量不同,从而影响混凝土流动性。一般掺合料硅酸盐水泥的需水性大于硅酸盐水泥的需水性,因此在相同条件下,掺合料硅酸盐水泥的流动性小。

②骨料性质。骨料的品种、级配、颗粒形状、表面光滑状况、杂质含量等都会对混凝土和易性产生影响。

③外加剂。改善混凝土和易性的外加剂主要有减水剂和引气剂。在拌制混凝土时,加入少量的减水剂能使混凝土拌和物在不增加水泥用量的条件下,增大流动性、改善黏聚性、降低泌水性,以及提高混凝土的耐久性。因此在实际工程中,加入减水剂是改善混凝土和易性最快捷的方法。

(4)时间和温度

①时间。随时间的延长,拌和物随着水泥水化和水分蒸发而逐渐变得干稠,混凝土的流动性将随着时间的延长而下降。时间对混凝土拌和物坍落度的影响如图 5-5 所示。

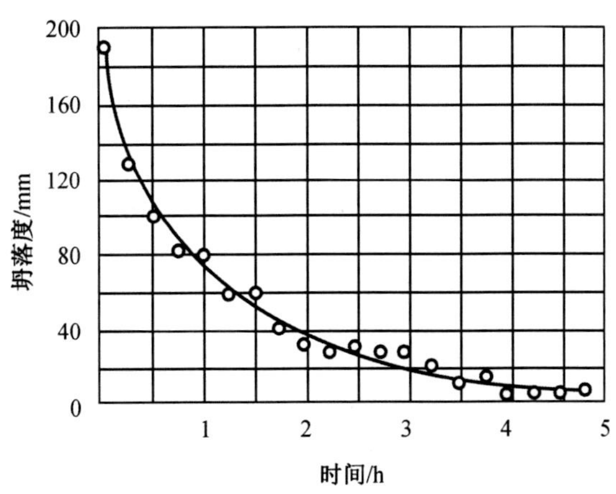

图 5-5　时间对混凝土拌和物坍落度的影响

②温度。拌和物的和易性也受温度的影响,因为环境温度升高,水分蒸发及水泥水化反应加快,拌和物的流动性变差,而且坍落度损失也变快。一般温度每升高 100 ℃,坍落度降低 20 mm,因此在施工时要考虑温度的影响并及时采取措施调整混凝土的和易性。温度

对混凝土拌和物坍落度的影响如图 5-6 所示。

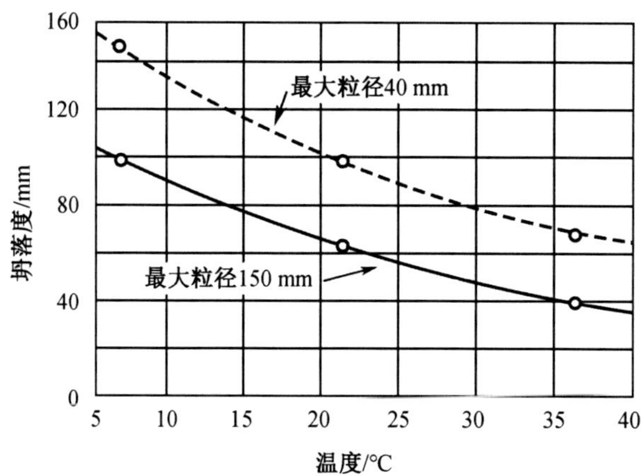

图 5-6 温度对混凝土拌和物坍落度的影响

5.3.2 混凝土的强度

混凝土的强度主要有抗压强度、抗拉强度、抗弯强度、抗剪强度及钢筋与混凝土的握裹力(或黏结力)。由于混凝土的抗压强度最大,因此混凝土结构主要做受压构件。

1. 抗压强度(f_{cu})与强度等级

按照《混凝土物理力学性能试验方法标准》(GB/T 50081—2019),制作边长为 150 mm 的立方体试件,在标准条件[温度为(20±2)℃,相对湿度 90%以上]下,养护到 28 d 龄期,测得的抗压强度值为混凝土立方体试件抗压强度(简称抗压强度)。采用标准试验方法测定其强度是为了能使混凝土的质量有对比性。

混凝土试块尺寸会影响试件的抗压强度值。试件尺寸愈小,测得的抗压强度值愈大。因为混凝土立方试件在压力机上受压时,在沿加荷方向发生纵向变形的同时,相应产生横向变形。上下压板与试件的上下表面之间产生的摩擦力对试件的横向膨胀起着约束作用,对强度有提高的作用,通常称这种作用为环箍效应。立方体试件尺寸较大时,环箍效应的相对作用较小,因而测得的抗压强度偏低;反之,试件尺寸较小时,测得的抗压强度就偏高。因此,为了消除由于试件尺寸对强度带来的影响,国家相关规范规定混凝土试件的标准尺寸为边长为 150 mm 的立方体试件。测定不同试件尺寸混凝土立方体试件抗压强度时,应乘以换算系数,以得到相当于标准试件的试验结果:如选用边长为 100 mm 的立方体试件,换算系数为 0.95;选用边长为 200 mm 的立方体试件,换算系数为 1.05。

混凝土立方体抗压标准强度(或称立方体抗压强度标准值)系指按标准方法制作和养护的边长为 150 mm 的立方体试件,在 28 d 龄期,用标准试验方法测得的强度总体分布中具有不低于 95%保证率的抗压强度值,以 $f_{cu,k}$ 表示。混凝土强度等级是按混凝土立方体抗压标准强度来划分的。混凝土强度等级采用符号 C 与立方体抗压强度标准值表示,以 MPa 计。按照《混凝土结构设计标准》(GB/T 50010—2024)的规定,普通混凝土划分为下列强度等级:C20、C25、C30、C35、C40、C45、C50、C55、C60、C65、C70、C75 和 C80,共 13 个等级。混凝土强度等级是混凝土结构设计时强度计算取值的依据,同时也是混凝土施工中控制工程质量和工程验收时的重要依据。

2. 轴心抗压强度(f_c)

确定混凝土强度等级的是立方体抗压强度,但实际工程中,钢筋混凝土结构形式极少是立方体的,大部分是棱柱体(正方形截面)或圆柱体。为了使测得的混凝土强度接近于混凝土结构的实际情况,在钢筋混凝土结构计算中,计算轴心受压构件(例如柱子、桁架的腹杆等)时,都是采用混凝土的轴心抗压强度作为依据。

根据《混凝土物理力学性能试验方法标准》(GB/T 50081—2019)规定,测轴心抗压强度,采用150 mm×150 mm×300 mm 棱柱体作为标准试件。通过许多组棱柱体和立方体试件的强度试验表明:立方体抗压强度在10~55 MPa 的范围内,轴心抗压强度与立方体抗压强度之比约为0.70~0.80。

3. 抗拉强度

混凝土在直接受拉时,很小的变形就要开裂,它在断裂前没有残余变形,因此混凝土破坏是一种脆性破坏。

混凝土抗拉强度只有抗压强度的1/20~1/10,且随着混凝土强度等级的提高,比值有所降低,也就是当混凝土强度等级提高时,抗拉强度的增加不及抗压强度提高得快。因此,混凝土在工作时一般不依靠其抗拉强度。但抗拉强度对于开裂现象有重要意义,在结构设计中抗拉强度是确定混凝土抗裂度的重要指标。有时也用它来间接衡量混凝土与钢筋的黏结强度。过去混凝土抗拉试验多用“8”字形试件或棱柱体试件直接测定轴向抗拉强度,但由于这种方法夹具附近局部破坏很难避免,而且外力作用线与试件轴心方向不易调成一致,所以目前我国采用立方体(国际上多用圆柱体)的劈裂抗拉试验来测定混凝土的抗拉强度,称为劈裂抗拉强度。该方法的原理是在试件的两个相对的表面素线上,作用着均匀分布的压力,这样就能够在外力作用的竖向平面内产生均布拉伸应力,这个拉伸应力可以根据弹性理论计算得出。

4. 影响混凝土强度的因素

硬化后的混凝土在未受外力作用之前,由于水泥水化造成的化学收缩和物理收缩而引起砂浆体积的变化,在粗骨料与砂浆界面上产生了分布极不均匀的拉应力,从而形成许多分布很乱的界面裂缝。同时,由于混凝土的泌水作用,一些水分聚积于粗骨料的下缘,混凝土硬化后也成为界面裂缝。混凝土受外力作用时,其内部产生了拉应力,容易形成应力集中,随着拉应力的逐渐增大,微裂缝(界面裂缝)进一步延伸、汇合、扩大,引起混凝土结构破坏。因此,混凝土试件的破坏过程实际就是其内部微裂缝(界面裂缝)不断发展、扩大的过程,混凝土破坏的根源就是内部存在的微裂缝。

综上分析可知,混凝土的强度主要取决于水泥石强度及其与骨料表面的黏结强度。而影响水泥石的强度及水泥石与骨料表面黏结强度的主要因素有水泥强度等级、水胶比、骨料的品质、外加剂、施工质量及龄期等。

(1)水泥强度及水胶比

水泥强度和水胶比是影响混凝土强度的决定性因素。大量实践表明:在配合比相同的条件下,水泥强度越高,混凝土强度越高;当用同一种水泥时,混凝土的强度取决于水胶比(水与胶凝材料的比值),水胶比越大,混凝土强度越低。这是因为水泥水化时所需的水一般只占水泥质量的 23%左右，但在拌制混凝土拌和物时，为了获得必要的流动性，常需用水泥质量 40%～70%的水。当混凝土硬化后，多余的水分就残留在混凝土中形成水泡或蒸发后形成孔隙，使混凝土强度降低。试验证明，混凝土强度随水胶比的增大而降低，呈曲线关系，而混凝土强度和胶水比则呈直线关系，如图 5-7、图 5-8 所示。

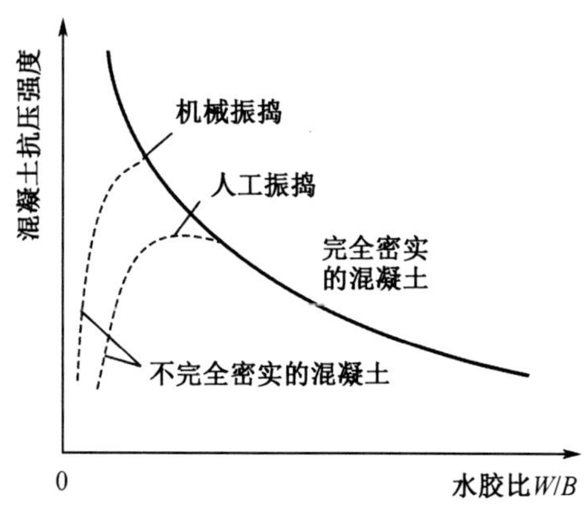

图 5-7　混凝土强度与水胶比的关系

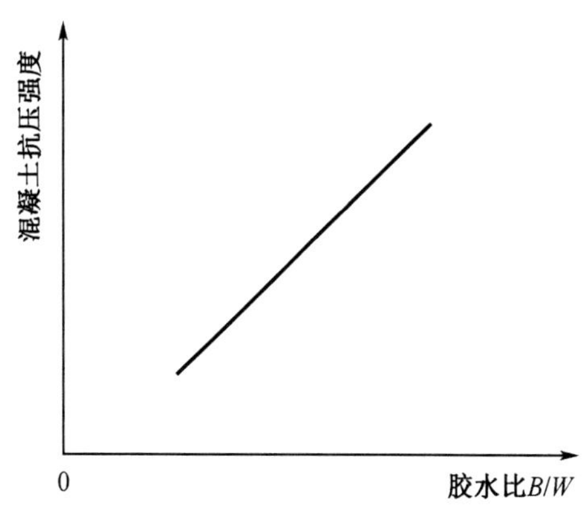

图 5-8　混凝土强度与胶水比的关系

根据工程实践经验，能够得出关于混凝土抗压强度与水胶比、水泥强度等因素之间的经验公式：

$$f_{cu}=\alpha_a f_b(B/W-\alpha_b) \tag{5-4}$$

式中　B——每立方米混凝土中的胶凝材料用量，kg；

W——每立方米混凝土中的用水量，kg；

B/W——混凝土胶水比（胶凝材料与水质量比）。

f_{cu}——混凝土 28 d 抗压强度，MPa；

f_b——胶凝材料（水泥与矿物掺合料按使用比例混合）28 d 抗压强度实测值，MPa；

α_a、α_b——回归系数，根据工程所使用的原材料，通过试验建立的水胶比与混凝土强度关系来确定，当不具备上述试验统计资料时，可采用经验系数，见表 5-10。

表 5-10　经验系数

系数	骨料品种	
	碎石	卵石
α_a	0.53	0.49
α_b	0.20	0.13

表 5-11　粉煤灰影响系数和粒化高炉矿渣影响系数

掺量/%	种类	
	粉煤灰影响系数 γ_f	粒化高炉矿渣影响系数 γ_s
0	1.00	1.00
10	0.85~0.95	1.00
20	0.75~0.85	0.95~1.00
30	0.65~0.75	0.90~1.00
40	0.55~0.65	0.80~0.90
50	—	0.70~0.85

表 5-12　水泥强度等级富余系数

水泥强度等级值	32.5	42.5	52.5
富余系数 γ_c	1.12	1.16	1.10

当无法取得胶凝材料强度时，可按 $f_b=\gamma_f\gamma_s f_{ce}$ 求得，γ_f、γ_s 分别为粉煤灰影响系数和粒化高炉矿渣影响系数，可按《普通混凝土配合比设计规程》(JGJ 55—2011)选取，见表 5-11。f_{ce} 为水泥 28 d 胶砂抗压强度实测值，当无实测值时，可按 $f_{ce}=\gamma_c f_{ce,g}$ 计算(其中 $f_{ce,g}$ 为水泥强度等级，γ_c 为水泥强度等级的富余系数)，见表 5-12。

以上经验公式一般只适用于强度等级在 C60 以下的混凝土。利用强度公式，可根据所用的水泥强度等级和水胶比来估计所制成的混凝土的强度，也可根据水泥强度等级和要求的混凝土强度等级来计算应采用的水胶比。

(2)骨料性质

骨料杂质含量越多，混凝土强度越低；骨料中针片状颗粒含量越多，混凝土强度越低；骨料的级配越好，配制的混凝土越密实，混凝土强度越高。

(3)施工质量

混凝土的施工质量直接影响混凝土的强度，包括混凝土的搅拌、运输、浇筑、振捣及养护各个环节。搅拌要求称量准确、搅拌均匀；运输、浇筑过程要求不出现分层、离析及泌水现象；振捣密实、不漏振、不流浆；养护条件达到要求。

(4)养护条件

养护条件是指混凝土浇筑成型后,所需的温度和湿度。混凝土所处的环境温度和湿度是影响混凝土强度的重要因素。

①温度。温度越高,水化越快,混凝土强度发展越快;温度越低,水化缓慢,强度发展越迟缓,图5-9为混凝土强度与养护温度的关系曲线。在温度为(20±2)℃时强度发展最好,包括早期强度和后期强度;当温度超过40 ℃时,对混凝土后期强度不利;当温度降至冰点以下时,则由于混凝土中的水分大部分结冰,水化反应缓慢,不仅混凝土的强度停止发展,而且孔隙内水分结冰引起的膨胀将使混凝土的内部结构遭受破坏。混凝土早期强度越低,越容易冻坏,所以应当特别防止混凝土早期受冻。图5-10为混凝土强度与冻结龄期的关系曲线。

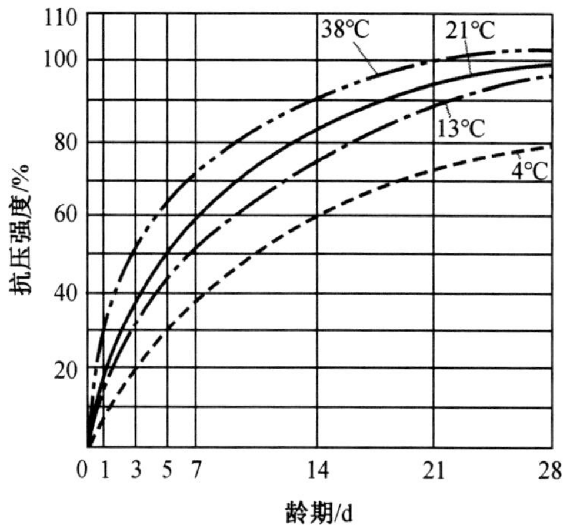

图5-9 混凝土强度与养护温度的关系

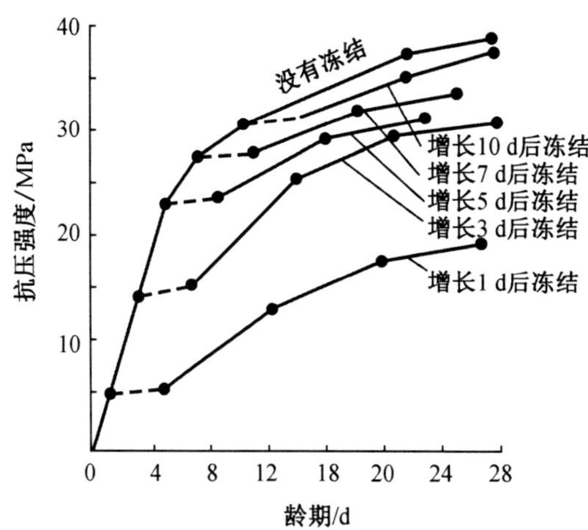

图5-10 混凝土强度与冻结龄期的关系

②湿度:周围环境的湿度对水泥的水化作用能否正常进行有显著影响。湿度适当,水

泥水化便能顺利进行，混凝土强度得到充分发展。如果湿度不够，混凝土会失水干燥而影响水泥水化作用的正常进行，甚至停止水化。图 5-11 为混凝土强度与保湿养护时间的关系曲线。

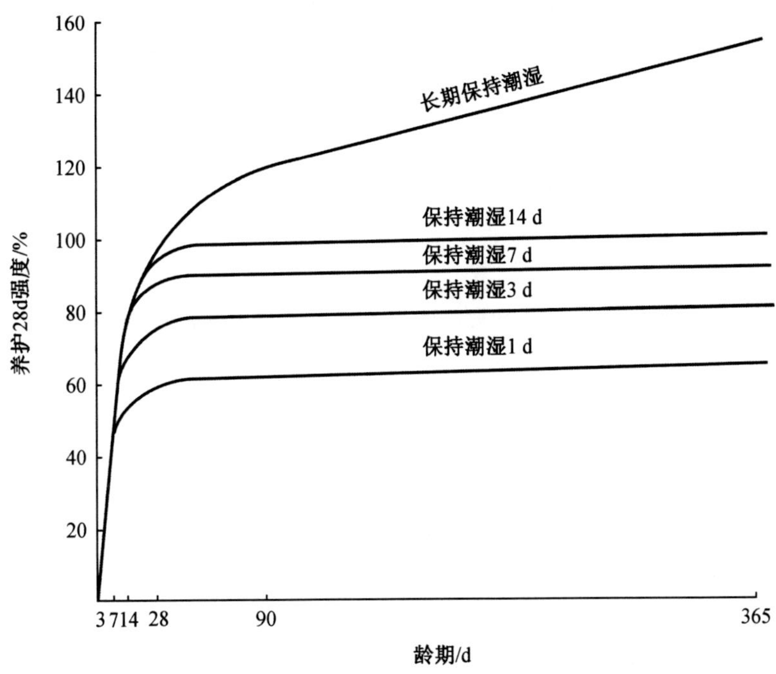

图 5-11　混凝土强度与保湿养护时间的关系

因此，为了使混凝土正常硬化，必须在成型后一定时间内维持周围环境有一定温度和湿度。混凝土在自然条件下养护，称为自然养护。自然养护的温度随气温变化，为保持潮湿状态，在混凝土凝结以后（一般在 12 h 以内），表面应覆盖草袋等物并不断浇水，这样也能防止其发生不正常的收缩。在夏季应特别注意浇水，保持必要的湿度，在冬季应特别注意保持必要的温度。

（5）龄期

混凝土在正常养护条件下，其强度将随着龄期的增加而增长。最初 7~14 d 内，强度增长较快，28 d 以后增长缓慢。但龄期延续很久其强度仍有所增长。因此，在一定条件下养护的混凝土，可根据其早期强度大致地估计 28 d 的强度。通用水泥制成的混凝土，在标准条件养护下，混凝土强度与其龄期对数之间存在正比关系（龄期不小于 3 d）：

$$f_n = f_{28} \cdot \frac{\lg n}{\lg 28} \tag{5-5}$$

式中　f_n——$n(d)$ 龄期混凝土的抗压强度，MPa；

f_{28}——28 d 龄期混凝土的抗压强度，MPa；

n——养护龄期，d，$n \geqslant 3$。

由于影响混凝土强度的因素较多，因此该估算公式具有一定的误差，在实际工程中只能作为参考。

5.3.3 混凝土的变形性能

1. 化学收缩

混凝土在硬化过程中,水泥水化生成物的体积比反应前物质的总体积小,导致混凝土在硬化时产生收缩,称为化学收缩。混凝土的化学收缩是不可恢复的,其收缩量是随混凝土硬化龄期的延长而增加的,大致与时间的对数成正比,一般在混凝土成型后40多天内增长较快,以后就渐趋稳定。

2. 干湿变形

混凝土在相应环境中会产生干缩湿胀变形。当混凝土在水中养护时,会出现湿胀变形,但变形量很小,一般无害。相反在干燥环境中,混凝土中毛细孔水蒸发,使毛细孔中形成负压,随着空气湿度的降低负压逐渐增大,产生收缩力,导致混凝土收缩,称为干缩变形。过大的干缩变形会对混凝土产生较大危害,使混凝土表面产生拉应力而引起开裂,从而影响混凝土的强度和耐久性。

影响混凝土干缩变形的因素主要包括水泥用量、细度及品种、水胶比及用水量、骨料种类、弹性模量及用量、养护条件等。

3. 温度变形

混凝土与其他材料一样,也具有热胀冷缩的性质。混凝土的温度膨胀系数为$(0.6\sim1.3)\times10^{-5}$,即温度升高1 ℃,每米膨胀0.01 mm。混凝土的热膨胀系数与混凝土的组成材料及用量有关,但影响不大。温度变形对大体积混凝土工程极为不利。

大体积混凝土工程在凝结硬化初期,由于水泥水化放出较多的热量,混凝土又是热的不良导体,散热较慢,热量聚集在内部,因此造成混凝土内外温差很大,有时可达50~70 ℃,这将使内部混凝土的体积产生较大的膨胀,而外部混凝土却随气温降低而收缩。内部膨胀和外部收缩互相制约,在外表混凝土中将产生很大拉应力,严重时使混凝土产生裂缝(称为混凝土的温度裂缝)。在实际工程中可采取使用低热水泥、减少水泥用量、加入矿物掺合料、分层浇筑、增设温度感应器、人工降温、表面覆盖保温、纵长构件设置温度伸缩缝、加强养护等措施减少温度裂缝的出现,保证混凝土的质量。

4. 在荷载作用下的变形

(1)短期荷载作用下的变形

混凝土是一种非均质弹塑性体。混凝土受压时,既产生弹性变形(ε_E),又产生塑性变形(ε_P),混凝土的塑性变形及破坏过程是内部微裂纹产生、增多、扩展与汇合等的结果,其应力应变曲线如图5-12所示。如加载到A点然后卸载时,曲线为AC,其中的弹性变形ε_E可以恢复,而塑性变形ε_P不可恢复。

在应力-应变曲线上任一点的应力σ与应变ε的比值,称为混凝土在该应力状态下的弹性模量。混凝土是弹塑性材料,很难准确测定其弹性模量,只可间接地测定其近似值,按照《混凝土物理力学性能试验方法标准》(GB/T 50081—2019)规定,采用150 mm×150 mm×300 mm棱柱体作为标准试件,使混凝土的应力在0.3~0.5倍极限荷载时,反复加载、卸载,直至应力应变曲线基本上成为直线,此时该直线的斜率即为混凝土的弹性模量,如图5-13所示。混凝土的骨料含量越多、水胶比越小、养护越好、龄期越长、混凝土强度越高,混凝土的弹性模量越大。混凝土的弹性模量是混凝土结构或钢筋混凝土结构设计中必须用到的参数。

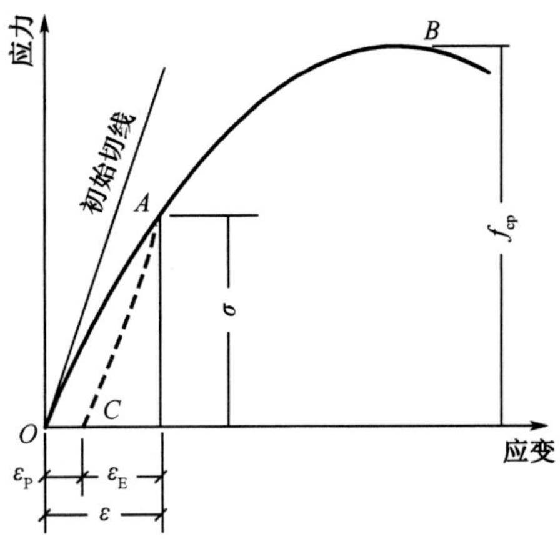

图 5-12　混凝土在压力作用下的应力应变曲线

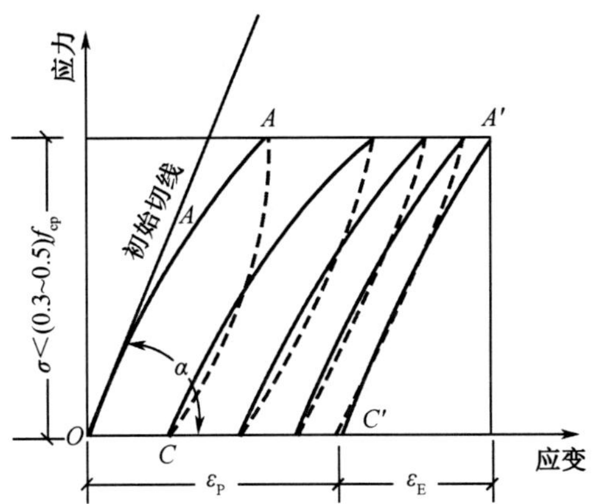

图 5-13　低应力下重复荷载的应力应变曲线

(2)长期荷载作用下的变形

当混凝土在长期不变荷载作用下,沿作用力方向随时间而产生的塑性变形称为混凝土的徐变,一般要延续 2~3 年才逐渐趋于稳定。一般认为混凝土徐变是水泥石凝胶体在长期荷载作用下的黏性流动,并向毛细孔中移动,同时吸附在凝胶粒子上的吸附水因荷载应力而向毛细孔迁移渗透的结果。混凝土徐变对钢筋混凝土构件来说,能消除钢筋混凝土内的应力集中,使应力较均匀地重新分布;对大体积混凝土,能消除一部分由于温度变形所产生的破坏应力。但在预应力钢筋混凝土结构中,混凝土徐变将使钢筋的预加应力受到损失。

5.3.4　混凝土的耐久性

混凝土的耐久性是混凝土在长期使用环境下抵抗各种物理和化学作用破坏的能力。

混凝土的耐久性直接影响结构物的安全性和使用性能。在通常的混凝土结构设计中,往往忽视环境对结构的作用,许多混凝土结构在达到预定的设计使用年限前,就出现了钢筋锈胀、混凝土劣化剥落等影响结构性能及外观的耐久性破坏现象,需要投入大量资金进行修复甚至拆除重建。近年来,混凝土结构的耐久性及其设计受到普遍关注,对混凝土结构耐久性设计也做出了明确的规定。混凝土耐久性能主要包括抗渗、抗冻、抗侵蚀、抗碳化、碱骨料反应及混凝土中的钢筋锈蚀等。

1. 抗渗性

抗渗性是指混凝土抵抗水、油等液体在压力作用下渗透的性能。它直接影响混凝土的抗冻性和抗侵蚀性。混凝土的抗渗性主要与其密实度及内部孔隙的大小和构造有关。混凝土内部互相连通的孔隙和毛细管通路,以及由于在混凝土施工成型时,振捣不实产生的蜂窝、孔洞都会造成混凝土渗水。一般采用抗渗等级表示混凝土的抗渗性,抗渗等级是按标准试验方法进行试验,用每组 6 个试件中 4 个试件未出现渗水时的最大水压力来表示的。如分为 P4、P6、P8、P10、P12 等 5 个等级,即相应表示能抵抗 0.4 MPa、0.6 MPa、0.8 MPa、1.0 MPa 及 1.2 MPa 的水压力而不渗水。抗渗等级≥P6 级的混凝土为抗渗混凝土。

2. 抗冻性

混凝土的抗冻性是指混凝土在水饱和状态下,经受多次冻融循环作用,能保持强度和外观完整性的能力。混凝土的密实度、孔隙构造和数量、孔隙的充水程度是决定抗冻性的重要因素。因此,当混凝土采用的原材料质量好、水胶比小、具有封闭细小孔隙(如掺入引气剂的混凝土)及掺入减水剂、防冻剂等时其抗冻性都较高。一般在混凝土抗压强度尚未达到 5.0 MPa 或抗折强度尚未达到 1.0 MPa 时,不得遭受冰冻。

混凝土抗冻性一般以抗冻等级表示。抗冻等级是采用慢冻法以龄期 28 d 的试块在吸水饱和后,承受反复冻融循环,以抗压强度下降不超过 25%,而且重量损失不超过 5%时所能承受的最大冻融循环次数来确定的。混凝土抗冻等级划分为:F50、F100、F150、F200、F250、F300、F350、F400 和>F400 等 9 个等级,分别表示混凝土能够承受反复冻融循环次数为 50、100、150、200、250、300、350 和 400。

3. 抗侵蚀性

外部介质,如酸、碱、盐及大气中有害气体与混凝土中某些组分发生化学反应产生的病害称为化学反应侵蚀。混凝土在海岸、海洋工程中的应用也很广,海水对混凝土的侵蚀作用除化学作用外,还有反复干湿的物理作用;盐分在混凝土内的结晶与聚集、海浪的冲击磨损、海水中氯离子对混凝土内钢筋的锈蚀作用等,也都会使混凝土遭受破坏。

混凝土的抗侵蚀性与所用水泥的品种、混凝土的密实程度和孔隙特征有关。密实和孔隙封闭的混凝土,不易被环境水侵入,故其抗侵蚀性较强。所以,提高混凝土抗侵蚀性的措施,主要是合理选择水泥品种、降低水胶比、提高混凝土的密实度和改善孔结构。

4. 抗碳化性

混凝土碳化是指大气中的二氧化碳在有水的条件下(即碳酸)与水泥的水化产物氢氯化钙发生化学反应生成碳酸钙和游离水。碳化消耗了混凝土中部分氢氧化钙,使混凝土碱度降低。碳化过程是二氧化碳由表及里向混凝土内部逐渐扩散的过程。混凝土抵抗碳化作用的能力称混凝土抗碳化性。

碳化对混凝土既有不利的影响,也有有利的影响。碳化使混凝土碱度降低,减弱了对钢筋的保护作用,可能导致钢筋锈蚀;但是,碳化使得混凝土的抗压强度增大,其原因是碳化放出的水分有助于水泥的水化作用,而且碳酸钙减少了水泥石内部的孔隙。

5. 碱骨料反应

碱骨料反应是指水泥中的碱性氧化物(以氧化钠含量计)与砂石骨料中的活性矿物成分在潮湿环境下缓慢发生反应,生成碱-硅酸凝胶等产物,这些产物产生体积膨胀导致混凝土出现开裂破坏的现象。抑制碱骨料反应的措施:尽可能选择非活性骨料;严格控制混凝土中总的碱量,符合现行有关标准的规定。首先是要选择低碱水泥(含碱量≤0.6%),以降低混凝土总的含碱量。其次,在混凝土配合比设计中,在保证质量要求的前提下,尽量降低水泥用量,从而进一步控制混凝土的含碱量。最后,当掺入外加剂时,必须控制外加剂的含碱量。硅灰、粒化高炉矿渣粉、粉煤灰(高钙高碱粉煤灰除外)等活性矿物掺合料,对碱骨料反应有明显的抑制作用,因为活性混合材可与混凝土中碱(包括 Na^+、K^+ 和 Ca^{2+})起反应,又由于它们是粉状、颗粒小、分布较均匀,因此反应进行得快,而且反应产物能够均匀地分散在混凝土中,而不集中在骨料表面,从而降低了混凝土中的含碱量,抑制碱骨料反应。

6. 提高混凝土耐久性的措施

由混凝土耐久性的几个主要方面可以看到,影响混凝土耐久性的根源是混凝土的密实度,而混凝土的密实度又与水泥用量和水胶比密切相关,大量实践表明,水泥用量越大、水胶比越小,混凝土密实度越大,耐久性越好。因此提高混凝土的耐久性可采取以下措施。

(1)合理选用水泥品种。

(2)严格控制水胶比并保证水泥用量。按照《混凝土结构设计标准》(GB/T 50010—2024)规定,设计使用年限为50年的混凝土结构,其最大水胶比和最小胶凝材料用量要符合规范要求,见表5-13。

表5-13 混凝土的最大水胶比和最小胶凝材料用量

环境等级	条件	最低强度等级	最大水胶比	最小胶凝材料用量/(kg/m³)		
				素混凝土	钢筋混凝土	预应力混凝土
一	(1)室内干燥环境; (2)无侵蚀性静水浸没环境	C25	0.60	250	280	300
二 a	(1)室内潮湿环境; (2)非严寒和非寒冷地区的露天环境; (3)非严寒和非寒冷地区与无侵蚀性水或土壤直接接触的环境; (4)寒冷和严寒地区冰冻线以下的无侵蚀性水或土壤直接接触的环境	C25	0.55	280	300	300
二 b	(1)干湿交替环境; (2)水位频繁变动环境; (3)严寒和寒冷地区的露天环境; (4)寒冷和严寒地区冰冻线以上的无侵蚀性水或土壤直接接触的环境	C30 (C25)	0.50 (0.55)	320		

表 5-13(续)

环境等级	条件	最低强度等级	最大水胶比	最小胶凝材料用量/(kg/m³)		
				素混凝土	钢筋混凝土	预应力混凝土
三 a	(1)寒冷和严寒地区冬季水位冰冻区环境; (2)受除冰盐影响环境; (3)海风环境	C35 (C30)	0.45 (0.50)	330		
三 b	(1)盐渍土环境; (2)受除冰盐作用环境; (3)海岸环境	C40	0.40	330		

注:1. 素混凝土构件的水胶比及最低强度等级的要求可适当放宽;

2. 有可靠的工程经验时,二类环境中的最低强度等级可降低;

3. 处于严寒和寒冷地区的二 b、三 a 类环境中的混凝土应使用引气剂,并可采用括号中的有关参数;

4. 配制 C15 级及其以下等级的混凝土,可不受本表限制。

(3)掺入高效矿物掺合料。

(4)选用优质砂、石骨料。

(5)掺入减水剂等外加剂改善混凝土的密实度,提高耐久性。

(6)保证施工质量。

5.4 混凝土的质量控制

5.4.1 混凝土质量波动性

在实际工程中,受原材料及施工条件以及试验条件等众多复杂因素的影响,必然会造成混凝土质量上的波动。原材料及施工方面的影响因素有:水泥骨料及外加剂等原材料的质量和计量的波动;用水量或骨料含水量的变化所引起水灰比的波动;搅拌、运输、浇筑、振捣、养护条件的波动以及气温变化等。试验条件方面的影响因素有取样方法、试件成型及养护条件的差异、试验机的误差和试验人员的操作熟练程度等。

在正常连续生产的情况下,可用数理统计方法来检验混凝土强度或其他技术指标是否达到质量要求,可用算术平均值、标准差、变异系数和保证率等参数综合地评定混凝土的质量。由于混凝土的强度与混凝土的质量密切相关,且能进行量化计算,因此常以混凝土强度来进行统计分析。

5.4.2　抗压强度概率分布——正态分布

混凝土材料在正常施工的情况下，许多影响因素都是随机的，因此混凝土的抗压强度也应是随机变化的。对某种混凝土经随机取样测定其抗压强度，其数据经过整理绘成强度概率分布曲线，一般均接近正态分布曲线（图 5-14）。

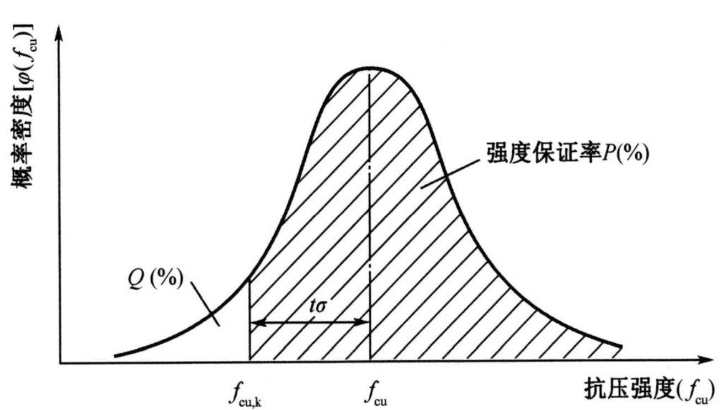

图 5-14　正态分布曲线（t 为保证率系数，σ 为标准差）

曲线高峰为混凝土平均抗压强度 f_{cu} 的概率，以平均强度为对称轴，左右两边曲线是对称的，距对称轴愈远，出现的概率愈小，并逐渐趋近于零。曲线与横坐标之间的面积为概率的总和，等于 100%。

如果概率分布曲线窄而高，则说明强度测定值比较集中，波动较小，混凝土的均匀性好，施工水平较高。如果曲线宽而矮，则说明强度值离散程度大，混凝土的均匀性差，施工水平较低。

1. 抗压强度平均值、标准差、变异系数

抗压强度平均值 $\bar{f}_{cu}$：

$$\bar{f}_{cu} = \frac{1}{n}\sum_{i=1}^{n} f_{cu,i} \tag{5-6}$$

式中　n——试验组数；

$f_{cu,i}$——第 i 组试验值。

强度平均值仅代表混凝土强度总体的平均值，但并不说明其强度的波动情况。

标准差 σ：

$$\sigma = \sqrt{\frac{\sum_{i=1}^{n}(f_{cu,i} - \bar{f}_{cu})^2}{n-1}} \text{ 或 } \sigma = \sqrt{\frac{\sum_{i=1}^{n} f_{cu,i}^{2} - n\bar{f}_{cu}^{2}}{n-1}} \tag{5-7}$$

标准差又称均方差，它表明分布曲线的拐点距强度平均值的距离。σ 值愈大，说明其强度离散程度愈大，混凝土质量也愈不稳定。

变异系数 C_v：

$$C_v = \sigma / \bar{f}_{cu} \tag{5-8}$$

变异系数又称离差系数或标准差系数。C_v 值愈小,说明混凝土质量愈稳定,混凝土生产的质量水平愈高。

2. 强度保证率与混凝土配制强度

强度保证率(P)是指混凝土抗压强度总体中大于设计的抗压强度等级值($f_{cu,k}$)的概率,以正态分布曲线上的阴影部分来表示(图 5-14)。

经过随机变量 $t=\dfrac{f_{cu}-\bar{f}_{cu}}{\sigma}$ 的变量转换,可将正态分布曲线变换为随机变量 t 的标准正态分布曲线(图 5-15)。

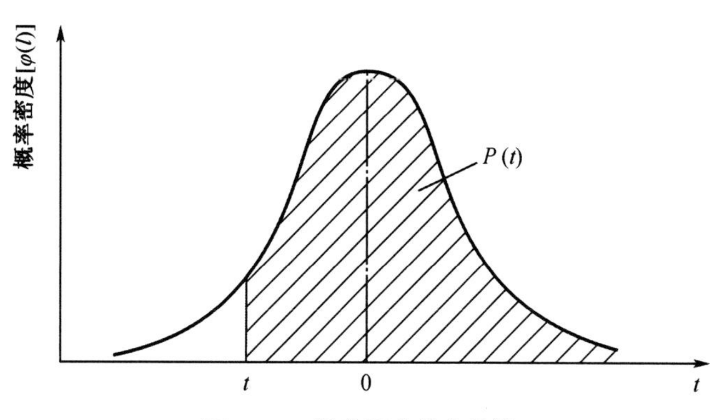

图 5-15　标准正态分布曲线

在标准正态分布曲线上,自 t 至+∞之间所出现的概率 $P(t)$,则由下式表达:

$$P(t)=\int_{t}^{+\infty}\varphi(t)\,\mathrm{d}t=\int_{t}^{+\infty}\mathrm{e}^{-\frac{t^2}{2}}\mathrm{d}t \tag{5-9}$$

混凝土抗压强度保证率 $P(\%)$ 的计算方法如下。先根据混凝土的设计抗压强度等级值 $f_{cu,k}$、强度平均值 $\bar{f}_{cu}$、变异系数 C_v 或标准差 σ 计算出概率度 t,概率度 t 又称保证率系数。

保证率系数 t 表示为

$$t=\frac{f_{cu}-\bar{f}_{cu}}{\sigma}=\frac{f_{cu,k}-\bar{f}_{cu}}{C_v\bar{f}_{cu}} \tag{5-10}$$

由保证率系数 t,再根据标准正态分布曲线方程即可求得强度保证率 $P(\%)$,或利用表 5-14 即可查出,表中 t 值即为保证率系数,$P(t)$ 即为强度保证率。

表 5-14　不同 t 值的 $P(t)$ 值

t	0.00	−0.524	−0.842	−1.00	−1.04	−1.28	−1.40	−1.60
$P(t)$	0.50	0.70	0.80	0.841	0.85	0.90	0.919	0.945
t	−1.645	−1.80	−2.00	−2.06	−2.33	−2.8	−2.88	−3.00
$P(t)$	0.950	0.964	0.977	0.980	0.990	0.995	0.998	0.999

根据《普通混凝土配合比设计规程》(JGJ 55—2011)的规定,混凝土强度应具有95%的保证率,即混凝土的配制强度必须大于设计强度。

令配制强度$f_{cu,0}=\bar{f}_{cu}$,代入式(5-10)可得

$$f_{cu,0}=f_{cu.k}-t\sigma \tag{5-11}$$

式中 $f_{cu,0}$——混凝土的配制强度;

$f_{cu,k}$——混凝土的设计强度等级;

t——与要求的保证率相对应的保证率系数;

σ——混凝土强度标准差,MPa。

根据表5-14,当混凝土的保证率为95%时,保证率系数为-1.645,则混凝土的配制强度为$f_{cu,0}=f_{cu.k}+1.645\sigma$。混凝土强度标准差$\sigma$可按表5-15选用。

表5-15 混凝土的σ取值表

混凝土强度等级	≤C20	C25~C45	C50~C55
σ/MPa	4.0	5.0	6.0

5.4.3 混凝土强度的检验评定

混凝土强度应分批进行检验评定。一个验收批的混凝土应由强度等级相同、龄期相同以及生产工艺条件和配合比基本相同的混凝土组成。当混凝土的生产条件在较长时间内能保持一致,且同一品种混凝土的强度变异性能保持稳定时,应由连续的三组试件组成一个验收批,其强度应同时满足下列要求:

$$\bar{f}_{cu}\geqslant f_{cu,k}+0.7\sigma$$
$$f_{cu,min}\geqslant f_{cu,k}-0.7\sigma \tag{5-12}$$

当混凝土强度等级不高于C20时,其强度的最小值尚应满足式(5-13)要求:

$$f_{cu,min}\geqslant 0.85f_{cu,k} \tag{5-13}$$

当混凝土强度等级高于C20时,其强度的最小值尚应满足式(5-14)要求:

$$f_{cu,min}\geqslant 0.90\,f_{cu,k} \tag{5-14}$$

式中 $\bar{f}_{cu}$——同一验收批混凝土立方体抗压强度的平均值,MPa;

$f_{cu,min}$——同一验收批混凝土立方体抗压强度的最小值,MPa;

σ——验收批混凝土立方体抗压强度的标准差,MPa。

验收批混凝土立方体抗压强度的标准差,应根据前一个检验期内同一品种混凝土试件的强度数据,按公式(5-15)确定:

$$\sigma_0=\sqrt{\frac{\sum_{i=1}^{n}f_{cu.i}^2-n\bar{f}_{cu}^2}{n-1}} \tag{5-15}$$

式中 σ_0——检验批混凝土的标准差；

$f_{cu,i}$——前一个检验期内同一品种、同一强度等级的第 i 组混凝土试件的抗压强度，MPa；

$\bar{f}_{cu}$——同一验收批混凝土立方体抗压强度的平均值，MPa；

n——同一检验批内的样本容量，在该期间样本容量不应小于 45。

当混凝土的生产条件在较长时间内不能保持一致，且混凝土强度变异性不能保持稳定时，或在前一个检验期内的同一品种混凝土没有足够的数据用以确定验收批混凝土立方体抗压强度的标准差时，应由不少于 10 组的试件组成一个验收批，其强度应同时满足公式(5-16)的要求：

$$\bar{f}_{cu}-\lambda_1 S_{fcu}\geqslant 0.9f_{cu,k}\ f_{cu,min}\geqslant\lambda_2 f_{cu,k} \tag{5-16}$$

式中 S_{fcu}——同一验收批混凝土立方体抗压强度的标准差，MPa；

λ_1、λ_2——合格判定系数，按表 5-16 取用。

表 5-16 混凝土强度的合格判定系数

试件组数	10~14	15~24	≥25
λ_1	1.15	1.05	1.60
λ_2	0.90	0.85	

注：本表摘自《混凝土强度检验评定标准》(GB/T 50107—2010)。

混凝土立方体抗压强度的标准差 S_{fcu}。可按公式(5-17)计算：

$$S_{fcu}=\sqrt{\frac{\sum_{i=1}^{n}(f_{cu,i}-n\overline{f_{cu}})^2}{n-1}} \tag{5-17}$$

式中 $f_{cu,i}$——第 i 组混凝土试件的立方体抗压强度值，MPa；

n——一个验收批混凝土试件的组数。

以上为按统计方法评定混凝土强度。若按非统计方法评定混凝土强度时，其强度应同时满足下列要求：

$$\begin{gathered}\bar{f}_{cu}\geqslant 1.15f_{cu,k}\\ f_{cu,min}\geqslant 0.95f_{cu,k}\end{gathered} \tag{5-18}$$

当检验结果不能满足上述规定时，该批混凝土强度判为不合格。由不合格批混凝土制成的结构或构件，也应进行鉴定。不合格的结构或构件必须及时处理。当对混凝土试件强度的代表性有怀疑时，可采用从结构或构件中钻取试件的方法或采用非破损检验方法，按有关标准的规定对结构或构件中混凝土的强度进行推定。

5.5 普通混凝土配合比设计

混凝土配合比是指混凝土中各组成材料数量之间的比例关系。常用的表示方法有两种:一种是以每立方米混凝土中各项材料的质量表示,如水泥 300 kg、水 165 kg、砂 750 kg、石子 1 200 kg;另一种表示方法是以各项材料相互间的质量比来表示:以水泥质量为1,将上例换算成质量比为,水泥:砂:石=1:2.5:4,水胶比=0.55。

混凝土配合比设计的目的是为满足以下四项基本要求:满足施工所要求的混凝土拌和物的和易性;满足混凝土设计的强度等级,并具有95%的保证率;满足工程所处环境对混凝土的耐久性要求(如抗冻等级、抗渗等级和抗侵蚀性等);经济合理,最大限度节约水泥,降低混凝土成本。

为了达到混凝土配合设计的四项基本要求,关键是要控制好水胶比(W/B)、单位用量(W_0)和砂率(S_p)三个基本参数。

首先根据原始技术资料计算“初步计算配合比”;然后经试配调整获得满足和易性要求的“基准配合比”;再经强度和耐久性检验定出满足设计要求、施工要求和经济合理的“实验室配合比”;最后根据施工现场砂、石料的含水率换算成“施工配合比”。

按选用的原材料性能及对混凝土的技术要求进行初步配合比的计算,以便得出供试配用的配合比。

5.5.1 初步配合比的计算

按选用的原材料性能及对混凝土的技术要求进行初步配合比的计算,以便得出供试配用的配合比。

1. 确定配制强度($f_{cu,0}$)

为了使混凝土强度具有符合要求的保证率,则必须使其配制强度高于所设计的强度等级。设计要求的混凝土强度等级已知,混凝土的配制强度可按式(5-19)确定:

$$f_{cu,0}=f_{cu,k}-t\sigma \quad (5-19)$$

式中 $f_{cu,0}$——混凝土的配制强度,MPa;

$f_{cu,k}$——混凝土立方体抗压强度标准值,这里取设计混凝土强度等级值,MPa;

σ——混凝土强度标准差,MPa;

t——保证率系数。

当混凝土的设计强度等级小于 C60 时,配制强度应按式(5-20)计算:

$$f_{cu,0}\geqslant f_{cu,k}+1.645\sigma \quad (5-20)$$

即混凝土强度的保证率为95%,对应 $t=-1.645$。混凝土强度标准差 σ 应根据施工单位统计资料确定。

当设计强度等级大于或等于 C60 时,配制强度应按式(5-21)计算:

$$f_{cu,0}\geqslant 1.15f_{cu,k} \quad (5-21)$$

遇有下列情况时应适当提高混凝土的配制强度:现场条件与试验条件有显著差异时;

重要工程和对混凝土有特殊要求时;C30 级及其以上强度等级的混凝土,工程验收可能采用非统计方法评定时。

2. 初步确定水胶比(W/B)

根据已测定的水泥实际强度f_{ce}(或选用的水泥强度等级)、粗骨料种类及所要求的混凝土配制强度($f_{cu,0}$),按混凝土强度公式计算出所要求的水胶比值(适用于混凝土强度等级不大于 C60):

$$W/B=\frac{\alpha_a f_b}{f_{cu,0}+\alpha_a\alpha_b f_b} \tag{5-22}$$

式中 W/B——混凝土水胶比。

f_b——胶凝材料(水泥与矿物掺合料按使用比例混合)28 d 抗压强度实测值,MPa。当无法取得胶凝材料强度时,可按$f_b=\gamma_f\gamma_s f_{ce}$求得,$\gamma_f$、$\gamma_s$分别为粉煤灰影响系数和高炉矿渣影响系数,可按《普通混凝土配合比设计规程》(JGJ 55—2011)选取(表 5-11)。

f_{ce}——水泥 28 d 胶砂抗压强度实测值,MPa。当无实测值时,可按$f_{ce}=\gamma_c f_{ce.g}$计算,其中$f_{ce.g}$为水泥强度等级,γ_c为水泥强度等级的富余系数(表 5-12)。

α_a、α_b——回归系数,根据工程所使用的原材料,通过试验建立的水胶比与混凝土强度关系来确定;当不具备上述试验统计资料时,可采用经验系数(表 5-10)。

为了保证混凝土必要的耐久性,水胶比还不得大于规定的最大水胶比值,如计算所得的水胶比大于规定的最大水胶比值时,应取规定的最大水胶比值(表 5-13)。

3. 确定单位用水量 m_{w0}(每立方米混凝土用水量)

混凝土用水量的多少,主要根据混凝土所要求的坍落度值及所用骨料的种类、规格来选择。所以应先考虑工程种类与施工条件,按规范确定适宜的坍落度值,再参考规范定出每立方米混凝土的用水量。

(1)干硬性和塑性混凝土单位用水量(m_{w0})可按表 5-17 选取。

表 5-17 干硬性和塑性混凝土用水量 单位:kg/m³

拌和物稠度		卵石最大公称粒径				碎石最大公称粒径			
项目	指标	10.0 mm	20.0 mm	31.5 mm	40.0 mm	16.0 mm	20.0 mm	31.5 mm	40.0 mm
坍落度(塑性混凝土)	10~30 mm	190	170	160	150	200	185	175	165
	35~50 mm	200	180	170	160	210	195	185	175
	55~70 mm	210	190	180	170	220	205	195	185
	75~90 mm	215	195	185	175	230	215	205	195
维勃稠度(干性混凝土)	16~20 s	175	160	—	145	180	170	—	155
	11~15 s	180	165	—	150	185	175	—	160
	5~10 s	185	170	—	155	190	180	—	165

(2)对流动性、大流动性混凝土(坍落度大于 90 mm)的用水量的计算,是以坍落度

90 mm 的用水量为基础，按每增大 20 mm 坍落度应相应增加 5 kg/m^3 用水量来计算，当坍落度增大到 180 mm 以上时，随坍落度相应增加的用水量可减少。

(3)掺外加剂的混凝土用水量可按式(5-23)计算：

$$m_{w0}=m'_{w0}(1-\beta) \tag{5-23}$$

式中　m_{w0}——掺外加剂后每立方米混凝土用水量，kg/m^3；

m'_{w0}——未掺外加剂时每立方米混凝土用水量，kg/m^3；

β——外加剂的减水率。

4. 确定外加剂的用量

混凝土掺入外加剂的用量一般是按照其中胶凝材料的用量来确定的，计算公式为

$$m_{a0}=m_{b0}\beta_a \tag{5-24}$$

式中　m_{a0}——每立方米混凝土外加剂用量，kg/m^3；

m_{b0}——每立方米混凝土胶凝材料用量，kg/m^3；

β_a——外加剂掺量，%。

5. 确定胶凝材料用量(m_{b0})

根据已选定的每立方米混凝土用水量(m_{W0})和得出的水胶比(W/B)值，可求出胶凝材料用量(m_{b0})：

$$m_{b0}=\frac{m_{w0}}{W/B} \tag{5-25}$$

为保证混凝土的耐久性，由式(5-25)计算得出的水泥用量还要满足规范规定的最小胶凝材料用量的要求。如算得的胶凝材料用量少于规定的最小胶凝材料用量，则应取规定的最小胶凝材料用量值(表5-13)。

水胶比、用水量和胶凝材料用量确定后，矿物掺合料用量(m_{f0})就可以通过掺入比例计算得出。矿物掺合料用量是在计算水胶比过程中选用不同掺量经过比较后确定的。计算得出的胶凝材料、矿物掺合料和水泥用量(m_{c0})还要在试配过程中调整验证。

$$m_{c0}=m_{b0}-m_{f0}$$

6. 选取合理的砂率值(β_s)

砂率值应根据骨料的技术指标、混凝土拌和物性能和施工要求，参考既有历史资料确定。如无历史资料时，则可按骨料种类、规格及混凝土的水胶比，参考规范中的表格选用合理砂率，如表5-9。

另外，砂率也可根据以砂填充石子空隙并稍有富余，以拨开石子的原则来确定，具体方法可参考有关教材。

7. 计算粗、细骨料的用量

粗、细骨料的用量可用质量法或体积法求得。

质量法，即根据经验，如果原材料情况比较稳定，所配制的混凝土拌和物的表观密度将接近一个固定值，这就可以先假设(即估计)一个混凝土拌和物表观密度($\rho_{0混}$)，再根据已知砂率就可求出粗、细骨料的用量。

$$\begin{cases} m_{f0}+m_{c0}+m_{w0}+m_{s0}+m_{g0}=\rho_{0混} \\ \beta_S=\dfrac{m_{s0}}{m_{s0}+m_{g0}}\times 100\% \end{cases} \tag{5-26}$$

体积法,即假定混凝土拌和物的体积等于各组成材料绝对体积和混凝土拌和物中所含空气的体积之总和。再根据已知的砂率,可求出粗、细骨料的用量。与质量法相比,体积法需要测定水泥和矿物掺合料的密度以及骨料的表观密度等,对技术条件要求略高。

$$\begin{cases}\dfrac{m_{f0}}{\rho_f}+\dfrac{m_{c0}}{\rho_c}+\dfrac{m_{w0}}{\rho_w}+\dfrac{m_{s0}}{\rho_s}+\dfrac{m_{g0}}{\rho_g}+0.01\alpha=1\\ \beta_s=\dfrac{m_{s0}}{m_{s0}+m_{g0}}\times 100\%\end{cases} \tag{5-27}$$

式中 m_{f0}——每立方米混凝土矿物掺合料用量,kg;

m_{c0}——每立方米混凝土水泥用量,kg;

m_{w0}——每立方米混凝土矿物掺合料用水量,kg;

m_{s0}——每立方米混凝土砂子用量,kg;

m_{g0}——每立方米混凝土石子用量,kg;

ρ_f——矿物掺合料密度,kg/m^3;

ρ_c——水泥的密度,kg/m^3;

ρ_w——水的密度,kg/m^3,可取 1 000 kg/m^3;

ρ_s——砂子的密度,kg/m^3;

ρ_g——石子的密度,kg/m^3;

α——混凝土含气量百分数,在不用引气型外加剂时 $\alpha=1$;

$\rho_{0混}$——混凝土的表观密度,kg/m^3,可根据工程资料确定,无资料时常取 2 350~2 450 kg/m^3。

通过以上几个步骤就可以将水、胶凝材料、砂和石子的用量全部求出,得到初步配合比,供试配用。

对于普通工业与民用建筑采用以干燥状态骨料为基准的混凝土配合比设计,如需以饱和面干骨料为基准进行计算时,则应作相应的修改。

5.5.2 混凝土配合比的试配、调整与确定

1. 混凝土配合比的试配

和易性调整:在试配过程中,首先是试拌,调整混凝土拌和物。在计算配合比的基础上,尽量保持水胶比不变,采用适当的胶凝材料用量,通过调整外加剂用量和砂率,使混凝土拌和物和易性等性能满足施工要求,提出试拌配合比。

强度调整:经过和易性调整试验得出的混凝土基准配合比,其水胶比不一定选用恰当,其结果是强度不一定符合要求,所以应检验混凝土的强度。一般采用三个不同的配合比,其中一个为试拌配合比,另外两个配合比的水胶比宜较试拌配合比分别增加及减少 0.05,其用水量应该与试拌配合比相同,砂率可分别增加和减少 1%。每个配合比至少应制作一组(三块)试件,标准养护到 28 d 或设计龄期时试压。

2. 混凝土配合比的调整、确定

根据混凝土强度试验结果,宜绘制强度和水胶比的线性关系图或插值法确定略大于配

制强度的强度对应的水胶比,再做进一步配合比调整偏于安全。也可以直接采用前述至少3个水胶比混凝土强度试验中一个满足配制强度的水胶比做进一步配合比调整,虽然相对比较简明,但有时可能强度富余较多,经济代价略多。

在试拌配合比的基础上,用水量(m_{w0})和外加剂用量(m_{a0})应根据确定的水胶比做调整;胶凝材料用量(m_{b0})应以用水量乘以确定的水胶比计算得出;粗骨料和细骨料用量应在用水量和胶凝材料用量进行调整。

3. 混凝土表观密度的校正

配合比经试配、调整确定后,还需根据实测的混凝土表观密度做必要的校正。

当混凝土拌和物表观密度实测值与计算值之差的绝对值不超过计算值的2%时,调整的配合比可维持不变;当二者之差超过2%时,应将配合比中每项材料用量均乘以校正系数。

另外,通常简易的做法是通过试压,选出既满足混凝土强度要求,胶凝材料用量又较少的配合比为所需的配合比,再作混凝土表观密度的校正。

若对有特殊要求的混凝土配合比设计,如抗渗等级不低于P6级的抗渗混凝土、抗冻等级不低于F100级的抗冻混凝土、强度等级不低于C60高强混凝土、泵送混凝土、大体积混凝土等,其配合比设计应按《普通混凝土配合比设计规程》(JGJ 55—2011)有关规定进行。

通过以上计算、试配即调整,得到混凝土的实验室配合比(理论配合比),即每立方米混凝土中各物料用量为:

水泥用量:m_c

矿物掺合料用量:m_f

砂子用量:m_s

石子用量:m_g

水用量:m_w

4. 施工配合比

配合比设计是以粗、细骨料干燥状态为基准进行计算的,而工地存放的砂、石材料都含有一定的水分。所以现场材料的实际称量应按工地砂、石的含水情况进行修正,修正后的配合比,叫作施工配合比。假设工地砂、石含水率分别为$a\%$和$b\%$,则施工配合比为

$$m'_c = m_c$$

$$m'_f = m_f$$

$$m'_s = m_s(1+a\%)$$

$$m'_g = m_g(1+b\%)$$

$$m'_w = m_w - m_s \cdot a\% - m_g \cdot b\%$$

5.6 其他混凝土

5.6.1 高性能混凝土(HPC)

高性能混凝土(HPC)是20世纪80年代末、90年代初提出的概念。国内外学者大致认为,HPC是在大幅度提高普通混凝土性能的基础上采用现代混凝土技术制作的混凝土,它以耐久性作为设计的主要指标。针对不同用途要求,HPC需保证具备下列性能:耐久性、工作性、适用性、强度、体积稳定性、经济性。为此,HPC在配制上的特点是低水胶比,选用优质原材料,并除水泥、水、集料外,必须掺加足够数量的矿物细掺料和高效外加剂。

HPC是以耐久性作为主要控制指标,并能满足工程建设中的某些特殊要求。从近几年来HPC的应用,可以看到其今后的发展方向。

1. 自密实高性能混凝土

自密实高性能混凝土即拌和物不离析而流动性很高,在不振捣或稍振捣的情况下能密实充满模型,不产生蜂窝、空洞等质量缺陷而且耐久的混凝土。这种混凝土虽然比相同强度等级的普通混凝土材料费用略高,但由于节省动力和劳力并能解决噪声扰民问题,其综合效益是显著的。自密实混凝土的配制关键是满足良好的流动性能要求,其不仅要有高流动性,而且应能顺利通过钢筋间隙和狭小模板空间,填充模板的各个角落,即具有高的抗堵塞能力和充填性。

配制自密实混凝土所用的原材料,如水泥、集料等与传统的普通混凝土相同,有所区别的是必须掺入高掺量的超细物料与适当的超塑化剂。在混凝土新拌状态时,该混凝土能保持良好的稳定性和高流动性。硬化后混凝土的性能,诸如强度、耐久性及表面性能等均比同水胶比的振动密实混凝土有所改善。

自密实混凝土的施工工艺控制较为严格。在施工过程中容易出现坍落度损失现象,试验证明,自密实混凝土的坍落度损失程度,与高效减水剂的掺加方法、水泥品种、施工温度、搅拌工艺等有关。坍落度经时损失的主要原因是随着水泥的水化反应,高效减水剂被水泥的水化产物大量吸附而使分散作用降低,表现为自密实混凝土的坍落度随时间的增长而逐渐减小。

为了抑制自密实混凝土坍落度经时损失,可采取的措施有:采用反复添加高效减水剂的方法;加入少量的缓凝剂;开发新品种的高效减水剂或用部分矿物外加剂取代高效减水剂。

2. 活性粉末混凝土(RPC)

活性粉末混凝土(RPC)是继高强、高性能混凝土后,于20世纪90年代由法国大承包商BOUYGUES公司率先开发出的一种超高强、高韧性、高耐久、体积稳定性良好的新型水泥基复合材料,是一种致密水泥基材料与纤维增强相复合的高新技术混凝土。RPC是由水泥、优质钢纤维、硅灰、石英砂、石英粉、高效减水剂等材料,经过适当的搅拌、振捣、加热养护等工艺制备而成的,其骨料最大粒径≤600 μm。由于增加了组分的细度和反应活性,因而被

称为活性粉末混凝土。作为新一代水泥基复合材料,RPC具有其他混凝土无法比拟的优越性能:

(1)利用RPC的特高强度,可以有效地减小结构构件的自重,从而节省工程造价。根据已有工程的经济分析,当RPC的强度达200 MPa以上时,其用量仅为钢筋混凝土的1/2~1/3,在掺加适量钢纤维的情况下,其性能几乎可以跟钢材相媲美,而价格只及钢材价格的五分之一。RPC具有高抗剪强度,去除辅助配筋的情况下,可以承受剪切荷载,因此在设计中可以采用更薄的截面和具有创新性的截面形式。此外,RPC还具有良好的抵抗炮弹、航弹冲击侵彻的能力。

(2)RPC优越的性能使其在石油、核电、市政、海洋等工程中有着广阔的应用前景。例如,由于RPC的孔隙率极低,因此是制备核废料储存容器的理想材料;由于RPC具有高耐磨性能和低渗透性,因此可以生产各种耐腐蚀的压力管和排水管等。

(3)RPC具有良好的塑性。RPC的极限应变值为HPC的2~3倍,从某种意义上讲,这比具有极高的抗压强度更为重要。据报道,RPC可以像金属和陶瓷一样用机器加工,并具有高精度。

(4)在耐久性和经济性方面,RPC具有普通混凝土不可比拟的耐久性优势。传统的看法是其价格太高,但实际上其性能接近于普通钢材,如果按钢材价格的计量单位吨来算,则比钢材便宜得多,而且还具有比强度高的优势。试验表明,即使在恶劣的海洋环境条件下,RPC也能至少确保结构安全使用100年以上,这更是其他材料无法相比的。

综上所述,RPC具有极其优越的性能,可应用的领域也非常广泛,从工程应用的角度来看,今后将在以下几个方面具有较好的发展和应用前景。

①预应力结构和构件。在民用领域尤其是薄壁、细长、大跨等形式的预制构件,可大幅度缩短工期和降低造价。

②钢-混凝土组合结构。用钢纤维制作的RPC钢-混凝土将有良好的应用前景。

③特殊用途的工程或构件。例如海洋工程、高原高寒条件下经常承受冻融循环和强烈紫外线的工程、各种有耐腐蚀要求、防辐射要求及有苛刻耐久性要求的构件或制品,在防护工程领域可以制作防护门、遮弹层等重要的抗爆、抗侵彻构件及直接用于工程主体的结构。

总之,RPC未来的应用前景是光明的,目前需要解决的主要问题是降低成本,进一步优化生产工艺,尽快制定和颁布相关标准。

5.6.2 纤维混凝土

为改善普通混凝土拉压强度比小、延性差,在冲击作用下易发生脆性破坏等不足,在其中掺入均匀分布的短纤维可显著提高混凝土的抗拉、韧性、抗裂、抗疲劳等性能。

由水泥、水、细集料(或细集料和粗集料)以及各种有机、无机或金属的不连续短切纤维组成的材料称为纤维增强水泥基复合材料,也称为纤维增强混凝土。常用的纤维有玻璃纤维、钢纤维、合成纤维、碳纤维等。

与普通混凝土相比钢纤维混凝土除了抗拉、抗弯、抗冲击等力学强度均有很大提高外,还具有良好的韧性、抗冲磨性和抗腐蚀性能。钢纤维混凝土广泛应用于民用、军用工程领域。

常用的合成纤维主要有聚丙烯合成纤维、尼龙纤维等。聚丙烯纤维混凝土主要用于桥面、隧道和结构修补混凝土等工程,其主要作用是有效减少混凝土塑性收缩裂缝;提高抗拉强度和韧性;增强抗渗性和抗冻性,减少钢筋的锈蚀;提高抗冲击性能。

5.6.3 轻质混凝土

表观密度小于1 950 kg/m³的混凝土统称为轻质混凝土。轻质混凝土包括轻骨料混凝土、多孔混凝土和大孔混凝土。

轻骨料混凝土是指用轻粗骨料、轻细骨料(或普通砂)、水泥及水配制而成的表观密度小于1 950 kg/m³的混凝土。堆积密度不大于1 100 kg/m³的轻粗骨料和堆积密度不大于1 200 kg/m³的轻细骨料统称为轻骨料,轻粗骨料如浮石、膨胀珍珠岩、陶粒等。

轻骨料混凝土的强度等级,按照立方体抗压强度标准值划分为:LC5.0、LC7.5、LC10、LC15、LC20、LC25、LC30、LC35、LC40、LC45、LC50、LC55、LC60共13个强度等级。与普通混凝土相比,轻骨料混凝土表观密度小、弹性模量低、保温隔热性能好、抗震性好、耐火性好,但由于孔隙较多,其强度相对较低。轻骨料混凝土主要适用于高层、大跨结构、耐火要求高的建筑及保温节能的建筑。

多孔混凝土是一种内部分布大量细小封闭孔隙(气泡)的轻质混凝土。主要有加气混凝土和泡沫混凝土两种。加气混凝土是由钙质材料(水泥、石灰)和硅质材料(石英砂、粉煤灰、粒化高炉矿渣等),加入适量加气剂(铝粉)为原料,经过磨细、配料、搅拌、浇筑、切割及蒸压养护等工序生产而成的一种多孔混凝土。泡沫混凝土是在水泥浆料里加入泡沫剂,制造大量泡沫,经过搅拌、浇筑、养护、硬化等工序而成的多孔混凝土。多孔混凝土具有质量轻、保温隔热性能好、防火性好、施工方便等优点,主要用于填充、隔墙、保温等,不能用作受力构件。

大孔混凝土是指无细骨料的混凝土。大孔混凝土孔隙率大,保温性、抗冻性好,适用于制作混凝土空气砌块、砖及各种板材,还可制成滤水管、滤水板等,另外其大孔可保持充足水分和土壤,可用于植被生长混凝土(生态混凝土),广泛用于市政工程。

5.6.4 聚合物混凝土

聚合物混凝土包括聚合物水泥混凝土和聚合物混凝土。

聚合物水泥混凝土有聚合物改性混凝土和聚合物浸渍混凝土两种基本类型。聚合物改性混凝土,是在普通水泥混凝土拌和物中再加入一种有机聚合物,由聚合物与水泥共同作胶凝材料黏结集料配制而成。用于聚合物改性混凝土中的树脂包括环氧树脂、不饱和聚酯树脂、甲基丙烯酸甲酯单体、氨基甲酸乙酯、呋喃树脂、酚醛树脂等。聚合物改性混凝土凝结硬化速度快、强度高,具有优良的修补性能,广泛应用于混凝土工程的抢修抢建中。聚合物浸渍混凝土就是将一种有机聚合物单体浸渍到混凝土表层的孔隙中,经聚合处理而成一整体的有机-无机复合的新型材料。浸渍后混凝土抗压强度提高4倍,抗拉强度提高3倍,抗弯强度提高3倍,透水性几乎忽略不计。聚合物浸渍混凝土可用于管道、预制桥面板、高强混凝土柱、地下支撑系统、预制隧道衬砌等。

聚合物混凝土也称树脂混凝土，是以合成树脂（有机聚合物）或单体为胶结材料，不使用水泥，而以砂石为集料的混凝土。常用一种树脂或几种树脂及固化剂，与天然或人工集料混合固化而成。聚合物混凝土完全用聚合物作为胶结材料，不使用水泥，因此，树脂混凝土常常被称作塑料混凝土。聚合物混凝土的强度极高，是普通混凝土的几倍以上，抗渗性、黏结性、耐水性、耐冻融性、耐磨性及耐化学腐蚀性等都比普通混凝土优越，尤其是具有优良的电绝缘性能，因此可广泛应用于黏结、防腐、防水、修补加固等各个方面。

5.6.5 防水混凝土

防水混凝土是指抗渗等级大于等于 P6 的混凝土，主要用于水工建筑、地下工程、屋面防水工程等。常用的防水混凝土有普通防水混凝土、外加剂防水混凝土和膨胀水泥防水混凝土。

1. 普通防水混凝土

普通防水混凝土是通过优选原材料、调整配合比来配置抗渗等级较高的混凝土。调整混凝土配合比的主要目的就是增大混凝土的密实度，减少孔隙率，从而提高抗渗性能。由于普通防水混凝土的抗渗性能一般，在防水工程中应用越来越少。

2. 外加剂防水混凝土

外加剂防水混凝土是在混凝土中掺入适宜品种和数量的外加剂，改善混凝土内部结构，隔断或堵塞混凝土中的各种孔隙、裂缝及渗水通道，从而提高混凝土抗渗性能。常用的外加剂有引气剂、防水剂、膨胀剂或引气减水剂等。

3. 膨胀水泥防水混凝土

膨胀水泥防水混凝土是用膨胀水泥配制的混凝土，膨胀水泥在水化过程中形成钙矾石，产生体积膨胀，在有约束的条件下能改善混凝土的孔结构，减少孔隙数量，提高混凝土的密实度，从而提高混凝土的抗渗性能。

目前，防水混凝土主要采取外加剂防水混凝土和膨胀水泥防水混凝土等。

5.7 普通混凝土用砂、石检测

普通混凝土用的砂、石检测包括砂子表观密度、砂子级配、石子表观密度、含水率等的检测。检测标准包括：

《建筑用砂》（GB/T 14684—2022）；

《建筑用卵石、碎石》（GB/T 14685—2022）；

《混凝土质量控制标准》（GB 50164—2011）；

《普通混凝土用砂、石质量及检验方法标准》（JGJ 52—2006）。

5.7.1 取样及制备要求

1. 取样

(1)每验收批取样方法应按下列规定执行:

①在料堆上取样时,取样部位应均匀分布。取样前先将取样部位表层铲除,然后由各部位抽取大致相等的砂共8份,石子为15份,组成一组样品。

②从皮带运输机上取样时,应在皮带运输机机尾的出料处用接料器定时取4份砂、8份石子组成一组样品。

③从火车、汽车、货船上取样时,应从不同部位和深度抽取大致相等的8份砂、15份石子组成一组样品。

(2)除筛分析外,若检验不合格时,应重新取样。对不合格项,进行加倍复验,若仍有一个试样不能满足标准要求,应按不合格品处理。(注:如经观察,认为各节车皮间、汽车、货船间所载的砂、石质量相差甚为悬殊时,应对质量有怀疑的每节列车、汽车、货船分别进行取样和验收。)

(3)须作几项试验时,如确能保证样品经一项试验后不致影响另一项试验的结果,可用同组样品进行多项不同的试验。

(4)每组样品应妥善包装,避免细料散失及防止污染,并附样品卡片,标明样品的编号、取样时间、代表数量、产地、样品量、要求检验项目及取样方式等。

2. 样品的缩分

(1)砂样品的缩分

①用分料器:将样品在潮湿状态下拌和均匀,然后使样品通过分料器,留下接样斗中的其中一份;用另一份再次通过分料器,重复上述过程,直至将样品缩分到试验所需量为止。

②人工四分法缩分:将所取每组样品置于平板上,在潮湿状态下拌和均匀,并堆成厚度约为20 mm的“圆饼”。然后沿互相垂直的两条直径把“圆饼”分成大致相等的四份,取其对角的两份重新拌匀,再堆成“圆饼”。重复上述过程,直至缩分后的材料量略多于进行试验所必需的量为止。

(2)石样品的缩分

将每组样品置于平板上,在自然状态下拌混均匀,并堆成锥体,然后沿互相垂直的两条直径把锥体分成大致相等的四份,取其对角的两份重新拌匀,再堆成锥体,重复上述过程,直至缩分后的材料量略多于进行试验所需的量为止。

(3)砂、碎石或卵石的含水率、堆积密度、紧密密度检验所需的试样,不经缩分,拌匀后直接进行。

5.7.2 砂的检测

1. 筛分析检测

(1)检测设备

①试验筛:细集料试验套筛以及筛的底盘和盖各一个。孔径为9.5 mm、4.75 mm、

2.36 mm、1.18 mm、0.600 mm、0.300 mm、0.150 mm、0.075 mm 的方孔筛。

②天平：称量 1 000 g，感量 1 g。

③摇筛机。

④烘箱：能使温度控制在(105±5) ℃。

⑤浅盘和硬、软毛刷等。

(2)试样制备

按上述的缩分方法进行缩分，用于筛分析的试样，颗粒粒径不应大于 10 mm，试验前应先通过 9.5 mm 方孔筛，并算出筛余百分率。然后称取每份不少于 550 g 的试样两份，分别倒入两个浅盘中，在(105±5) ℃的温度下烘干到恒重，冷却至室温备用。

(3)检测步骤

①准确称取烘干试样 500 g(特细砂可称 250 g)，置于按筛孔大小(大孔在上、小孔在下)顺序排列的套筛的最上一只筛上；将套筛装入摇筛机内固紧，筛分时间 10 min 左右；然后取出套筛，再按筛孔大小顺序，在清洁的浅盘上逐个手筛，直至每分钟的筛出量不超过试样总量的 0.1%时为止，通过的颗粒并入下一个筛，并和下一个筛中试样一起过筛，按这样的顺序进行，直至每个筛全部筛完为止。

注：如试样含泥量超过 5%，则应先用水洗，然后烘干至恒重，再进行筛分。.

②称取各筛筛余试样的重量(精确至 1 g)，所有各筛的分计筛余量和底盘中剩余量的总和与筛分前的试样总量相比，其相差不得超过 1%。

(4)数据处理与结果判定

①计算分计筛余(各筛上的筛余量除以试样总量的百分率)，精确至 0.1%。

②计算累计筛余(该筛上的分计筛余与大于该筛的各筛上的分计筛余的总和)，精确至 0.1%。

③根据各筛两次试验累计筛余的平均值，评定该试样的颗粒级配分布情况，精确至 1%。

④按下式计算砂的细度模数 M_x(精确至 0.01)。

$$M_x=\frac{(A_2+A_3+A_4+A_5+A_6)-5A_1}{100-A_1}$$

式中 M_x——细度模数；

$A_1\sim A_6$——孔隙为 4.75 mm、2.36 mm、1.18 mm、0.60 mm、0.30 mm、0.15 mm 筛的累计筛余百分数，代入公式计算时，A_i 不带%。

⑤筛分试验应采用两个试样平行试验。细度模数以两次试验结果的算术平均值为测定值(精确至 0.1)。如两次试验所得的细度模数之差大于 0.20 时，应重新取试样进行试验。

⑥以筛孔尺寸为横坐标，以累计筛余为纵坐标，绘制级配曲线，检测其级配是否合格。

2. 砂的表观密度检测

(1)检测设备

①天平：称量 1 000 g，感量 1 g；

②容量瓶：500 mL；

③干燥器、浅盘、料勺、温度计等；

④烘箱：能使温度控制在(105±5) ℃；

⑤烧杯：500 mL。

(2)试样制备

将缩分至1 000 g左右的试样在温度(105±5) ℃的烘箱中烘干至恒重，并在干燥器内冷却至室温。

(3)检测步骤

①称取烘干的试样300 g(m_0)，装入盛有半瓶冷开水的容量瓶中。

②摇转容量瓶，使试样在水中充分搅动以排除气泡，塞紧瓶塞，静置24 h左右。然后用滴管添水，使水面与瓶颈刻度线平齐，再塞紧瓶塞，擦干瓶外的水分称其质量(m_1)；

③倒出瓶中的水和试样，将瓶的内外表面洗净，再向瓶内注入与第②步水温相差不超过2 ℃的冷开水至瓶颈刻度线，再塞紧瓶塞，擦干瓶外水分，称其质量(m_2)。

注：在砂的表观密度检测过程中应测量并控制水的温度，试验的各项称量可以在15~25 ℃的温度范围内进行。从试样加水静置的最后2 h起直至检测结束，其温度相差不应超过2 ℃。

(4)数据处理与结果判定

①表观密度ρ_{as}应按式(5-28)计算(精确至10 kg/m^3)：

$$\rho_{as}=\left(\frac{m_0}{m_0+m_2-m_1}-a_t\right)\times 1\,000(\text{kg/m}^3) \tag{5-28}$$

式中 m_0——试样的烘干质量，g；

m_1——试样、水及容量瓶总质量，g；

m_2——水及容量瓶总质量，g；

α_t——考虑称量时的水温对水相对密度影响的修正系数，见表5-18。

表5-18 不同水温下砂的表观密度温度修正系数

水温/℃	15	16	17	18	19	20	21	22	23	24	25
a_t	0. 002	0. 003	0. 003	0. 004	0. 004	0. 005	0. 005	0. 006	0. 006	0. 007	0. 008

②以两次试验结果的算术平均值作为测定值，如两次结果之差大于20 kg/m^3，应重新进行试验。

3. 堆积密度和紧密密度检测

(1)检测设备

①案秤：称量5 000 g，感量5 g；

②容量筒：金属制、圆柱形、内径105 mm，净高109 mm，筒壁厚2 mm，容积为1L，筒底厚为5 mm；

③漏斗或铝制料勺；

④烘箱：能使温度控制在105±5 ℃；

⑤直尺、浅盘等。

(2)试样制备

用浅盘装样品约3L,在温度为105±5 ℃烘箱中烘干至恒重,取出并冷却至室温,在用5 mm孔径的筛子过筛,分成大致相等的两份备用。试样烘干后如有结块,应在试验前捏碎。

(3)检测步骤

①堆积密度:取试样一份,用漏斗或铝制料勺,将它徐徐装入容量筒(漏斗出料口或料勺距容量筒筒口不应超过50 mm)直至试样装满并超出容量筒筒口。然后用直尺将多余的试样沿筒口中心线向两个相反方向刮平,称其质量(m_1)。

②紧密密度:取试样一份,分两层装入容量筒。装完一层后,在筒底垫放一根直径为10 mm的钢筋,将筒按住,左右交替颠击地面各25下,然后再装入第二层;第二层装满后用同样方法颠实(但筒底所垫钢筋的方向应与第一层放置方向垂直);二层装完并颠实后,加料直至试样超出容量筒筒口,然后用直尺将多余的试样沿筒口中心线向两个相反方向刮平,称其质量(m_2)。

(4)数据处理与结果判定

堆积密度或紧密密度(ρ_{fs}),按式(5-29)计算(精确至10 kg/m):

$$\rho_{fs}=\frac{m_2-m_1}{V}\times 1\ 000(\mathrm{kg/m^3}) \tag{5-29}$$

式中 m_1——容量筒的质量,kg;

m_2——容量筒和砂总质量,kg;

V——容量筒容积,L。

以两次试验结果的算术平均值作为测定值。

4. 含水率检测

(1)检测设备

①烘箱:能使温度控制在(105±5)℃;

②天平:称量2 000 g,感量2 g;

③容器:如浅盘。

(2)检测步骤

由样品中分别称取质量约500 g的试样两份,分别放入已知质量的干燥容器(m_1)中称重。记下每盘试样与容器的总重(m_2),将容器连同试样放入温度为(105±5) ℃的烘箱中烘干至恒重,称量烘干后的试样与容器的总质量(m_3)。

(3)数据处理与结果判定

①砂的含水率 W_s 按式(5-30)计算(精确至0.1%):

$$W_s=\frac{m_2-m_3}{m_3-m_1}\times 100\% \tag{5-30}$$

式中 m_1——容器质量,g;

m_2——未烘干的试样与容器的总质量,g;

m_3——烘干后的试样与容器的总质量,g。

②以两次检测结果的算术平均值作为测定值。

5. 砂含水率快速测定法

对含泥量过大及有机杂质较多的砂不宜采用该法。

(1)检测设备

①电炉(或火炉);

②天平:称量 1 000 *g*,感量 1 *g*;

③炒盘(铁制或铝制);

④油灰铲、毛刷等。

(2)检测步骤

①向干净的炒盘中加入约 500 *g* 试样,称取试样与炒盘的总质量(m_2);

②置炒盘于电炉(或火炉)上,用小铲不断地翻拌试样,到试样表面全部干燥后,切断电源(或移出火外)再继续翻拌 1 *min*,稍予冷却(以免损坏天平)后,称干样与炒盘的总质量(m_3)。

(3)数据处理与结果判定

①砂的含水率 W_s 应按式(5-31)计算(计算至 0.1%):

$$W_s = \frac{m_2 - m_3}{m_3 - m_1} \times 100\% \tag{5-31}$$

式中 m_1——容器质量,*g*;

m_2——未烘干的试样与容器的总质量,*g*;

m_3——烘干后的试样与容器的总质量,*g*。

②以两次试验结果的算术平均值作为测定值。

5.7.3 石子的检测

1. 筛分析检测

(1)检测设备

①试验筛:方孔筛系列,筛孔直径(mm)分别为 75.0、63.0、53.0、37.5、31.5、26.5、19.0、16.0、13.2。

②天平或案秤:天平的称量 5 kg,感量 5 g;案秤的称量 20 kg,感量 20 g。

③烘箱:能使温度控制在(105±5)℃。

④浅盘。

(2)试样制备

检测前,用四分法将样品缩分至略重于表 5-19 规定的试样所需量,烘干或风干后备用。

表 5-19 筛分析所需试样的最小质量

最大公称粒径/mm	10.0	16.0	20.0	26.5	31.5	37.5	63.0	75.0
试样质量不少于/kg	1.9	3.2	3.8	5.0	6.3	7.5	12.6	16.0

(3)试验步骤

①按表5-19的规定称取试样。

②将试样按筛孔大小顺序过筛,当每号筛上筛余层的厚度大于试样的最大粒径时,应将该号筛上的筛余分成两份,再次进行筛分,直至各筛每分钟的通过量不超过试样总量的0.1%。

注:当筛余颗粒的粒径大于20 mm时,在筛分过程中,允许用手指拨动颗粒。

③称取各筛筛余的质量,精确至试样总质量的0.1%。在筛上的所有分计筛余量和筛底剩余的总和与筛分前测定的试样总量相比,其相差不得超过1%。

(4)数据处理与结果判定

①由各筛上的筛余量除以试样总质量计算得出该号筛的分计筛余百分率(精确到0.1%)。

②每号筛计算得出的分计筛余百分率与大于该筛筛号各筛的分计筛余百分率相加,计算得出其累计筛余百分率(精确至1%)。

③根据各筛的累计筛余百分率,评定该试样的颗料级配。

2. 表观密度检测

(1)检测设备

①烘箱:能使温度控制在(105±5)℃。

②天平:称量5 kg,感量5 g。

③广口瓶:1 000 mL,磨口,并带玻璃片。

④试验筛:孔径为5 mm。

⑤毛巾、刷子等。

(2)试样制备

试验前,将样品筛去4.75 mm以下的颗粒,用四分法缩分至不少于2 kg,洗刷干净后,分成两份备用。

(3)检测步骤

①按标准方法中规定的数量称取试样。

②将试样浸水饱和,然后装入广口瓶中,装试样时,广口瓶应倾斜放置,注入饮用水,用玻璃片覆盖瓶口,以上下左右摇晃的方法排除气泡。

③气泡排尽后,向瓶中添加饮用水直至水面凸出水瓶口边缘。然后用玻璃片沿瓶口迅速滑行,使其紧贴瓶口水面。擦干瓶外水分后,称取试样、水、瓶和玻璃片总质量(m_1)。

④将瓶中的试样倒入浅盘中,放在(105±5)℃的烘箱中烘干至恒重。取出,放在带盖的容器中冷却至室温后称重(m_0)。

⑤将瓶洗净,重新注入饮用水,用玻璃片紧贴瓶口水面,擦干瓶外水分后称重(m_2)。

注:检测时各项称重可以在15~25 ℃的温度范围内进行,但从试样加水静置的最后2 h起直至试验结束,其温度相差不应超过2 ℃。

(4)数据处理与结果判定

①表观密度应按式(5-32)计算(精确至10 kg/m³):

$$\rho_{as}=\left(\frac{m_0}{m_0+m_2-m_1}-a_t\right)\times 1\,000(\mathrm{kg/m^3}) \tag{5-32}$$

式中 m_0——烘干后试样质量,g;

m_1——试样、水、瓶和玻璃片的总质量,g;

m_2——水、瓶和玻璃片的总质量,g;

α_t——考虑称量时的水温对表观密度影响的修正系数,见表 5-17。

②以两次检测结果的算术平均值作为测定值。如两次结果之差值大于 20 kg/m³ 时,应重新取样进行试验。对颗粒材质不均匀的试样,如两次试验结果之差超过 20 kg/m³,可取四次测定结果的算术平均值作为测定值。

3. 含水率检测

(1)检测设备

①烘箱:能使温度控制在(105±5)℃。

②天平:称量 20 kg,感量 20 g。

③容器:如浅盘等。

(2)试样制备

按标准方法中规定的数量称取试样,分成两份备用。

(3)检测步骤

①将试样置于干净的容器中,称取试样和容器总质量(m_1),并在(105±5)℃的烘箱中烘干至恒重;

②取出试样,冷却后称取试样与容器的总质量(m_2),并称取容器的质量(m_3)。

(4)数据处理与结果判定

①含水率应按式(5-33)计算(精确至 0.1%)

$$W_S=\frac{m_2-m_3}{m_3-m_1}\times100\% \tag{5-33}$$

式中 m_1——烘干前试样与容器总质量,g;

m_2——烘干后试样与容器总质量,g;

m_3——容器质量,g。

②以两次检测结果的算术平均值作为测定值。

注:碎石或卵石含水率简易测定法可采用"炒干法"。

4. 堆积密度和紧密密度检测

(1)检测设备

①案秤:称量 100 kg,感量 100 g 一台。

②容量筒:金属制。

③平头铁锹。

④烘箱:能使温度控制在(105±5)℃。

注:测定紧密密度时,对最大粒径为 31.5 mm、40.0 mm 的集料,可采用 10 L 的容量筒;对最大粒径为 63.0 mm、80.0mm 的集料,可采用 20 L 的容量筒。

(2)试样制备

检测前,取质量约等于取样中最少试验数量表所规定的试样放入浅盘,在(105±5)℃的烘箱中烘干,也可以摊在清洁的地面上风干,拌匀后分成两份备用。

(3)检测步骤

①堆积密度:取试样一份,置于平整干净的地板(或铁板)上,用平头铁锹铲起试样,使石子自由落入容量筒内。此时,从铁锹的齐口至容量筒上口的距离应保持为50 mm左右。装满容量筒并除去凸出筒口表面的颗粒,并以合适的颗粒填入凹陷部分,使表面稍凸起部分和凹陷部分的体积大致相等,称取试样和容量筒总质量(m_2)。

②紧密密度:取试样一份,分三层装入容量筒。装完一层后,在筒底垫放一根直径为25 mm的钢筋,将筒按住并左右交替颠击地面各25下,然后装入第二层。第二层装满后,用同样方法颠实(但筒底所垫钢筋的方向应与第一层放置方向垂直)然后再装入第三层,如法颠实。待三层试样装填完毕后,加料直到试样超出容量筒筒口,用钢筋沿筒口边缘滚转,刮下高出筒口的颗粒,用合适的颗粒填平凹外,使表面稍凸起部分和凹陷部分的体积大致相等。称取试样和容量筒总质量(m_2)。

(4)数据处理与结果判定

①堆积密度或紧密密度(ρ_{fg})按式(5-34)计算(精确至10 kg/m^3):

$$\rho_{fg}=\frac{m_2-m_1}{V}\times 1\,000(\text{kg/m}^3) \tag{5-34}$$

式中 m_1——容量筒的重量,kg;

m_2——容量筒和试样的总重,kg;

V——容量筒的容积(L)。

②以两次试验结果的算术平均值作为测定值。

5.8 普通混凝土的检测

普通混凝土的检测包括混凝土拌和物性能检测、混凝土力学性能检测及混凝土耐久性能检测。检测依据为:

①《普通混凝土拌和物性能试验方法标准》(GB/T 50080—2016);

②《混凝土物理力学性能试验方法标准》(GB/T 50081—2019);

③《混凝土强度检验评定标准》(GB/T 50107—2010)。

5.8.1 取样及检测制备

1.取样

(1)同一组混凝土拌和物应从同一盘或同一车混凝土中取样,取样量应多于试验所需量的1.5倍,且宜不小于20 L。

(2)混凝土拌和物的取样应具有代表性,一般在同一盘或同一车混凝土中的约1/4处、1/2处和3/4处分别取样,从第一次取样到最后一次取样不宜超过15 min,然后人工搅拌均匀。

(3)从取样完毕到开始做各项试验不宜超过5 min。

(4)混凝土工程施工中取样进行混凝土检测时,取样方法和原则应按《混凝土结构工程施工质量验收规范》(GB 50204—2015)及《普通混凝土拌和物性能试验方法标准》(GB/T 50080—2016)有关规定进行。

①每100盘,不超过100 m^3,取样不少于1次;

②每一工作班不足100盘,取样不少于1次;

③一次浇注1 000 m^3 以上,每200 m^3 取样不少于1次;

④每层楼每工作台班,取样不少于1次;

⑤混凝土抽样在浇注地点随机抽取。

2. 试样制备

(1)试验室拌制混凝土进行试验时,试验室温度:(20±5)℃,材料温度应与试验室温度一致。

(2)称量精度:骨料±1%,水、水泥、外加剂、掺合料±0.5%。

(3)拌和物取样后应尽快试验;应人工略加翻拌,以保证试样均匀;水泥如有结块,须用0.9 mm筛将结块筛除。

(4)所用机具应润湿。

(5)混凝土拌和物的制备应符合《普通混凝土配合比设计规程》(JGJ 55—2011)中的有关规定。

3. 搅拌

(1)人工拌和:润湿工具,将砂、水泥、石子拌匀(至少翻拌3次),加水(外加剂一般与水同时加入)拌至均匀,加水完毕至搅拌完毕在10 min内完成。

(2)机械拌和:先用适量同配分比混凝土挂浆,然后将称好的石子、水泥、砂按顺序倒入机内预拌,再将水倒入机内拌1.5~2 min,将混凝土拌和物倒在钢板上,人工翻拌均匀。一次拌和量不少于搅拌机容积的20%。

5.8.2 混凝土拌和物性能检测

1. 坍落度检测(和易性检测)

本方法适用于坍落度值≥10 mm,骨料最大粒径≤40 mm的混凝土拌和物稠度测定。

(1)仪器设备

坍落度筒:底部直径为(200±2) mm,顶部直径为(100±2) mm,高度为(300±2) mm,筒壁厚度不小于1.5 mm;

捣棒:直径为16 mm、长为600 mm的钢棒,端部应磨圆。

坍落度筒及捣棒如图5-16所示。

(2)检测步骤

①润湿工具。

②按规定方法装料和插捣,即分三层装料,每层高度为筒高的三分之一,每层用捣棒插捣25下,捣棒沿螺旋方向由外向中心进行,插捣底层混凝土时,捣棒应贯穿整个深度,插捣第二层和顶层时,捣棒应插透本层至下一层的表面。浇灌顶层时,混凝土应高出筒口。顶层插捣完后,刮去多余混凝土,抹刀抹平。

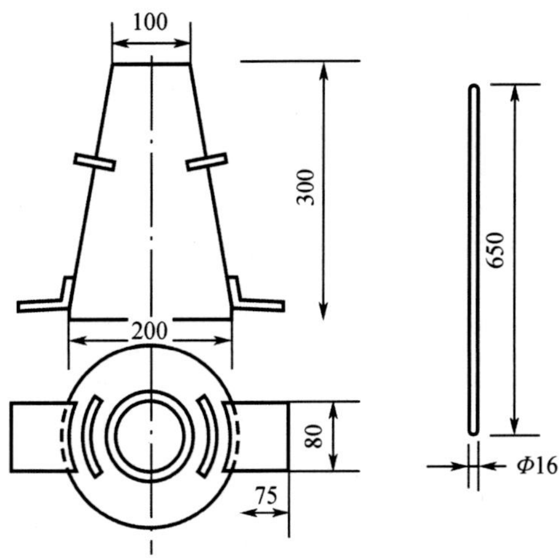

图 5-16　坍落度筒及捣棒(单位:mm)

③垂直平稳提离坍落度筒(5~10 s 完成),从装料开始到提离坍落度筒的整个过程应在 150 s 内完成。

④量测筒高与坍落后混凝土试体最高点之间的高度差,以 mm 为单位,即为混凝土拌和物的坍落度值。

(2)结果评定

①提离坍落度筒后,如混凝土发生崩塌或出现一边剪坏现象,重新取样另行测定。第二次仍出现上述现象,表示混凝土和易性不好,应记录备查。

②观察坍落后混凝土试体的黏聚性和保水性。

黏聚性的观察方法:将捣棒在已坍落的混凝土锥体侧面轻轻敲打,如果混凝土锥体逐渐下降,表示黏聚性良好,如果锥体倒塌或崩裂,说明黏聚性不好。

保水性观察办法:若提起坍落筒后发现较多浆体从筒底流出,或混凝土试体因失浆而骨料外露,说明保水性不好。

混凝土拌和物坍落度与坍落扩展度值以 mm 为单位,测量精确至 1 mm,结果修约至 5 mm。

2. 扩展度检测

当混凝土坍落度≥160 mm 时,用坍落扩展度表示。

坍落扩展度的测定:试验设备准备、混凝土拌和物装料及插捣与检测混凝土坍落度试验的规定一致。用钢尺测量混凝土扩展后最终的最大直径和最小直径,两者之差小于 50 mm 时,用其算术平均值作为坍落扩展度值;两者之差大于 50 mm 时,试验无效。

3. 维勃稠度检测

本方法适用于维勃稠度在 5~30 s、骨料最大粒径≤40 mm 的混凝土拌和物稠度测定。

(1)仪器设备

维勃稠度仪(图 5-17)、秒表。

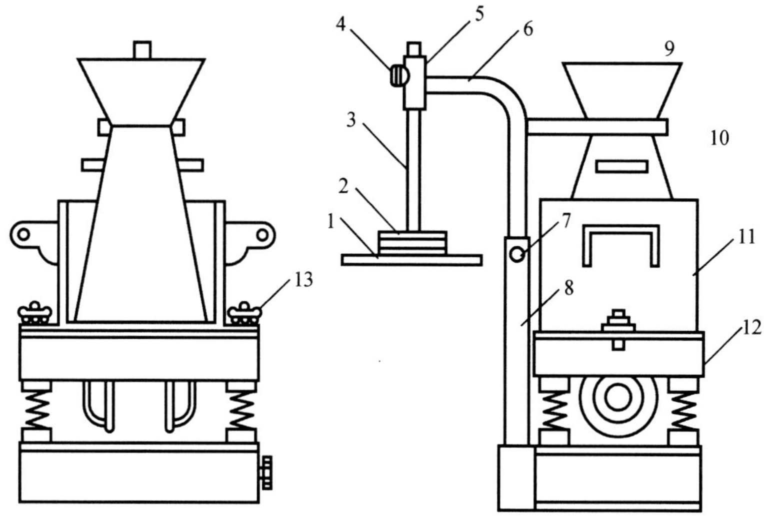

1—透明圆盘;2—荷重;3—测杆;4—测杆螺丝;5—套筒;6—旋转架;7—定位螺丝;
8—支柱;9—喂料斗;10—坍落度筒;11—容器;12—振动台;13—固定螺丝。

图 5-17 维勃稠度仪

(2)试验步骤

①维勃稠度仪置于坚实水平地面;用湿布润湿与混凝土接触的仪器及用具表面。

②将喂料斗提到坍落度筒上方扣紧,校正容器位置,拧紧固定螺丝。

③按规定方法装料。

④转离喂料斗,提起坍落度筒,注意不使混凝土试体产生横向扭动。

⑤拧紧固定螺丝,检查测杆螺丝是否完全放松。

⑥开启振动台,同时秒表计时,当透明圆盘被水泥浆布满的瞬间停表计时,并关闭振动台。

(3)结果评定

由秒表读出的时间(s)即为该混凝土拌和物的维勃稠度值,精确到 1 s。

5.8.3 普通混凝土力学性能检测

1.取样及制备要求

(1)取样

同一组混凝土拌和物的取样应从同一盘混凝土或同一车混凝土中取样。取样量应多于试验所需量的 1.5 倍,且宜不小于 20 L。

混凝土拌和物的取样应在浇筑地点随机抽取。

从取样完毕到开始做各项拌和物性能试验不宜超过 5 min。

混凝土试块的大小应根据混凝土石子粒径确定,试件尺寸应大于 3 倍的骨料最大粒径。

(2)试件制作

混凝土试件的制作应符合下列规定:

①成型前，应检查试模尺寸并符合标准中有关规定；试模内表面应涂一薄层矿物油或其他不与混凝土发生反应的脱模剂。

②在试验室拌制混凝土时，其材料用量应以质量计，称量精度应控制在水泥、掺合料、水和外加剂±0.5%，骨料±1%。

③现场取样或试验室拌制后的混凝土应在尽可能短的时间内成型，一般不宜超过15 min。

④根据混凝土拌和物的稠度确定混凝土成型方法，坍落度不大于70 mm的混凝土宜用振动振实；大于70 mm的宜用捣棒人工捣实；检验现浇混凝土或预制构件的混凝土，试件成型方法宜与实际采用的方法相同。

混凝土试件制作应按下列步骤进行：

①取样或拌制好的混凝土拌和物应至少用铁锹再来回拌和三次。

②根据混凝土坍落度大小，选择成型方法成型。

a. 用振动台振实制作试件。将混凝土拌和物一次装入试模，装料时应用抹刀沿各试模壁插捣，并使混凝土拌和物高出试模口。将试模附着或固定在振动台后开启振动台，振动持续至表面出浆为止。振动时试模不得有任何跳动，且不得过振。

b. 用人工插捣制作试件。混凝土拌和物应分两层装入模内，每层的装料厚度大致相等。插捣应按螺旋方向从边缘向中心均匀进行。在插捣底层混凝土时，捣棒应达到试模底部；插捣上层时，捣棒应贯穿上层后插入下层20~30 mm；插捣时捣棒应保持垂直，不得倾斜。然后应用抹刀沿试模内壁插拔数次。每层插捣次数按在10 000 mm^2截面积内不得少于12次。插捣后应用橡皮锤轻轻敲击试模四周，直至插捣棒留下的空洞消失为止。

c. 用插入式振动棒振实制作试件。将混凝土拌和物一次装入试模，装料时应用抹刀沿各试模壁插捣，并使混凝土拌和物高出试模口。将振动棒插入试模振捣，直至表面出浆为止。插入试模振捣时，宜用直径为25 mm的插入式振捣棒；振捣棒距试模底板10~20 mm且不得触及底板，且应避免过振，以防止混凝土离析；振捣时间一般为20 s。振捣棒拔出时要缓慢，拔出后不得留有孔洞。刮除试模上口多余的混凝土，待混凝土临近初凝时，用抹刀抹平。

(3)试件的养护

①试件成型后应立即用不透水的薄膜覆盖表面。

②采用标准养护的试件。应在温度为(20±5)℃的环境中静置24~48 h，然后编号、拆模。拆模后应立即放入温度为(20±2)℃，相对湿度为95%以上的标准养护室中养护，或在温度为(20±2)℃的不流动的$Ca(OH)_2$饱和溶液中养护。标准养护室内的试件应放在支架上，彼此间隔10~20 mm，试件表面应保持潮湿，并不得被水直接冲淋。

③同条件养护试件的拆模时间可与实际构件的拆模时间相同。拆模后，试件仍需同条件养护。

④标准养护龄期为28 d(从搅拌加水时计)。

2. 立方体抗压强度检测

(1)仪器设备

压力试验机，并符合下列要求：

①其精度为±1%，试件破坏荷载应大于压力机全量程的20%且小于压力机全量程

的 80%。

②应具有加荷速度指示装置或加荷速度控制装置,并应能均匀、连续地加荷。

(2)检测步骤

①试件从养护地点取出后应及时进行试验,将试件表面与上下承压板面擦干净。

②将试件安放在试验机的下压板或垫板上,试件的承压面应与成型时的顶面垂直。试件中心应与试验机下压板中心对准,开动试验机,当上压板与试件或钢垫板接近时,调整球座,使接触均衡。

③在试验过程中应连续均匀地加荷,混凝土强度等级<C30 时,加荷速度取每秒钟 0.3~0.5 MPa;混凝土强度等级≥C30 且<C60 时,加荷速度取每秒钟 0.5~0.8 MPa;混凝土强度等级≥C60 时,加荷速度取每秒钟 0.8~1.0 MPa。

④当试件接近破坏开始急剧变形时,应停止调整试验机油门,直至破坏,并记录破坏荷载。

(3)数据处理与结果判定

混凝土立方体抗压强度应按式(5-35)计算:

$$f_{cu}=\frac{F}{A} \tag{5-35}$$

式中 f_{cu}——混凝土立方体试件抗压强度,MPa;

F——试件破坏荷载,N;

A——试件承压面积,mm^2。

混凝土立方体抗压强度计算应精确至 0.1 MPa。

(4)强度值的确定

①3 个试件测值的算术平均值作为该组试件的强度值(精确至 0.1 MPa)。

②3 个测值中的最大值或最小值中如有一个与中间值的差值超过中间的 15%时,则把最大及最小值一并去除,取中间值作为该组试件的抗压强度值。

③如最大值和最小值与中间值的差均超过中间值的 15%,则该组试件的试验结果无效。

④混凝土强度等级<C60 时,用非标准试件测得强度值均应乘以尺寸换算系数:200 mm×200 mm×200 mm 试件的换算系数为 1.05,100 mm×100 mm×100 mm 试件的换算系数为 0.95。当混凝土强度等级≥C60 时,宜用标准试件;如使用非标准试件时,尺寸换算系数应由试验确定。

3. 轴心抗压强度检测

(1)仪器设备

压力试验机。

(2)试验步骤

①试件从养护地点取出后应及时进行试验,用干毛巾将试件表面与上下承压板面擦干净。

②将试件直立放置在试验机的下压板或钢垫板上,并使试件轴心与下压板中心对准。

③开动试验机,当上压板与试件或钢垫板接近时,调整球座,使接触均衡。

④应连续均匀地加荷,不得有冲击。所有加荷速度应符合本节中立方体抗压强度试验

的规定。

⑤试件接近破坏而开始急剧变形时,应停止调整试验机油门,直至破坏。然后记录破坏荷载。

(3)数据处理与结果判定

①混凝土试件轴心抗压强度应按式(5-36)计算:

$$f_{cp}=\frac{F}{A} \tag{5-36}$$

式中 f_{cp}——混凝土轴心抗压强度,MPa;

F——试件破坏荷载,N;

A——试件承压面积,mm^2。

混凝土轴心抗压强度计算应精确至 0.1 MPa。

②混凝土轴心抗压强度值的确定应符合本节中立方体抗压强度试验的规定。

③混凝土强度等级<C60 时,用非标准试件测得的强度值均应乘以尺寸换算系数,200 mm×200 mm×400 mm 试件的换算系数为 1.05,100 mm×100 mm×300 mm 试件的换算系数为 0.95。当混凝土强度等级≥C60 时,宜用标准试件;如使用非标准试件时,尺寸换算系数应由试验确定。

4. 劈裂抗拉强度检测(图 5-18)

(1)仪器设备

压力试验机;

垫块、垫条及支架。

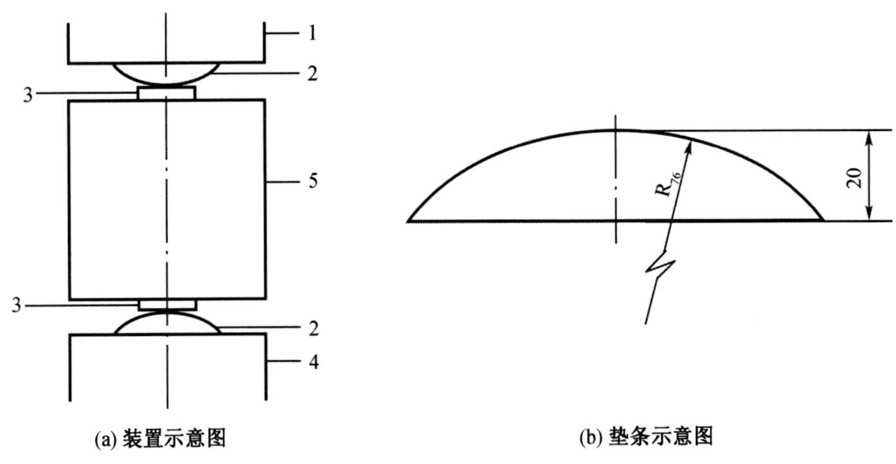

1. 4—压力机上、下压板;2—垫条;3—垫层;5—试件。

图 5-18 混凝土劈裂抗拉试验装置图

(2)检测步骤

试件从养护地点取出后应及时进行试验,将试件表面与上下承压板面擦干净。

将试件放在试验机下压板的中心位置,劈裂承压面和劈裂面应与试件成型时的顶面垂直;在上、下压板与试件之间垫圆弧形垫块及垫条各一个,垫块与垫条应与试件上、下面的中心线对准并与成型时的顶面垂直。宜把垫条及试件安装在定位架上使用。

开动试验机，当上压板与圆弧形垫块接近时，调整球座，使接触均衡。加荷应连续均匀，当混凝土强度等级<C30时，加荷速度取每秒钟0.02~0.05 MPa；当混凝土强度等级≥C30且<C60时，加荷速度取每秒钟0.05~0.08 MPa；当混凝土强度等级≥C60时，加荷速度取每秒钟0.08~0.10 MPa；至试件接近破坏时，应停止调整试验机油门，直至试件破坏，然后记录破坏荷载。

(3)数据处理与结果判定

混凝土劈裂抗拉强度应按式(5-37)计算：

$$f_{ts}=\frac{2F}{\pi A}=0.637\times\frac{F}{A} \tag{5-37}$$

式中 f_{ts}——混凝土劈裂抗拉强度，MPa；

F——试件破坏荷载，N：

A——试件劈裂面面积，mm^2。

劈裂抗拉强度计算精确到0.01 MPa。

强度值的确定应符合下列规定：

3个试件测值的算术平均值作为该组试件的强度值(精确至0.01 MPa)；3个测值中的最大值或最小值中如有一个与中间值的差值超过中间值的15%时，则把最大及最小值一并去除，取中间值作为该组试件的劈裂抗拉强度值；如最大值与最小值与中间值的差均超过中间值的15%，则该组试件的试验结果无效。

采用100 mm×100 mm×100 mm非标准试件测得的劈裂抗拉强度值，应乘以尺寸换算系数0.85；当混凝土强度等级≥C 60时，宜采用标准试件；使用非标准试件时，尺寸换算系数应由试验确定。

5. 抗折强度检测

(1)仪器设备

压力试验机应符合本节抗压强度试验中试验机的要求；试验机应能施加均匀、连续、速度可控的荷载，并带有能使两个相等荷载同时作用在试件跨度3分点处的抗折试验装置(图5-19)。

试件的支座和加荷头应采用直径为20~40 mm、长度不小于b+10 mm的硬钢圆柱，支座立脚点为固定铰支座，其他应为滚动支座。

(2)检测步骤

试件从养护地点取出后应及时进行试验，将表面擦干净。

按图装置试件，安装尺寸偏差不得大于1 mm。试件的承压面应为试件成型时的侧面。支座及承压面与圆柱的接触面应平稳、均匀、否则应垫平。

施加荷载应保持均匀、连续。当混凝土强度等级<C30时，加荷速度取每秒0.02~0.05 MPa；当混凝土强度等级≥C30且<C60时，加荷速度取每秒钟0.05~0.08 MPa；当混凝土强度等级≥C60时，加荷速度取每秒钟0.08~0.10 MPa，至试件接近破坏时，应停止调整试验机油门，直至试件破坏，然后记录破坏荷载。

(3)数据处理与结果判定

若试件下边缘断裂位置处于二个集中荷载作用线之间，则试件的抗折强度计算公式为

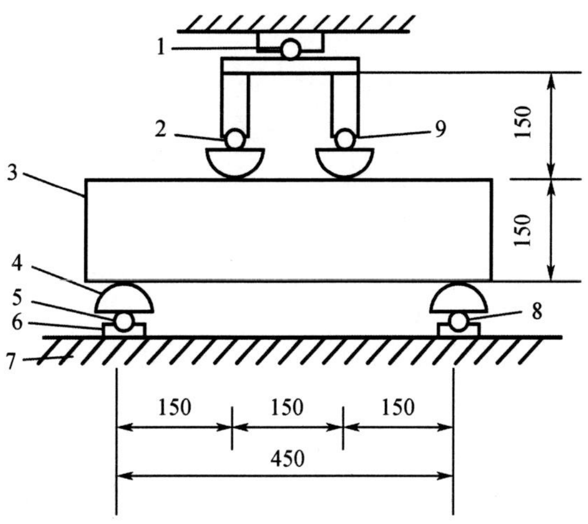

1,2,8—一个钢球;3—试件;4—活动船形垫块;5,9—两个钢球;6—活动支座;7—机台。

图 5-19　抗折试验装置图(单位:mm)

$$f_f=\frac{FL}{bh^2} \tag{5-38}$$

式中　f_f——混凝土抗折强度,MPa;

F——试件破坏荷载,N;

L——支座间的跨度,mm;

h——试件截面高度,mm;

b——试件截面宽度,mm。

抗折强度应精确至0.1 MPa。抗折强度值的确定应符合本节中立方体抗压强度试验规定。

3个试件中若有一个折断面位于两个集中荷载之外,则混凝土抗折强度值按另两个试件的试验结果计算。若这两个测值的差值不大于这两个测值的较小值的15%时,则该组试件的抗折强度值按这两个测值的平均值计算,否则该组试件的试验结果无效。若有2个试件的下边缘断裂位置位于两个集中荷载作用线之外,则该组试件试验结果无效。

当试件尺寸为100 mm×100 mm 400 mm非标准试件时,应乘以尺寸换算系数0.85;当混凝土强度等级≥C60时,宜采用标准试件;使用非标准试件时,尺寸换算系数应由试验确定。

5.8.4　普通混凝土耐久性能检测

1.抗渗性能检测

(1)仪器设备

混凝土抗渗仪:能使水压按规定的制度稳定的作用在试件上的装置。

加压装置:螺旋或其他形式,其压力以能把试件压入试件套内为宜。

(2)试件制作

抗渗性能试验应采用顶面直径为175 mm,底面直径为185 mm,高度为150 mm的圆台体,或直径与高度均为 150 mm 的圆柱体试件(视抗渗设备要求而定)。

抗渗试件以 6 个为一组。

试件成型后 24 h 拆模,用钢丝刷刷去两端面水泥浆膜,然后送入标准养护室内养护。

试件一般养护至 28 d 龄期进行试验,如有特殊要求,可在其他龄期进行。

(3)检测步骤

①试件养护至试验前一天取出,晾干表面,在其侧面涂一层熔化的密封材料;随即在螺旋或其他加压装置上,将试件压入烘箱预热过的试件套中;稍冷却后,解除压力并连同试件套装在抗渗仪上进行试验。

②试验从水压为 0.1 MPa 开始,每隔 8h 增加水压 0.1 MPa,并且随时注意观察试件端面的渗水情况。

③当 6 个试件中有 3 个试件端面有渗水现象时,停止试验,记录下当时的水压。

在试验过程中,如发现水从试件周边渗出,应停止试验,重新密封。

(4)数据处理与结果判定

混凝土的抗渗等级以每组 6 个试件中 4 个试件未出现渗水时的最大水压力计算,其计算公式为

$$P=10H-1 \tag{5-39}$$

式中 P——抗渗等级;

H——6 个试件中 3 个渗水时的压力,MPa。

2. 快冻法抗冻性能检测

(1)仪器设备

快速冻融装置:能使试件静置在水中不动,依靠热交换液体的温度变化而连续、自动地按照试验方法要求进行冻融试验的装置。满载运转时,冻融箱内各点温度的极差不得超过 2 ℃。

试件盒:由 1~2 mm 厚的钢板制成,截面净尺寸应为 110 mm×110 mm,高度应比试件高出 50~100 mm。试件底部垫起后,盒内水面应至少能高出试件顶面 5 mm。

案秤:称量 10 kg,感量 5 g;或称量 20 kg,感量 10 g。

动弹性模量测定仪:共振法或敲击法动弹性模量测定仪。

热电偶,电位差计:能在 -20 ~ 20 ℃ 范围内测定试件中心温度,测量精度不低于±0.5 ℃。

(2)试件制作

本试验采用 100 mm×100 mm×400 mm 的棱柱体试件。混凝土试件每组 3 块,在试验过程中可连续使用,除制作冻融试件外,尚应制备同样形状尺寸,中心埋有热电偶的测温试件。制作测温试件所用混凝土的抗冻性能应高于冻融试件所用混凝土的抗冻性能。

(3)检测步骤

①如无特殊规定,试件应在 28 d 龄期时开始冻融试验。冻融试验前 4 天应把试件从养护地点取出。进行外观检查,然后在温度为 15~20 ℃的水中浸泡(包括测温试件)。浸泡时水面至少应高出试件顶面 20 mm。

②浸泡完毕后,取出试件,用湿布擦除表面水分,称重,并按本节动弹性模量试验方法的规定测定其横向基频的初始值。

③将试件放入试件盒内。为了使试件受温均衡,并消除试件周围水分结冰引起的附加压力,试件的侧面与底部应垫放适当宽度与厚度的橡胶板。在整个试验过程中,盒内水位高度应始终保持高出试件顶面 5 mm 左右。

④把试件盒放入冻融箱内。其中装有测温试件的试件盒应放在冻融箱的中心位置。此时即可开始冻融循环。

⑤冻融循环过程应符合下列要求:

a. 每次冻融循环应在 2~4 h 内完成,其中用于融化的时间不得小于整个冻融时间的 1/4。

b. 在冻结和融化终了时,试件中心温度应分别控制在(−17±2)℃和(2±8)℃。

c. 每块试件从 6 ℃降至−15 ℃所用的时间不得少于冻结时间的 1/2;每块试件从−15 ℃升至 6 ℃所用的时间也不得少于整个融化时间的 1/2;试件内外的温差不宜超过 28 ℃。

d. 冻和融之间的转换时间不宜超过 10 min。

⑥试件一般应每隔 25 次循环做一次横向基频测量。测量前应将试件表面浮渣清洗干净,擦去表面积水,并检查其外部损伤及重量损失。横向基频的测量方法及步骤应按本节动弹性模量试验方法的规定执行。测完后应立即把试件掉个头重新装入试件盒内。试件的测量,称重及外观检查应尽量迅速,以免水分损失。

⑦为保证试件在冷液中冻结时温度稳定均衡,当有一部分试件停冻取出时,应另用试件填充空位。

如冻融循环因故中断,试件应保持在冻结状态下,并最好能将试件保存在原容器内用冰块围住。如无这一可能,则应将试件在潮湿状态下用防水材料包裹,加以密封,并存放在−17±2 ℃的冷冻室或冰箱中。

试件处在融化状态下的时间不宜超过两个循环。特殊情况下,超过两个循环周期的次数,在整个试验过程中只允许 1~2 次。

(4)数据处理与结果判定

混凝土试件的相对动弹性模量可按下式计算:

$$P=\frac{f_n^{\ 2}}{f_0^{\ 2}}\times 100 \tag{5-40}$$

式中 P——经 n 次冻融循环后试件的相对动弹性模量,以 3 个试件的平均值计算,%;

f_n——n 次冻融循环后试件的横向基频,Hz;

f_0——冻融循环试验前试件的横向基频初始值,Hz。

混凝土试件冻融后的重量损失率按式(5-41)计算:

$$\Delta W_n=\frac{G_0-G_n}{G_0}\times 100 \tag{5-41}$$

式中 ΔW_n——n 次冻融循环后的重量损失率,以 3 个试件的平均值计算,%;

G_0——冻融循环试验前的试件重量,kg;

G_n——n 次冻融循环后的试件重量,kg。

混凝土耐快速冰融循环次数应取满足相对动弹性模量值不小于 60%和重量损失率不超过 5%时的最大循环次数。

5.9 混凝土结构无损检测

近年来,各种先进检测技术在建筑工程中迅速发展和应用,结构混凝土的无损检测和评价的方法也得到广泛推广和应用。结构混凝土无损检测技术在工程中的应用主要有结构混凝土的强度、缺陷和损伤的诊断检测,另外,在钢筋的位置、直径及保护层等检测方面也得到比较广泛的应用。

《混凝土结构设计标准》(GB/T 50010—2024)规定的混凝土立方体抗压强度标准值系指按照标准方法制作、养护、边长为150 mm的立方体试件在28 d龄期,用标准试验方法测得的具有95%保证率的抗压强度。这种定义是国际上普遍采用的,其目的在于相互可以比较。新修订的《混凝土结构工程施工质量验收规范》(GB 50204—2015)规定混凝土结构构件同条件的试块抗压强度应满足600天,且不小于设计规范规定的混凝土抗压强度标准值乘以1.1系数。这个验收条件,是制定无损检测混凝土强度曲线、混凝土结构设计与施工现行规范比较时应加以考虑的重要条件,也可以说是一个重要的出发点与依据。

混凝土结构无损检测技术是指在不破坏混凝土结构构件条件下,在混凝土结构构件原位上对混凝土结构构件的混凝土强度和缺陷进行直接定量检测的技术。常用的无损检测方法主要有以下几种:

(1)混凝土强度检测。常用方法有回弹法、超声回弹综合法、拔出法、钻芯法等。

(2)混凝土内部缺陷检测,如混凝土裂缝、不密实区和孔洞、混凝土结合面质量、混凝土损伤层等。常用方法有超声法、雷达波反射法、冲击反射法等。

(3)几何尺寸检测,如钢筋位置、钢筋保护层厚度、板面、道面、墙面厚度等。常用方法有雷达波反射法、电磁感应法法等

(4)砌体及砂浆质量检测。常用方法有贯入法、轴压法、推出法等。

(5)钢结构质量检测。常用方法有超声波探伤、磁粉探伤、X射线探伤等。

(6)建筑热工、隔声、防水等物理特性的检测。

本节主要介绍使用回弹法、超声回弹综合法、钻芯法等检测混凝土强度及缺陷。

5.9.1 回弹法检测混凝土强度

利用回弹仪检测普通混凝土结构构件抗压强度的方法简称回弹法。回弹仪是一种直射锤击式仪器。回弹值大小反映了与冲击能量有关的回弹能量,而回弹能量反映了混凝土表层硬度与混凝土抗压强度之间的函数关系,反过来说,混凝土强度是以回弹值 R 为变量的函数。

回弹仪的质量及其稳定性是保证回弹法检测精度的重要技术关键。回弹仪按回弹冲击能量大小分为重型、中型、轻型。普通混凝土抗压强度≤C50时通常采用中型回弹仪;混凝土抗压强度≥C60时,宜采用重型回弹仪。轻型回弹仪主要用于非混凝土材料的回弹法。由于影响回弹法检测的因素较多,通过实践与专门试验研究发现,回弹仪的质量和是否符合标准状态要求是保证检测结果稳定的前提。在此前提下,混凝土抗压强度与回弹法、混

凝土表面碳化深度有关,即不可忽视混凝土表面碳化深度对混凝土抗压强度的影响。此外,对长龄期混凝土,即对旧建筑的混凝土还应考虑龄期对抗压强度的影响。

1.回弹法评定混凝土抗压强度

本方法适用于在现场对水泥混凝土路面及其他构筑物的普通混凝土抗压强度的快速评定,所试验的水泥混凝土厚度不得小于100 mm,温度应不低于10 ℃。

回弹法试验可作为试块强度的参考,不得用于代替混凝土的强度评定,不适于作为仲裁试验或工程验收的最终依据。

回弹法检测混凝土强度需用下列仪器和材料。

(1)混凝土回弹仪:指针直读式的混凝土回弹仪,也可采用数字显示或自记录式的回弹仪。回弹仪应符合下列标准:

①水平弹击时,在弹击锤脱钩的瞬间,回弹仪的标称动能为2.207 J。

②弹击锤与弹击杆碰撞的瞬间,弹击拉簧处于自由状态,此时弹击锤起点应位于刻度尺的零点处。

(2)酚酞酒精溶液,浓度为1%。

(3)手提式砂轮。

(4)钢钻:洛氏硬度(60±2)HRC。

(5)其他:卷尺、钢尺、凿子、锤、毛刷等。

2.测定步骤

(1)测区和测点布置

①当为水泥混凝土路面时,将一块混凝土板作为一个试样,试样的选择按随机取样方法决定。每个试样的测区数不宜少于10个,相邻两测区的间距不宜大于2 m;测区宜在试样的可测表面上均匀分布,并宜避开板边板角。

②对其他混凝土构造物,测区应避开位于混凝土内保护层附近设置的钢筋,测区宜在试样的两相对表面上有两个基本对称的测试面,如不能满足这一要求时,一个测区允许只有一个测试面。

③测区表面应清洁、干燥、平整,不应有接缝、饰面层、粉刷层、浮浆、油垢等以及蜂窝、麻面,必要时可用砂轮清除表面的杂物和不平整处,磨光的表面不应有残留粉尘或碎屑。

④一个测区的面积宜不小于200 mm×200 mm,每一测区宜测定16个测点,相邻两测点的间距不宜小于3 cm。测点距路面边缘或接缝的距离应不小于5 cm。

⑤对龄期超过3个月的硬化混凝土,应测定混凝土表层的碳化深度进行回弹值修正,也可用砂轮将碳化层打磨掉以后进行测定,但经打磨的不得混在一起计算或与试块强度比较(未打磨)。

(2)回弹值测定

在测试过程中,回弹仪的轴线应始终垂直于混凝土路面,具体操作应符合下列要求:

①将回弹仪的弹击杆顶住混凝土表面,轻压仪器,使按钮松开,弹击杆徐徐伸出,并使挂钩挂上弹击锤。

②使回弹仪对混凝土表面缓慢均匀施压,待弹击锤脱钩,冲击弹击杆后,弹击锤即带动指针向后移动直至到达一定位置时,指针块的刻度线即在刻度尺上指示某一回弹值。

③使回弹仪继续顶住混凝土表面,进行读数并记录回弹值,如条件不利于读数,可按下

按钮,锁住机芯,将回弹仪移至他处读数,准确至1个单位。

④对回弹仪逐渐减压,使弹击杆自机壳伸出,挂钩挂上弹击锤,待下一次使用。

(3)碳化深度测定

(1)对龄期超过3个月的混凝土,回弹值测量完毕后,可在每个测区上选择一处测量混凝土的碳化深度值。当相邻测区的混凝土土质或回弹值与它基本相近时,则该测区测得的碳化深度值也可代表相邻测区的碳化深度值。

(2)测量碳化深度值时,可用合适的工具在测区表面打一个直径约为15 mm的孔洞(其深度略大于混凝土的碳化深度),然后用毛刷除去孔洞中的粉末和碎屑(不得用液体洗),并立即用浓度为1%的酚酞酒精溶液洒在孔洞内壁的边缘处,再用钢尺测量自混凝土表面至深部不变色(未碳化部分变成紫红色)、有代表性交界处的垂直距离1~2次,该距离即为混凝土的碳化深度值,每次测读至0.5 mm。

3. 计算

将一个测区的16个测点的回弹值,去掉3个最大值及3个最小值,其余10个回弹值按下式计算测区平均回弹值:

$$N_s = \frac{\sum n_i}{10} \tag{5-42}$$

式中 N_s——测区平均加强弹值,准确至0.1;

n_i——第i个测点的回弹值。

当回弹仪非水平方向测试混凝土浇筑侧面时,应根据回弹仪轴线与水平方向的角度将测得的数据按公式5-40进行修正,计算非水平方向测定的修正回弹值。当测定水泥混凝土路面为向下垂直方向时,测试角度为-90°。

$$N = N_s + \Delta N \tag{5-43}$$

式中 N——经非水平测定修正的测区平均回弹值;

N_s——回弹仪实测的测区平均回弹值;

ΔN——非水平测量的回弹修正值,由表5-18或内插法求得,准确至0.1。

表5-18 非水平方向测定的回弹修正值表

N_s	与水平方向所成的角度							
	+90°	+60°	+45°	+30°	-30°	-45°	-60°	-90°
20	-6.0	-5.0	-4.0	-3.0	+2.5	+3.0	+3.5	+4.0
30	-5.0	-4.0	-3.5	-2.5	+2.0	+2.5	+3.0	+3.5
40	-4.0	-3.5	-3.0	-2.0	+1.5	+2.0	+2.5	+3.0
50	-3.5	-3.0	-2.5	-1.5	+1.0	+1.5	+2.0	+2.5

注:表中未列入的N_s,可用内插法求得。

碳化深度按式(5-44)计算:

$$L = \frac{\sum L_i}{n} \tag{5-44}$$

式中 L——碳化深度,mm;

L_i——第 i 测点碳化深度,mm;

n——测点数。

如平均碳化深度值 L 小于或等于 0.4 mm 时,按无碳化处理(即平均碳化深度为 0);如等于或大于 6.0 mm 时,取 6.0 mm,对新浇混凝土龄期不超过 3 个月者,可视为无碳化。

(1)当需要将回弹值换算为混凝土强度时,宜采用下列方法:

①有试验条件时,宜通过试验建立实际的测强曲线,但测强曲线仅适用于材料质量、成型、养护和龄期等条件基本相同的混凝土。混凝土标准试块为 15 cm×15 cm×15 cm,采用 1.5、1.75、2.0、2.25、2.50 五个灰水比,以便得到不少于 30 对数据。试件与被测对象有相同的养护条件,到达龄期后,将试块用压力机加压至 30~50 kN 稳住,用回弹仪在两侧面分别测定 8 个测点,计算平均回弹值,然后进行抗压强度试验,用最小二乘法建立二者相关关系的推定式,推定式可为直线式或其他适当的型式,但相关系数不得小于 0.90,然后根据测区平均回弹值利用测强曲线推定混凝土抗压强度。

②当无足够的试验数据或相关关系的推定式不够满意时,可按下式推算混凝土抗压强度:

$$R_{\rm n}=0.025N^2 \tag{5-45}$$

式中 $R_{\rm n}$——混凝土的抗压强度,MPa;

N——测区混凝土平均回弹值。

(2)在没有条件通过试验建立实际的测强曲线时,每个测区混凝土的抗压强度值 R_{ni} 可按平均回弹值 N 及平均碳化深度值 L 根据表 5-19 查出。

(3)按计算测定对象全部测区的混凝土抗压强度的平均值、标准差、变异系数。

表 5-19 测区混凝土抗压强度值换算表 单位:MPa

平均回弹值 N	测区混凝土抗压强度值 $R_{\rm n}$												
	平均碳化深度值 L												
	0 mm	0.5 mm	1.0 mm	1.5 mm	2.0 mm	2.5 mm	3.0 mm	3.5 mm	4.0 mm	4.5 mm	5.0 mm	5.5 mm	6.0 mm
20	10.3												
21	11.4	9.9											
22	12.5	10.0	10.5	10.1									
23	13.7	12.0	11.5	11.0	10.6	10.2	9.8						
24	14.9	13.1	12.6	12.1	11.6	11.1	10.7	10.2	9.8				
25	16.2	14.3	13.7	13.2	12.6	12.1	11.6	11.2	10.7	10.3	9.8		
26	17.5	15.5	14.9	14.3	13.7	13.1	12.6	12.1	11.6	11.1	10.7	10.3	9.9
27	18.9	16.8	16.1	15.4	14.8	14.2	13.7	13.1	12.6	12.1	11.6	11.1	10.7
28	20.3	18.1	17.4	16.7	16.0	15.8	14.7	14.1	13.6	13.0	12.5	12.0	11.5
29	21.8	19.5	18.7	17.9	17.2	16.5	15.8	15.2	14.6	14.0	13.4	12.9	12.4

表 5-19(续)

平均回弹值 N	测区混凝土抗压强度值 R_n												
	平均碳化深度值 L												
	0 mm	0.5 mm	1.0 mm	1.5 mm	2.0 mm	2.5 mm	3.0 mm	3.5 mm	4.0 mm	4.5 mm	5.0 mm	5.5 mm	6.0 mm
30	23.3	20.9	20.1	19.2	18.5	17.7	17.0	16.3	15.7	15.0	14.4	13.8	13.3
31	24.9	22.4	21.5	20.6	19.8	19.0	18.2	14.5	16.8	16.1	15.4	14.8	14.2
32	26.5	23.9	22.9	22.0	21.1	20.3	19.4	18.7	17.9	17.2	16.58	15.8	15.2
33	28.2	25.5	24.4	23.5	22.5	21.6	20.7	19.9	19.1	18.3	17.6	16.9	16.2
34	30.0	27.1	26.0	25.0	23.9	23.0	22.0	21.2	20.36	19.5	18.7	17.9	17.2
35	31.8	28.8	27.6	26.5	25.4	24.4	23.4	22.5	21.6	20.7	19.9	19.1	18.3
36	33.6	30.5	29.8	28.1	27.0	25.9	24.9	23.8	22.9	21.9	21.0	20.2	19.4
37	35.5	32.3	31.0	29.7	28.5	27.4	26.3	25.2	24.2	23.2	22.3	21.4	20.5
38	37.5	34.1	32.7	31.4	30.1	28.9	27.8	26.6	25.6	24.5	23.5	22.6	21.7
39	39.5	36.0	34.5	33.1	31.8	30.0	29.3	28.1	27.0	25.9	24.8	23.8	22.9
40	41.6	37.9	36.4	34.9	33.5	32.2	30.9	29.6	28.4	27.8	26.2	25.1	24.1
41	43.7	39.9	38.3	36.7	35.3	33.8	32.5	31.2	29.9	28.7	27.5	26.4	25.4
42	45.9	41.9	40.2	38.6	37.0	35.6	34.1	32.7	31.4	30.1	28.9	27.8	26.6
43	48.1	44.0	42.2	40.5	38.9	37.8	35.8	34.4	33.0	31.6	30.4	29.1	28.0
44		46.1	44.3	42.5	40.8	39.1	37.5	36.0	34.6	33.2	31.8	30.6	29.3
45		48.3	46.4	44.5	42.7	41.1	39.5	37.9	36.4	34.9	33.3	32.0	30.7
46			48.5	46.6	44.7	42.9	41.1	39.5	37.9	36.4	34.9	33.5	32.1
47				48.7	46.7	44.8	43.0	41.3	39.6	38.0	36.5	35.0	33.6
48					48.8	46.8	44.9	43.1	41.3	39.7	38.1	36.5	35.1
49						48.8	46.8	44.9	43.1	41.4	39.7	38.1	36.6
50							48.8	46.9	45.0	43.1	41.4	39.7	38.1
51								48.8	46.8	44.9	43.1	41.4	39.7
52									48.7	46.8	44.9	43.1	41.8
53										48.6	46.7	44.8	43.0
54											48.5	46.5	44.6
55												48.3	46.4
													48.1

注:表中未列往返 N,可用内插法求得。

5.9.2 超声回弹综合法检测混凝土强度

综合法检测混凝土强度是指应用两种或两种以上单一无损检测方法(力学的、物理的),获取多种参量,并建立强度与多项参量的综合相关关系,以便从不同角度综合评价混凝土强度。

超声回弹综合法是综合法中经实践检验的一种成熟可行的方法。顾名思义,该法是同时利用超声法和回弹法对混凝土同一测区进行检测的方法。它可以弥补单一方法固有的缺欠,做到互补。例如回弹法中的回弹值主要受表面硬度影响,但当混凝土强度较低时,由于塑性变形增大,表面硬度反应不敏感,又如当构件尺寸较大时,内外质量有差异时,表面硬度和回弹值难以反映构件实际强度。相反,超声法的声速值是取决于整个断面的动弹性,主要以其密实性来反映混凝土强度,这种方法可以较敏感地反映出混凝土的密实性、混凝土内骨料组成以及骨料种类。此外,超声法检测强度较高的混凝土时,声速随强度变化而不敏感,由此粗略剖析可见,超声回弹综合法可以利用超声声速与回弹值两个参数检测混凝土强度,弥补了单一方法在较高强度区或在较低强度区各自的不足。通过试验建立超声波脉冲速度-回弹值-强度相关关系。

超声回弹综合法首先由罗马尼亚建筑及建筑经济科学研究院提出,并编制了有关技术规程,同时在罗马尼亚推广应用。我国从罗马尼亚引进这一方法,结合我国实际进行了大量试验,并在混凝土工程检测中广泛应用,在此基础上,由中国工程建设标准化协会组织最新编制并发布了《超声回弹综合法检测混凝土抗压强度技术规程》(T/CECS02—2020)。

这种综合法最大优点就是提高了混凝土抗压强度检测精度和可靠性。许多学者认为综合法是混凝土强度无损检测技术的一个重要发展方向。

5.9.3 钻芯法检测混凝土强度

利用钻芯机、钻头、切割机等配套机具,在结构构件上钻取芯样,通过芯样抗压强度直接推定结构构件强度或缺陷,无须通过立方体试块或其他参数等环节。它的优点是直观、准确、代表性强,缺点是对结构构件有局部破坏,芯样数量不可太多,而且检测成本也比较高。钻芯法在国外的应用已有几十年历史,我国从20世纪80年代开始,对钻芯法钻取芯样检测混凝土强度开展了广泛研究,目前已广泛应用并已能配套生产供应钻芯机、人造金刚石薄壁钻头、切割机及其他配套机具,钻机和钻头规格可达十几种。

钻芯法除用以检测混凝土强度外,还可通过钻取芯样方法检测结构混凝土受冻、火灾损伤深度、裂缝深度以及混凝土接缝、分层、离析、孔洞等缺陷。

钻芯法在原位上检测混凝土强度与缺陷是其他无损检测方法不可取代的一种有效方法。因此,国内外都主张把钻芯法与其他无损检测方法结合使用,一方面利用无损检测方法检测混凝土均匀性,以减少钻芯数量,另一方面利用钻芯法来校正其他方法的检测结果,以提高检测的可靠性。

5.9.4 拔出法检测混凝土强度

拔出法是指将安装在混凝土中的锚固件拔出,测出极限拔出力,利用事先建立的极限拔出力和混凝土强度间的相关关系,推定被测混凝土结构构件的混凝土强度的方法。这种方法在国际上已有五十余年历史,方法比较成熟。拔出法分为预埋(或先装)拔出法和后装拔出法两种。顾名思义,预埋拔出法是指预先将锚固件埋入混凝土中的拔出法,它适用于成批的、连续生产的混凝土结构构件,按施工程序要求,按预定检测目的预先预埋好锚固件。例如确定现浇混凝土结构拆模时的混凝土强度、确定现浇冷却后混凝土结构的拆模强度、确定预应力混凝土结构预应力张拉或放张时的混凝土强度、预制构件运输、安装时的混凝土强度、冬季施工时混凝土养护过程中的混凝土强度等。后装拔出法指混凝土硬化后,在现场混凝土结构上后装锚固件,可按不同目的检测现场混凝土结构构件的混凝土强度的方法。

尽管极限拔出力与混凝土拔出破坏机理看法不一致,但试验证明,在常用混凝土范围(≤C60),拔出力与混凝土强度有良好的相关关系,检测结果与立方体试块强度的离散性较小,检测结果令人满意。

拔出法在北欧、北美国家得到广泛应用,被认为是现场应用方便、检测费用低廉,尤其适合用于现场控制。国际上不少国家和国际组织发表了拔出法检测规程类文件,例如美国著名的组织 ASTM 发表的《硬化混凝土拔出强度标准试验方法》(ASTMC-900-99),国际标准化组织(ISO)发表了《硬化混凝土拔出强度的测定》(ISO/DIS 8046),中国工程建设标准化协会发布了协会标准《后装拔出法检测混凝土强度技术规程》(CECS69:2011)。从以上分析可见,拔出法虽是一种微破损检测混凝土强度方法,但具有进一步推广与发展的前景。

5.9.5 超声法检测混凝土强度及缺陷

通过超声法检测实践发现,超声在混凝土中传播的声速与混凝土强度值有密切的关系,于是超声法检测混凝土缺陷,扩展到检测混凝土强度,其原理就是声速与混凝土的弹性性质有密切的关系,而混凝土弹性性质在相当程度上可以反映强度大小。从上述分析,可以通过试验建立混凝土由超声声速与混凝土强度的关系,它是一个经验公式,与混凝土强度等级、混凝土成分、试验数量等因素有关,混凝土中超声声速与混凝土强度之间通常呈非线性关系,在一定强度范围内也可采用线性关系。

显而易见,混凝土内超声声速传播速度受许多因素影响,如混凝土内钢筋配置方向、不同骨料及粒径、混凝土水灰比、龄期及养护条件以及混凝土强度等级,这些影响因素如不经修正都会影响检测误差大小,建立超声检测混凝土强度曲线时应加以综合考虑影响因素的修正。

超声法检测混凝土缺陷的基本概念是利用带波形显示功能的超声波检测仪和频率为20~25 kHz 的声波换能器,测量与分析超声脉冲波在混凝土中传播速度(声速)、首波幅度(波幅)、接收信号主频率(主频)等声参数,并根据这些参数及其相对变化,判定混凝土中的缺陷情况。如果施工过程中管理不善或者受自然灾害影响,就会使混凝土结构内部产生不同种类的缺陷。按以上因素对结构构件受力性能、耐久性能、安装使用性能的影响程度,混凝土内部缺陷可分为有决定性影响的严重缺陷和无决定性影响的一般缺陷。鉴于混凝土材料是一种非匀质的弹黏性各向异性材料,要求绝对一点缺陷都没有的情况是比较少见的,重点检测是否存在严重缺陷并及时处理。为检测这些易发生的混凝土质量通病,在实际工程中常采用超声法进行检测。超声法检测混凝土缺陷的目的不是在于发现有无缺陷,而是在于检测出有无严重缺陷,要求通过检测判别出缺陷种类和缺陷程度,这就要求对缺陷进行量化分析。属于严重缺陷的有混凝土内有明显不密实区或空洞,有大于 0.05 mm 宽度的裂缝;表面或内部有损伤层或明显的蜂窝麻面区等。

5.9.6 冲击回波法检测混凝土缺陷

在结构表面施以微小冲击使之产生应力波,利用应力波在结构混凝土中传播时遇到缺陷或底面产生回波的情况,通过计算机接收后进行频谱分析并绘制频谱图。频谱图中的峰值即是应力波在结构表面与底面间或结构表面与内部缺陷间来回反射所形成的。由此,根据其中最高的峰值处的频率值可计算出被测结构的厚度,根据其他峰值处频率可推断有无缺陷及其所处深度。

冲击回波法是 20 世纪 80 年代中期发展起来的一种无损检测新技术,这种方法利用声穿透(传播)、反射,不需要两个相对测试面,而只需在单面进行测试即可测得被测结构如路面、护坡、衬砌等的厚度,还可检测出结构内部缺陷(如空洞、疏松、裂缝等)的存在及其位置。

5.9.7 雷达法检测混凝土缺陷

雷达法是利用近代军事技术检测混凝土缺陷的一种新检测技术,雷达是无线侦察与定位的缩写。雷达法是以微波作为传递信息的媒介,依据微波传播特性,对被测材料、结构、物体的物理特性、缺陷做出无破损检测诊断的技术。雷达法的微波频率为 300 MHz~300 GHz,属电磁波,处于远红外线至无线电短波之间。雷达法大大增强了无损检测能力和技术含量。利用雷达波对被测物体电磁特性敏感的特点,可用雷达波检测技术检测并确定城市市政工程地下管线位置、地下各类障碍物分布及路面、跑道、路基、桥梁、隧道、大坝混凝土裂缝、孔洞、缺陷等质量问题,是配合城市顶管、结构等施工工程中一种不可或缺的有效手段。

5.9.8 红外成像检测混凝土缺陷

红外成像无损检测技术是建设工程无损检测领域又一新的检测技术。将红外成像无损检测技术引入建设工程领域是建设工程无损检测技术进步的一个生动体现,也是必然的发展结果。

红外线是介于可见红光和微波之间的电磁波。红外成像无损检测技术是利用被测物体连续辐射红外线的原理,概括被测物体表面温度场分布状况形成的热像图,显示被测物体的材料、组成结构、材料之间结合面存在的不连续缺陷。

红外成像无损检测技术是非接触的检测技术,可以对被测物体上、下、左、右进行非接触的连续扫描、成像,这种检测技术不仅能在白天进行,而且在黑夜也可正常进行,故这种检测技术非常实用、简便。红外成像无损检测技术,检测温度范围为-50~2 000 ℃,分辨率可达 0.1~0.02 ℃,精度非常高。红外成像无损检测技术在民用建设工程中,可用于电力设备、高压电网安全运营检查,石化管道泄漏、冶炼设备损伤检查,山体滑坡检查以及气象预报。在房屋工程中可用于对房屋热能损耗检测,对墙体围护结构保温隔热性能、气密性、水密性检查,其优点是其他方法无法替代的。红外成像无损检测技术是贯彻实施国家建设部要求实现建筑节能 50%要求的有力和有效的检测手段。

思考题

1. 影响混凝土合理砂率的主要因素有哪些?

2. 混凝土和易性检测的主要项目有哪些? 如何进行检测?

3. 什么是混凝土的耐久性? 如何提高混凝土的耐久性?

4. 混凝土中掺减水剂的技术经济效果有哪些?

5. 影响混凝土强度的主要因素有哪些? 提高混凝土强度的主要措施有哪些?

6. 什么是混凝土的碳化? 碳化对钢筋混凝土的性能有何影响?

7. 什么是碱-骨料反应? 混凝土发生碱-骨料反应的必要条件是什么? 可采取哪些措施防止?

8. 混凝土配合比设计的基本要求有哪些?

9. 目前用于混凝土无损检测的方法有哪些,有何特点?

10. 目前配制高性能混凝土的技术途径有哪些?

11. 某工程中混凝土配合比为 $C:S:G=1:2.3:4.5$,$C/W=1.60$,每立方米混凝土中水泥用量为 280 kg,现场用砂含水率为 3%,石子含水率为 1%,试计算 1 m^3 混凝土各种材料用量? 并换算成施工配合比。

12. 某工程现浇钢筋混凝土楼板,设计强度等级为 C30,采用机械搅拌,机械振捣,施工要求坍落度为 110 mm 左右。原材料:水泥采用 42.5 级普通硅酸盐水泥,实测 28 天抗压强度为 46.5 MPa,密度为 $\rho_c=3.05\ g/cm^3$,粗骨料为碎石,粒径为 5~20 mm,表观密度为 $\rho_g=2.65\ g/cm^3$,细骨料为江砂,细度模数为 2.5,表观密度为 $\rho_s=2.60\ g/cm^3$,水为自来水。采用假定重量法计算该混凝土的初步配合比;砂率统一选用 36%。混凝土表观密度统一选用 2 400 kg/m^3;如采用 32.5 等级水泥配制,假定水泥富余系数为 1.10,试采用体积法计算出初步配合比。

第6章 建筑砂浆

建筑砂浆是由胶凝材料、细集料、掺加料和水按适当比例配合、拌制并经硬化而成的土木工程材料。主要用于砌筑、抹面、修补、装饰工程。按所用的胶凝材料,建筑砂浆可分为水泥砂浆、混合砂浆(由水泥和石灰作为胶结料)、石灰砂浆、聚合物砂浆等。按功能和用途,可分为砌筑砂浆、抹面砂浆、装饰砂浆、修补砂浆、绝热砂浆和防水砂浆等。

6.1 建筑砂浆的组成材料

6.1.1 胶凝材料

胶凝材料在砂浆中起着胶结的作用,它是影响砂浆流动性、黏聚性和强度等技术性质的主要组分。常用的胶凝材料有水泥、石灰等。

(1)水泥

配制砂浆可采用普通硅酸盐水泥、矿渣硅酸盐水泥、火山灰硅酸盐水泥等常用品种的水泥。为合理利用资源、节约材料,在配制砂浆时,应尽量选用低强度等级的水泥。在配制不同用途的砂浆时,还可采用某些专用水泥和特种水泥。

(2)石灰

在配制石灰砂浆或混合砂浆时,砂浆中需使用石灰。砂浆中使用的石灰的技术要求见第2章。为保证砂浆的质量,应将石灰预先消化,并经“陈伏”,消除过火石灰的膨胀破坏作用后,再在砂浆中使用。

6.1.2 细集料(或细骨料)

细集料在砂浆中起着骨架和填充作用,对砂浆的流动性、黏聚性和强度等技术性能影响较大。性能良好的细集料可提高砂浆的工作性能和强度,尤其对砂浆的收缩开裂,有较好的抑制作用。

砂浆中使用的细集料,原则上应采用符合混凝土用砂技术要求的优质河砂。由于砂浆层较薄,对砂子的最大粒径应有所限制。用于砌筑毛石砌体的砂浆,砂子的最大粒径应小于砂浆层的1/4~1/5;用于砌筑砖砌体的砂浆,砂子的最大粒径不得大于2.5 mm;用于光滑的抹面和勾缝的砂浆,则应采用细砂。

砂子中的含泥量对砂浆的和易性、强度、变形性和耐久性均有影响。砂子中含有少量泥,可改善砂浆的黏聚性和保水性,故砂浆用砂的含泥量可比混凝土略高。对强度等级为

M2.5 以上的砌筑砂浆,含泥量应小于 5%;对强度等级为 M2.5 的砂浆,砂的含泥量应小于 10%。当细集料采用人工砂、山砂、特细砂和炉渣时,应根据经验并经试验,确定其技术指标要求。

6.1.3 掺加料和外加剂

在砂浆中,掺加料是为改善砂浆和易性而加的无机材料,如石灰膏、粉煤灰、沸石粉等。为改善砂浆的和易性及其他性能,还可在砂浆中掺入外加剂,如增塑剂、早强剂、防水剂等。砂浆中掺用外加剂时,不但要考虑外加剂对砂浆本身性能的影响,还要根据砂浆的用途,考虑外加剂对砂浆的使用功能的影响,并通过试验确定外加剂的品种和掺量。例如,砌筑砂浆中使用的外加剂,不但要检验其对砂浆性能的影响,还要检验其对砌体性能的影响。

(1)粉煤灰

在砂浆中掺加粉煤灰可改善砂浆的和易性,提高强度,节约水泥和石灰。砂浆中使用的粉煤灰应满足水泥和混凝土用粉煤灰的要求。

(2)增塑剂

为了改善砂浆的和易性,在砂浆中,还可掺入增塑剂(又称微沫剂)等外加剂。增塑剂中的主要有效成分是引气剂,通常采用松香皂或松香热聚物。

6.1.4 拌和水

砂浆拌和用水的技术要求与混凝土拌和用水相同。应选用洁净、无杂质的可饮用水来拌制砂浆。为节约用水,经化验分析或试拌验证合格的工业废水也可用于拌制砂浆。

6.2 砌筑砂浆技术性质

将砖、石及砌块黏结成为砌体的砂浆,称为砌筑砂浆。它起着黏结砖、石及砌块构成砌体,传递荷载,协调变形的作用。因此,砌筑砂浆是砌体的重要组成部分。

在建筑工程中,要求砌筑砂浆具有良好的和易性、一定的强度、良好的黏结力及耐久性。

6.2.1 和易性

新拌砂浆的和易性包括两个方面:流动性和保水性。

1. 流动性

流动性是指砂浆在自重或外力的作用下产生流动的性质。砂浆的流动性可以用稠度来表示。无论是采用手工施工,还是机械喷涂施工,都要求砂浆具有一定的流动性或稠度。

砂浆的流动性和许多因素有关,如胶凝材料的用量、用水量、砂的质量以及砂浆的搅拌时间、放置时间、环境的温度、湿度等。

工程中砂浆的流动性可根据经验来评价、控制。实验室中可用砂浆稠度仪来测定其稠度值(沉入度),进而来评价控制其流动性。砂浆流动性的选择要考虑砌体材料的种类、施工时的气候条件和施工方法等情况,可参考相关规范选择砂浆的流动性。砂浆稠度按表 6-1 选用(JGJ/T 98—2010)。

表 6-1　砌筑砂浆的施工稠度

砌体种类	施工稠度/mm
烧结普通砖砌体、粉煤灰砖砌体	70~90
混凝土砖砌体、普通混凝土小型空心砌块砌体、灰砂砖砌体	50~70
烧结多孔砖砌体、烧结空心砖砌体、轻集料混凝土小型空心砌块砌体、蒸压加气混凝土砌块砌体	60~80
石砌体	30~50

2. 保水性

保水性是指新拌砂浆保持水分的能力。它也反映了砂浆中各组分材料不易分离的性质。新拌砂浆在存放、运输和使用过程中,都应有良好的保水性,这样才能保证在砌体中形成均匀致密的砂浆缝,以保证砌体的质量。如果使用保水性不良的砂浆,在施工的过程中,砂浆很容易出现泌水和分层离析现象,使流动性变差,不易铺成均匀的砂浆层,使砌体的砂浆饱满度降低。同时,保水性不良的砂浆在砌筑时,水分容易被砖、石等砌体材料吸收,影响胶凝材料的正常硬化。不但降低砂浆本身的强度,而且使砂浆与砌体材料的黏结不牢,最终降低砌体的质量。

砂浆的保水性可用分层度来检验和评定。分层度大于 30 mm 的砂浆,保水性差,容易离析,不便于保证施工质量;分层度接近于零的砂浆,其保水性太强,在砂浆硬化过程中容易发生收缩开裂;砌筑砂浆的分层度一般应在 10~20 mm 之间。另外,砂浆的保水性也可用保水率来表示。

6.2.2　强度和强度等级

1. 强度

影响砂浆抗压强度的因素很多,很难用简单的公式表达砂浆的抗压强度与其组成之间的关系。因此,在实际工程中,对于具体的组成材料,大多根据经验和通过试配试验确定砂浆的配合比。

用于不吸水底面(如密实的石材)的砂浆的抗压强度与混凝土相似,主要取决于水泥强度和水灰比,关系式如下:

$$f_{m,0}=\alpha \cdot f_{ce}\left(\frac{C}{W}-\beta\right) \tag{6-1}$$

式中　$f_{m,0}$——砂浆 28 d 抗压强度,N/mm^2 或 MPa;

f_{ce}——水泥 28 d 实测抗压强度,N/mm^2 或 MPa;

α、β——系数,可根据试验资料统计确定;

C/W——水灰比。

用于吸水底面(如砖或其他多孔材料)的砂浆,即使用水量不同,但因底面吸水且砂浆具有一定的保水性,经底面吸水后,所保留在砂浆中的水分几乎是相同的,与水灰比基本无关。其关系式如下:

$$f_{m,0}=\alpha \cdot f_{ce}Q_c/1\ 000+\beta \tag{6-2}$$

式中 $f_{m,0}$——砂浆 28 d 抗压强度,N/mm^2 或 MPa;

f_{ce}——水泥 28 d 实测抗压强度,N/mm^2 或 MPa;

α,β——系数,可根据试验资料统计确定;

Q_c——水泥用量,kg。

砌筑砂浆的配合比可根据上述二式并结合经验估算,并经试拌检测各项性能后确定。

2. 强度等级

砂浆的强度等级是以 70. 7 mm×70. 7 mm×70. 7 mm 的立方体试块,按标准养护条件养护至 28 d 的抗压强度平均值而确定的。

根据《砌筑砂浆配合比设计规程》(JGJ/T 98—2010),水泥砂浆及预拌砌筑砂浆的强度等级分为 M5、M7. 5、M10、M15、M20、M25、M30 七个等级。水泥混合砂浆的强度等级分为 M5、M7. 5、M10、M15。

6. 2. 3 黏结强度

砂浆与气体之间的黏结力称为黏结强度。一般来说,砂浆的抗压强度越高,黏结强度越高。此外,黏结强度还与砌筑底面的表面状态、清洁润湿状况、养护条件及施工水平等因素密切相关。粗糙的、洁净的、湿润的基层底面黏结强度越高。

6. 2. 4 耐久性

砂浆应有良好的耐久性,为此,砂浆应与基底材料有良好的黏结力、较小的收缩变形。当受冻融作用影响时,对砂浆还应有抗冻性要求。具有冻融循环次数要求的砌筑砂浆,经冻融试验后,质量损失率不得大于 5%,抗压强度损失率不得大于 25%。

6. 3 砌筑砂浆配合比设计

按照《砌筑砂浆配合比设计规程》(JGJ/T 98—2010)规定,砌筑砂浆要根据工程类别及砌体部位的设计要求选择强度等级,再按照砂浆的强度等级确定其配合比。

6.3.1 砌筑砂浆配合比计算

1. 水泥混合砂浆配合比计算

(1)计算砂浆试配强度 $f_{m,0}$

$$f_{m,0}=kf_2 \tag{6-3}$$

式中 $f_{m,0}$——砂浆的试配强度,精确至 0.1 MPa;

f_2——砂浆抗压强度平均值(即设计强度),精确至 0.1 MPa;

k——安全系数,按表 6-2 取值。

表 6-2 K 值

施工水平	k
优良	1.15
一般	1.20
较差	1.25

(2)水泥用量的计算

每立方米砂浆中的水泥用量,应按式(6-4)计算:

$$Q_c=\frac{1\,000(f_{m,0}-\beta)}{\alpha\cdot f_{ce}} \tag{6-4}$$

式中 Q_c——每立方米砂浆的水泥用量,精确至 1 kg;

$f_{m,0}$——砂浆的试配强度,精确至 0.1 MPa;

f_{ce}——水泥实测强度,精确至 0.1 MPa;

α、β——砂浆的特征系数,其中 $\alpha=3.03$,$\beta=-15.09$。

注:各地区也可用本地区试验资料确定 α、β 值,统计用的试验组数不得少于 30 组。

在无法取得水泥的试验强度值时,可按式(6-5)计算:

$$f_{ce}=\gamma_c\cdot f_{ce,k} \tag{6-5}$$

式中 $f_{ce,k}$——水泥强度等级对应的强度值;

γ_c——水泥强度等级值的富余系数,该值应按实际统计资料确定。无统计资料时 γ_c 可取 1.0。

(3)确定水泥混合砂浆的掺加料用量

水泥混合砂浆的掺加料用量按下式计算:

$$Q_D=Q_A-Q_C \tag{6-6}$$

式中 Q_D——每立方米砂浆的掺加料用量,精确至 1 kg;石灰膏、黏土膏使用时的稠度为 (120±5)mm;

Q_c——每立方米砂浆的水泥用量,精确至 1 kg;

Q_A——每立方米砂浆中水泥和掺加料的总量,精确至 1 kg(宜在 300~350 kg 之间)。

(4)确定砂子用量

确定每立方米砂浆中的砂子用量,应按干燥状态(含水率小于0.5%)的堆积密度值作为计算值(kg)。

(5)确定用水量

每立方米砂浆中的用水量可根据砂浆稠度等要求选用210~310 kg。

需要注意:混合砂浆中的用水量,不包括石灰膏或黏土膏中的水;当采用细砂或粗砂时,用水量分别取上限或下限;稠度小于70 mm时,用水量可小于下限;施工现场气候炎热或干燥季节,可酌量增加用水量。

2. 水泥砂浆配合比

水泥砂浆配合比可按表6-3选用。

表6-3　每立方米水泥砂浆材料用量

强度等级	每立方米砂浆水泥用量/kg	每立方米砂子用量/kg	每立方米砂浆用水量/kg
M5.0	200~230	砂子的堆积密度	270~330
M7.5	230~260		
M10	260~290		
M15	290~330		
M20	340~400		
M25	360~410		
M30	430~480		

6.3.2　配合比试配、调整与确定

(1)试配时应采用工程中实际采用的材料;搅拌应符合相应要求的规定。

(2)按计算或查表所得配合比进行试拌时,应测定其拌和物的稠度和分层度,当不能满足要求时,应调整材料用量,直到符合要求为止,然后确定为试配时的砂浆基准配合比。

(3)试配时至少应采用三个不同的配合比,其中一个为按以上方法得出的基准配合比,其他配合比的水泥用量应按基准配合比分别增加或减少10%。在保证稠度、分层度合格的条件下,可将用水量或掺加料用量做相应调整。

(4)对三个不同的配合比进行调整后,应按现行行业标准《建筑砂浆基本性能试验方法》(JGJ 70—2009)的规定成型试件,测定砂浆强度;并选定符合试配强度要求的水泥用量最低的配合比作为砂浆配合比。

6.4 其他砂浆

6.4.1 抹面砂浆

凡粉刷在土木工程的建(构)筑物或构件表面的砂浆,统称为抹面砂浆。根据功能的不同,抹面砂浆可分为普通抹面砂浆、装饰砂浆、防水砂浆和具有某些特殊功能的抹面砂浆(如绝热砂浆、耐酸砂浆、防射线砂浆、吸声砂浆等)。对于抹面砂浆,要求既具有良好的工作性,以易于抹成均匀平整的薄层,便于施工,又应有较高的黏结力,保证砂浆与底面牢固黏结。同时,还应变形较小,以防止其开裂脱落。

抹面砂浆的组成材料与砌筑砂浆基本相同,但为了防止砂浆开裂,有时需加入一些纤维材料(如纸筋、麻刀、有机纤维等);为了强化某些功能,还需加入特殊集料(如陶砂、膨胀珍珠岩等)。

1. 普通抹面砂浆

普通抹面砂浆具有保护建(构)筑物及装饰建筑物及建筑环境的效果。抹面砂浆一般分两层或三层施工。由于各层的功能不同,每层所选的砂浆性质也应不一样。底层抹灰的作用是使砂浆与底面能牢固的黏结。因此,要求砂浆应具有良好的工作性和黏结力,并有较好的保水性,以防止水分被底面材料吸收掉而影响砂浆的黏结力。中层抹灰主要是为了找平,有时可省去不用。面层抹灰要达到平整美观的效果,要求砂浆细腻抗裂。

用于砖墙的底层抹灰,多用石灰砂浆或石灰灰浆;用于板条墙或板条顶棚的底层抹灰多用麻刀石灰灰浆;混凝土墙面、柱面、梁的侧面、底面及顶棚表面等的底层抹灰,多用混合砂浆。中层抹灰多用混合砂浆或石灰砂浆。面层抹灰多用混合砂浆、麻刀石灰灰浆、纸筋石灰灰浆。

在容易碰撞或潮湿的地方,应采用水泥砂浆,如地面、墙裙、踢脚板、雨篷、窗台以及水池、水井、地沟、厕所等处,要求砂浆具有较高的强度、耐水性和耐久性。工程上一般多用1:2.5的水泥砂浆。

在加气混凝土砌块墙面上做抹面砂浆时,应采取特殊的抹灰施工方法,如在墙面上预先刮抹树脂胶、喷水润湿或在砂浆层中夹一层预先固定好的钢丝网层,以免日久发生砂浆剥离脱落现象。在轻集料混凝土空心砌块墙面上做抹面砂浆时,应注意砂浆和轻集料混凝土空心砌块的弹性模量尽量一致,否则,极易在抹面砂浆和砌块界面上开裂。普通抹面砂浆的参考配分比见表6-4。

表6-4 普通抹面砂浆参考配合比

材料	体积配合比	材料	体积配合比
水泥:砂	1:2~1:3	石灰:石膏:砂	1:0.4:2~1:2:4
石灰:砂	1:2~1:4	石灰:黏土:砂	1:1:4~1:1:8
水泥:石灰:砂	L:1:6~1:2:9	石灰膏:麻刀	100:1.3~100:2.5

2. 装饰砂浆

粉刷在建筑物内外表面，具有美化装饰、改善功能、保护建筑物的抹面砂浆称为装饰砂浆。装饰砂浆施工时，底层和中层的抹面砂浆与普通抹面砂浆基本相同，所不同的是装饰砂浆的面层，要求选用具有一定颜色的胶凝材料、集料以及采用特殊的施工操作工艺，使表面呈现出不同的色彩、质地、花纹和图案等装饰效果。

装饰砂浆所采用的胶凝材料除普通水泥、矿渣水泥等外，还可应用白水泥、彩色水泥，或在常用水泥中掺加耐碱矿物颜料，配制成彩色水泥砂浆；装饰砂浆采用的集料除普通河砂外，还可使用色彩鲜艳的花岗岩、大理石等色石及细石渣，有时也采用玻璃或陶瓷碎粒。

外墙面的装饰砂浆有如下工艺做法：

拉毛。先用水泥砂浆做底层，再用水泥石灰砂浆做面层，在砂浆尚未凝结之前，用抹刀将表面拍拉成凹凸不平的形状。

水刷石。用颗粒细小（约 5 mm）的石渣拌成的砂浆做面层，在水泥终凝前，喷水冲刷表面，冲洗掉石渣表面的水泥浆，使石渣表面外露。水刷石用于建筑物的外墙面，具有一定的质感，且经久耐用，不需维护。

干粘石。在水泥砂浆的面层的表面，黏结粒径 5 mm 以下的白色或彩色石渣、小石子、彩色玻璃、陶瓷碎粒等。要求石渣黏结均匀，牢固。干粘石的装饰效果与水刷石相近，且石子表面更洁净艳丽；避免了喷水冲洗的湿作业，施工效率高，而且节约材料和水。干粘石在预制外墙板的生产中有较多的应用。

斩假石，又称为剁假石、斧剁石。砂浆的配制与水刷石基本一致。砂浆抹面硬化后，用斧刃将表面剁毛并露出石渣。斩假石的装饰效果与粗面花岗岩相似。

假面砖。将硬化的普通砂浆表面用刀斧锤凿刻划出线条；或者，在初凝后的普通砂浆表面用木条、钢片压划出线条；亦可用涂料画出线条，将墙面装饰成仿砖砌体、仿瓷砖贴面、仿石材贴面等艺术效果。

水磨石。用普通水泥、白水泥、彩色水泥或普通水泥加耐碱颜料拌和各种色彩的大理石石渣做面层，硬化后用机械反复磨平抛光表面而成。水磨石多用于地面，水池等工程部位，可事先设计图案色彩，磨平抛光后更具艺术效果。水磨石还可制成预制件或预制块，作楼梯踏步、窗台板、柱面、台度、踢脚板、地面板等构件。室内外的地面、墙面、台面、柱面等，也可用水磨石进行装饰。

装饰砂浆还可采用喷涂、弹涂、辊压等工艺方法，做成丰富多彩、形式多样的装饰面层。装饰砂浆的操作方便，施工效率高，与其他墙面、地面装饰相比，成本低，耐久性好。

3. 防水砂浆

制作砂浆防水层（又称为刚性防水）所采用的砂浆，称作防水砂浆。砂浆防水层仅适用于不受震动和具有一定刚度的混凝土及砖石砌体工程。

防水砂浆可以采用普通水泥砂浆，也可以在水泥砂浆中掺入防水剂来提高砂浆的抗渗能力。防水剂有氯盐型防水剂和非氯盐型防水剂，在钢筋混凝土工程中，应尽量采用非氯盐型防水剂，以防止由于 Cl^{-1} 的引入，使钢筋锈蚀。防水砂浆的配合比一般采用水泥∶砂 = 1∶2.5~3，水灰比在 0.5~0.55 之间。水泥应采用 42.5 级的普通硅酸盐水泥或特种水泥，砂子应采用级配良好的中砂。

防水砂浆对施工操作技术要求很高。制备防水砂浆应先将水泥和砂干拌均匀，再加入水和防水剂溶液搅拌均匀。粉刷前，先在润湿清洁的底面上抹一层低水灰比的纯水泥浆（有时也用聚合物水泥浆），然后抹一层防水砂浆，在初凝前，用木抹子压实一遍，第二、三、四层都是以同样的方法进行操作。最后一层要压光。粉刷时，每层厚度约为 5 mm，共粉刷 4~5 层，共约 20~30 mm 厚。粉刷完后，必须加强养护，防止开裂。

6.4.2　预拌砂浆

1. 预拌砂浆的分类

预拌砂浆是指由专业化厂家生产的，用于建设工程中的各种砂浆拌和物。预拌砂浆分为预拌干混（又称干粉、干拌）砂浆和预拌湿拌砂浆两种。

干混砂浆（或干拌砂浆）是由胶凝材料、细骨料、掺和料和外加剂按一定比例混合干拌而成的混合物。湿拌砂浆是指由水泥、细骨料、矿物掺合料、外加剂、添加剂或水，按一定比例在搅拌站经计量、拌制后，运送至使用地点，并在规定时间内使用的拌和物。预拌砂浆的特点是集中生产，质量稳定，施工方便，现场只需加水搅拌，即可使用。

国家标准《预拌砂浆》（GB/T 25181—2019）规定：湿拌砂浆包括湿拌砌筑砂浆、湿拌抹灰砂浆、湿拌地面砂浆和湿拌防水砂浆四种。干混砂浆分为干混砌筑砂浆、干混抹面砂浆、干混地面砂浆、干混普通防水砂浆、干混陶瓷砖黏结砂浆、干混界面砂浆、干混聚合物水泥防水砂浆、干混自流平砂浆、干混耐磨地坪砂浆、干混填缝砂浆、干混饰面砂浆和干混修补砂浆十二种。

2. 预拌砂浆的特点

预拌砂浆具有质量稳定、经济性好、环保节能、工作效率高等优点。预拌砂浆的使用，有利于提高砌筑、抹灰、装饰、修补工程的施工质量，改善砂浆现场施工条件。

在实际工程应用中还存在一些问题，如预拌砂浆必须在规定时间内用完，而施工量却难以准确确定；预拌砂浆的流动性、凝结时间等性能受施工场地的气候和环境的影响，需要适时调整配合比；若一次用量较少，则材料成本较高；另外，工地需设置专用的容器来储存预拌砂浆等。

3. 预拌砂浆的技术要求

（1）强度等级：预拌砂浆的强度等级可分为：M5、M10、M15、M20、M25、M30。强度等级较高的干拌砂浆是用于高强度混凝土空心砌块的。施工时稠度可控制在 60~80 mm，分层度在 10~20 mm，和易性良好。预拌砂浆的技术性能稳定，可采用手工或机械施工。

（2）保水性：砂浆应具有良好的保水性，一方面可以保证水泥水化充分、强度发展，另一方面，砂浆的水分不被基层或砌体吸收，保证黏结强度。

（3）黏结强度：黏结强度是抹灰砂浆的重要性能，只有砂浆具有一定的黏结力，砂浆才能与基层黏结牢固，长期使用不开裂或脱落。

（4）包装：干混砂浆有整吨袋装，亦有小袋（50 kg）分装，运输、贮存和使用方便，贮存期可达 3 个月至半年。

6.4.3 其他特种砂浆

1. 保温砂浆

采用水泥、石灰、石膏等胶凝材料与膨胀珍珠岩、膨胀蛭石、陶粒或聚苯乙烯泡沫颗粒等轻质多孔材料,按一定比例配制的砂浆称为保温砂浆或绝热砂浆。绝热砂浆质轻,且具有良好的绝热保温性能。其导热系数约为 0.07~0.10 W/m · K,可用于屋面隔热层、隔热墙壁、冷库、工业窑炉以及供热管道隔热层等处。保温砂浆分为无机保温砂浆和有机保温砂浆。

无机保温砂浆具有强度高、施工方便、防火阻燃性好、稳定性好、经济性好等优点。常用的有水泥膨胀珍珠岩砂浆、水泥膨胀蛭石砂浆等。有机保温砂浆具有保温性好、抗压强度高、黏结力强、施工方便、造价低等优点,常用的有胶粉聚苯颗粒保温砂浆等。但有机保温砂浆具有防火性差、燃烧后毒性大等缺点,因此在建筑物外墙保温方面的应用越来越少。

2. 耐酸砂浆

耐酸砂浆是指以水玻璃与氟硅酸钠为胶凝材料,加入石英岩、花岗岩、铸石等耐酸粉料和细集料拌制并硬化而成的砂浆。水玻璃硬化后具有很好的耐酸性能。耐酸砂浆可用于耐酸地面、耐酸容器基座及与酸接触的结构部位。在某些有酸雨腐蚀的地区,建筑物的外墙装修,也可应用耐酸砂浆,以提高建筑物的耐酸雨腐蚀作用。

3. 防射线砂浆

在水泥砂浆中掺入重晶石粉、重晶石砂,可配制有防 X 射线和 γ 射线能力的砂浆。其配合比约为水泥:重晶石粉:重晶石砂=1:0.25:4~5。如在水泥中掺入硼砂、硼化物等可配制具有防中子射线的砂浆。厚重气密不易开裂的砂浆也可阻止地基中土壤或岩石里的氡(具有放射性的惰性气体)向室内迁移或流动。

4. 膨胀砂浆

在水泥砂浆中加入膨胀剂,或使用膨胀水泥,可配制膨胀砂浆。膨胀砂浆具有一定的膨胀特性,可补偿水泥砂浆的收缩,防止干缩开裂。膨胀砂浆还可在修补工程和装配式大板工程中应用,靠其膨胀作用而填充缝隙,以达到黏结密封的目的。

5. 自流平砂浆

自流平砂浆是指在自重作用下能流平的砂浆。地坪和地面常采用自流平砂浆。自流平砂浆施工方便、质量可靠。良好的自流平砂浆可使地坪平整光洁,强度高,耐磨性好,无开裂现象。自流平砂浆的关键技术是:掺用合适的外加剂、严格控制砂的级配和颗粒形态及选择具有合适级配的水泥或其他胶凝材料。

6. 吸声砂浆

吸声砂浆是指具有吸声功能的砂浆。一般绝热砂浆都具有多孔结构,因而也都具有吸声的功能。工程中常以水泥:石灰膏:砂:锯末=1:1:3:5(体积比)配制吸声砂浆,或在石灰、石膏砂浆中加入玻璃棉、矿棉、有机纤维或棉类物质。吸声砂浆常用于厅堂的墙壁和顶棚的吸声。

6.5 建筑砂浆的检测

建筑砂浆检测包括砂浆稠度检测、分层度检测及砂浆立方体抗压强度检测等,按照以下检测依据进行:《建筑砂浆基本性能试验方法标准》(JGJ/T 70—2009)。

6.5.1 砂浆稠度检测

1. 仪器设备

砂浆稠度仪:由试锥、容器和支座三部分组成,如图 6-1 所示。试锥由钢材或铜材制成,试锥高度为 145 mm,锥底直径为 75 mm,试锥连同滑杆的重量应为 300 g;盛砂浆容器由钢板制成,筒高为 180 mm,锥底内径为 150 mm;支座分底座、支架及稠度显示三部分,由铸铁、钢及其他金属制成。

钢制捣棒:直径 100 mm,长 350 mm,端部磨圆。

2. 检测方法

砂浆容器和试锥表面用湿布擦干净,并用少量润滑油轻擦滑杆,然后将滑杆上多余的油用吸油纸擦净,使滑杆能自由滑动;将砂浆拌和物一次装入容器,使砂浆表面低于容器口约 10 mm 左右,用捣棒自容器中心向边缘插捣 25 次,然后轻轻地将容器摇动或敲击 5~6 下,使砂浆表面平整,随后将容器置于稠度测定仪的底座上;拧开试锥滑杆的制动螺丝,向下移动滑杆,当试锥尖端与砂浆表面刚接触时,拧紧制动螺丝,使齿条侧杆下端刚接触滑杆上端,并将指针对准零点上;拧开制动螺丝,同时计时间,待 10 s 立即固定螺丝,将齿条测杆下端接触滑杆上端,从刻度盘上读出下沉深度(精确至 1 mm)即为砂浆的稠度值。

圆锥形容器内的砂浆,只允许测定一次稠度,重复测定时,应重新取样测定。

3. 结果处理

(1)取两次试验结果的算术平均值,计算值精确至 1 mm;

(2)两次试验值之差如大于 20 mm,则应另取砂浆搅拌后重新测定。

6.5.2 砂浆密度检测

1. 仪器设备

(1)水泥胶砂振动台:振幅(0.85±0.05)mm,频率(50±3)Hz;

(2)托盘天平:称量 5 kg,感量 5 g;

(3)砂浆稠度仪;

(4)钢制捣棒:直径 10 mm,长 350 mm,端部磨圆;

(5)容量筒:金属制成,内径 108 mm,净高 109 mm,筒壁 2 mm,容积 1 L;

(6)秒表。

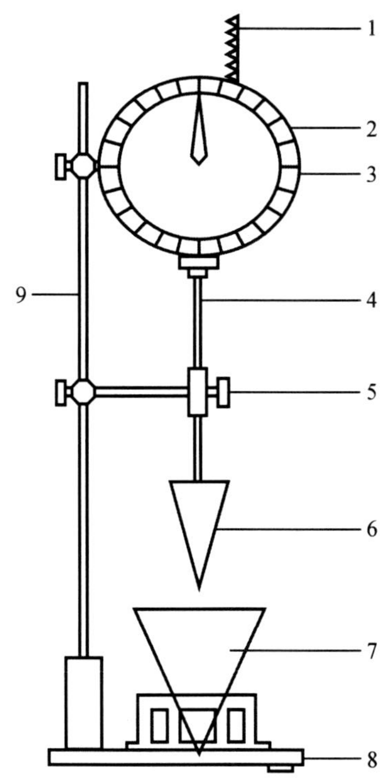

1—齿条测杆;2—摆件;3—刻度盘;4—滑杆;5—制动螺栓;6—试锥;7—圆锥筒;8—底座;9—支架。

图 6-1　砂浆稠度测定仪

2. 检测方法

首先将拌好的砂浆,按稠度试验方法测定其稠度,当砂浆稠度大于 50 mm 时,应采用插捣法,当砂浆稠度不大于 50 mm 时,宜采用振动法;试验前称出容量筒重,精确至 5 g。然后将容量筒的漏斗套上,将砂浆拌和物装满容量筒并略有富余。最后根据稠度选择试验方法。

(1)采用插捣法时,将砂浆拌和物一次装满容量筒,使之稍有富余,用捣棒均匀插捣 25 次,插捣过程中如砂浆沉落到低于筒口,则应随时添加砂浆,再敲击 5~6 下。

(2)采用振动法时,将砂浆拌和物一次装满容量筒连同漏斗在振动台上振 10 s,振动过程中如沉入低于筒口,则应随时添加砂浆。

捣实或振动后将筒口多余的砂浆拌和物刮去,使表面平整,然后将容量筒外壁擦净,称出砂浆与容量筒总重,精确至 5 g。

砂浆拌和物的表现密度 ρ(以 kg/m^3 计)按下列公式计算:

$$\rho=\frac{m_2-m_1}{v}\times 1\ 000 \tag{6-7}$$

式中　m_1——容量筒质量,kg;

m_2——容量筒及试样质量,kg;

v——容量筒容积,L。

3. 结果处理

质量密度由二次试验结果的算术平均值确定,计算精确至 10 kg/m^3。

6.5.3 砂浆分层度检测

1. 仪器设备

(1)砂浆分层度筒:内径为 150 mm,上节高度为 200 mm,下节带底净高 100 mm,用金属板制成,上、下层连接处需加宽到 3~5 mn,并设有橡胶垫圈;

(2)水泥胶砂振动台:振幅(0.85±0.05)mm,频率 50±3 Hz;

(3)稠度仪、木锤等,如图 6-2 所示。

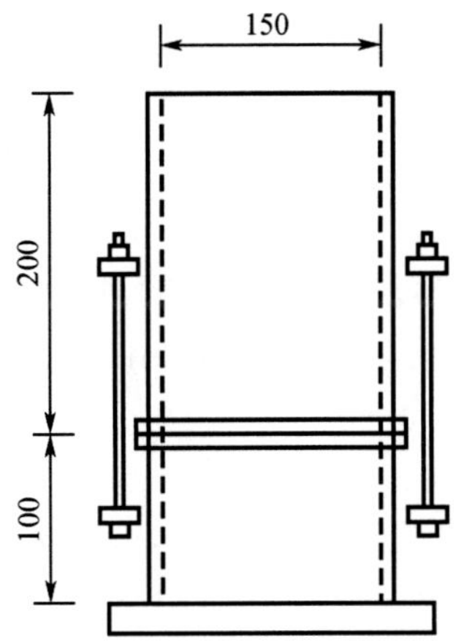

图 6-2 砂浆分层度筒(单位:mm)

2. 检测方法

先按稠度试验方法测定砂浆拌和物的稠度。将砂浆拌和物一次装入分层度筒内,待装满后,在容器周围距离大致相等的四个不同的地方轻轻敲击 1~2 下,如砂浆沉落到低于筒口,应随时添加,然后刮去多余的砂浆并用抹刀抹平;静置 30 min 后,去掉上节 200 mm 砂浆,剩余砂浆倒出放在拌和锅内拌 2 min,再按稠度试验方法测定其稠度。前后测得的稠度之差即为该砂浆的分层度值(mm)。

3. 结果处理

(1)取两次试验结果的算术平均值作为该砂浆的分层度值;

(2)两次分层度试验值之差值如大于 20 mm,应重做试验。

6.5.4 砂浆立方体抗压强度检测

1. 仪器设备

(1)压力试验机:精度±1%;

(2)试模:尺寸为 70.7 mm×70.7 mm×70.7 mm 的带底试模,具有足够刚度,拆装方便;

(3)振动台、垫板、钢制捣棒等。

2. 试件的制作及养护

(1)采用立方体试件,每组试件 3 个。

(2)试模内壁事先涂刷薄层机油或脱模剂。将拌制好的砂浆一次性装满砂浆试模,成型方法根据稠度而定。当稠度≥50 mm 时采用人工振捣成型,当稠度<50 mm 时采用振动台振实成型。

人工振捣,即用捣棒均匀地由边缘向中心按螺旋方向插捣 25 次,插捣过程中如砂浆沉落低于试模口,应随时添加砂浆。可用油灰刀插捣数次,并用手将试模一边抬高 5~10 mm,各振动 5 次,使砂浆高出试模顶面 6~8 mm。

机械振动,即将砂浆一次装满试模,放置到振动台上,振动时试模不得跳动,振捣 5~10 s 或持续到表面出浆为止,不得过振。

(3)当砂浆表面水分稍干后,将高出部分的砂浆沿试模顶面削去抹平。

(4)试件制作后应在(20±5) ℃温度环境下停置(24±2) h,当气温较低时,可适当延长,但不应超过两昼夜,然后对试件进行编号并拆模。试件拆模后,应在标准养护条件下,继续养护 28 d,然后进行试压。

标准养护条件:水泥混合砂浆温度应为(20±3) ℃,相对湿度为 60%~80%;水泥砂浆和微沫砂浆温度应为(20±3) ℃,相对湿度为 90%以上;养护期间,试件彼此间隔不小于 10 mm。

3. 检测方法

试块从养护地点取出后,将试件擦拭干净,检测前应测量试件尺寸并检查其外观,试件尺寸测量精确至 1 mm,并据此计算承压面积,如实测尺寸与公称尺寸之差不超过 1 mm,可按公称尺寸进行计算,超过 1 mm 应按实际测量尺寸计算试件的承压面积。将试件安放在试验机的下压板(或下垫板上),试件的承压面应与成型时的顶面垂直,试件中心与试验机下压板(或下垫板)中心对准。开动试验机,当上压板与试件接触时,调整球座,使接触面均匀受压。试验过程中应连续而均匀地加荷,加荷速度为每秒钟 0.5~1.5 kN(砂浆强度 5 MPa 及 5 MPa 以下时,宜取下限;砂浆强度 5 MPa 以上时,宜取上限)。当试件接近破坏而迅速变形时,停止调整试验机油门,直至试件破坏,然后记录破坏荷载。

砂浆立方体抗压强度应按下列公式计算:

$$f_{m,cu}=\frac{N_u}{A} \tag{6-8}$$

式中 $f_{m,cu}$——砂浆立方体抗压强度,MPa;

N_u——立方体破坏压力,N;

A——试件承压面积,mm^2。

4. 结果评定

(1)砂浆立方体抗压强度计算精确至 0.1 MPa;

(2)以 3 个试件测值的算术平均值作为该组试件的抗压强度值,平均值计算精确至 0.1 MPa;

(3)当 3 个试件的最大值或最小值中有一个与中间值的差超过中间值 15%时,应把最大值及最小值一并舍去,取中间值作为该组试件的抗压强度;当最大值和最小值与中间值的差值均超过中间值的 15%时,该组试验结果无效。

6.5.5　凝结时间测定

1. 检测设备

砂浆凝结时间测定仪:由试针、容器、台秤和支座四部分组成。试针由不锈钢制成,截面积为 30 mm^2;盛砂浆容器由钢制成,内径为 140 mm,高为 75 mm;台秤的称量精度为 0.5 N;支座分底座、支架及操作杆三部分,由铸铁或钢制成,如图 6-3 所示。

图 6-3　砂浆凝结时间测定仪

2. 检测方法

制备好的砂浆[稠度为(100±10) mm]装入砂浆容器内,低于容器上口 10 mm,轻轻敲击容器,并予抹平,将装有砂浆的容器放在(20±2)℃的室温条件下保存;砂浆表面泌水不清除,测定贯入阻力值,用截面积为 30 mm^2 的贯入试针与砂浆表面接触,在 10 秒内缓慢而均匀地垂直压入砂浆内部 25 mm 深,每次贯入时记录仪表读数 N_p,贯入杆至少离开容器边缘或早先贯入部位 12 mm;在(20±2) ℃条件下,实际的贯入阻力值在成型后 2 h 开始测定(从搅拌加水时起算),然后每隔半小时测定一次,至贯入阻力达到 0.3 MPa 后,改为每 15 min 测定一次,至贯入阻力达到 0.7 MPa 为止。

注:施工现场凝结时间测定,其砂浆稠度、养护和测定的温度与现场相同。

砂浆贯入阻力 f_p 的计算:

$$f_p = \frac{N_p}{A_p} \tag{6-9}$$

式中　f_p——贯入阻力值,MPa;

N_p——贯入深度至 25 mm 时的静压力,N;

A_p——贯入试针截面积,即 30 mm^2。

贯入阻力计算精确至 0.01 MPa。

3. 砂浆凝结时间的确定

(1)记录时间和相应的贯入阻力值,根据试验所得各阶段的贯入阻力与时间关系绘图,由图求出贯入力达到 0.5 MPa 时所需的时间 t_s(min),t_s 值即为砂浆的凝结时间测定值。

(2)砂浆凝结时间测定,应在一盘内取二个试样,以二个试验结果的平均值作为该砂浆的凝结时间,二次试验结果的误差不应大于 30 min,否则应重新测定。

思考题

1. 新拌砂浆的和易性包括哪几个方面?如何测定?
2. 影响砂浆强度的主要因素有哪些?
3. 简要说明水泥混合砂浆配合比计算步骤。
4. 简要说明砂浆稠度试验方法?
5. 砂浆分层度如何检测?

第 7 章　砌 筑 材 料

砌筑材料是指用来砌筑、拼装或用其他方法构成承重或非承重墙体或构筑物的材料。砌筑材料又叫墙体材料,常用的有石材、砌墙砖、砌块及板材等。在房屋建筑中,砌筑材料是建筑构成的主要组成部分,其重量、造价及工程量都占有很大的比例,在混合建筑结构中,砌筑材料的重量约占房屋建筑总重的 50%。

我国传统的砌筑材料主要是石材和砖,但石材开采会消耗大量矿山资源,且自重大;生产砌筑砖也存在耗用大量土地资源,生产效率低等问题。因此,自 20 世纪 90 年代我国开始进行墙体改革,充分利用地方性资源和工业废渣生产轻质、高强、多功能的新型砌筑材料,同时为了保护耕地、减低能耗,提出了一系列限制使用黏土砖与鼓励新型砌筑材料发展的政策。目前,各种新型砌筑材料不断涌现,逐步取代传统的黏土制品。

7.1　天 然 石 材

天然石材是指从天然岩体中开采出来的,并经加工成块状或板状材料的总称。

7.1.1　岩石的组成与分类

1. 岩石的组成

岩石是由矿物组成的,是由各种不同的地质作用所形成的天然固态矿物的集合。

矿物是在地壳中受各种不同地质作用所形成的具有一定化学成分和一定结构特征的单质或化合物。

最常见的造岩矿物:石英、长石、云母、角闪石、辉石、橄榄石、方解石、白云石、菱镁矿、石膏等。

2. 岩石的分类

天然岩石根据生成条件,按地质分类法可分为三类。

(1)岩浆岩

岩浆岩又称火成岩,是由地壳内的岩浆冷凝而成,具有结晶结构而没有层理,是组成地壳的主要岩石,占地壳总量的 89%。

根据岩浆岩的形成过程分类:

①侵入岩:深成岩、浅成岩。

深成岩是岩浆在地壳深处,受上部覆盖层的压力作用,缓慢且均匀地冷却而成的岩石。深成岩的特点是晶粒较粗,呈致密块状结构。因此,深成岩的表观密度大,强度高,吸水率小,抗冻性好。工程上常用的深成岩有花岗岩、正长岩、闪长岩和辉长岩。

浅成岩又称半深成岩，介于深成岩与火山岩之间，是深成岩与熔岩中间结构的火成岩，多具细粒、隐晶质及斑状结构，在成因上常与深成岩有密切的关系，也可能与熔岩有密切的关系。

②喷出岩：为熔融的岩浆喷出地壳表面，迅速冷却而成的岩石。由于岩浆喷出地表时压力骤减且迅速冷却，结晶条件差，多呈隐晶质或玻璃体结构。如喷出岩凝固成很厚的岩层，其结构接近深成岩。当喷出岩凝固成比较薄的岩层时，常呈多孔构造。工程上常用的喷出岩有玄武岩、安山岩和辉绿岩。

③火山岩：根据岩浆岩中 SiO_2 含量的高低，可将岩浆岩分为酸性岩、中性岩、基性岩、超基性岩等。火山岩是火山爆发时岩浆喷到空中，急速冷却后形成的岩石。火山岩为玻璃体结构且呈多孔构造。如火山灰、火山砂、浮石和凝灰岩。火山砂和火山灰常用作水泥的混合材料。

(2)沉积岩

沉积岩又称水成岩，它是由地表的各类岩石(母岩)经自然风化、风力搬迁、流水冲移等地质作用后再沉淀堆积，经过压固、脱水、胶结及重结晶等成岩作用，在地表及离地表不太深处形成的坚硬岩石。

根据沉积岩的生成条件，可将沉积岩分为：

①机械沉积岩：机械沉积岩是各种岩石风化后，经过流水、风力或冰川作用的搬运及逐渐沉积，在覆盖层的压力下或由自然胶结物胶结而成，如页岩、砂岩和砾岩。

②化学沉积岩：化学沉积岩是岩石中的矿物溶解在水中，经沉淀沉积而成，如石膏、菱镁矿、白云岩及部分石灰岩。

③生物沉积岩：生物沉积岩是由各种有机体残骸经沉积而成的岩石，如石灰岩、硅藻土等。

(3)变质岩

变质岩是指受到地球内部力量(温度、压力、应力的变化、化学成分等)改造而成的新型岩石。固态的岩石在地球内部的压力和温度作用下，发生物质成分的迁移和重结晶，形成新的矿物组合，如普通石灰石由于重结晶变成大理石。

根据变质作用的成因与类型，可将变质岩分为：

①区域变质岩：如石英岩、大理岩；

②接触变质岩：如部分大理岩；

③动力变质岩：如构造角砾岩。

7.1.2 石材的技术性质

1. 表观密度

根据表观密度大小，石材分为轻质石材和重质石材，分界点为 1 800 kg/m^3。

石材的表观密度与石材的矿物组成及孔隙率有很大关系。孔隙率较大的石材，如火山凝灰岩、浮石等，其表观密度较小，为 500~1 700 kg/m^3。致密的石材如大理岩和花岗岩等，其表观密度接近于密度，为 2 500~3 100 kg/m^3。天然石材根据表观密度是否大于 1 800 kg/m^3 可分为轻质石材和重质石材。表观密度小于 1 800 kg/m^3 的为轻质石材，一般用作墙体材料；表观密度大于1 800 kg/m^3 的为重质石材，可作为桥梁和水工构筑物和建筑物的基础、贴面、地面、房屋外墙等。

2. 吸水性

石材的吸水性主要与其孔隙特征和孔隙率有关。孔隙特征相同的石材，孔隙率越大，吸水率也越高。深成岩以及许多变质岩孔隙率都很小，因此吸水率也很小，如花岗岩吸水率通常小于0.5%，而多孔贝类石灰岩吸水率可高达15%。吸水后石材强度降低，抗冻性变差，耐水性和耐久性下降，导热性增加。表观密度大的石材，孔隙率小，吸水率也小。要根据具体工程条件合理选择石材。

3. 耐水性

石材的耐水性以软化系数 K_p 来表示。根据软化系数 K_p 的大小，石材的耐水性分为高、中、低三等，软化系数为0.60～0.70的石材为低耐水性石材，软化系数为0.70～0.90的石材为中耐水性石材，软化系数大于0.9的石材为高耐水性石材。土木工程中使用的石材，软化系数应大于0.80。要根据具体工程条件合理选择具有适宜软化系数的石材。

4. 抗冻性

抗冻性是指材料抵抗冻融破坏的能力，是衡量材料耐久性的一个重要指标。石材也不例外。石材的抗冻性与吸水率大小有密切关系。一般吸水率大的石材，抗冻性能也较差。另外，抗冻性还与石材水饱和程度、受冻温度和冻融循环次数有关。石材在饱水状态下，经规定次数的冻融循环后，若无贯穿裂缝且重量损失不超过5%，且强度损失不超过25%，则为抗冻性合格。抗冻性是衡量石材耐久性的重要指标，室外饰面石材，抗冻次数大于25次。要根据具体工程条件合理选择具有适宜抗冻性的石材。

5. 耐火性

石材的耐火性取决于其化学成分以及其矿物组成。由于各种造岩矿物热膨胀系数不同，受热后体积膨胀不一致，将产生内应力而导致石材崩裂破坏。此外，在高温下，造岩矿物会产生分解或晶型转变。例如含有石膏的石材，在100 ℃以上时即开始破坏；含有石英和其他矿物的石材，如花岗岩等，当温度超过700 ℃时，由于石英受热膨胀，强度会迅速下降。要根据具体工程条件合理选择具有适宜耐火性的石材。

6. 强度

天然石材的抗压强度取决于岩石的矿物组成、结构、构造特征、内部缺陷、胶结物质的种类及均匀性等。如花岗岩的主要造岩矿物是石英、长石、云母和少量暗色矿物，若石英含量高，则强度高；若云母含量高，则强度低。

石材是非均质、各向异性的材料，而且是脆性材料，其抗压强度高，抗拉强度比抗压强度低得多，与混凝土类似，抗拉强度约为抗压强度的1/10～1/20。测定岩石抗压强度的试件为70 mm×70 mm×70 mm的立方体。按吸水饱和状态下的抗压强度平均值，天然石材的强度等级分为MU100、MU80、MU60、MU50、MU40、MU30、MU20等七个等级。要根据具体工程条件合理选择具有适宜强度的石材。

7. 硬度

天然石材的硬度以莫氏硬度或肖氏硬度表示。它主要取决于组成岩石的矿物硬度与构造。凡由致密、坚硬的矿物所组成的岩石，其硬度较高；结晶质结构硬度高于玻璃质结构；构造紧密的岩石硬度也较高。与建筑钢材类似，岩石的硬度与抗压强度有很好的相关性,一般抗压强度高的其硬度也大。岩石的硬度越大,其耐磨性和抗刻划性能越好,但表面加工越困难。要根据具体工程条件合理选择具有适宜硬度的石材。

8. 耐磨性

石材的耐磨性是指石材在使用条件下抵抗摩擦、边缘剪切以及撞击等复杂作用而不被磨损、磨耗的性质。耐磨性包括耐磨损性和耐磨耗性两个方面。耐磨损性以磨损度表示,即石材受摩擦作用,其单位摩擦面积的质量损失的大小。耐磨耗性以磨耗度表示,即石材同时受摩擦与冲击作用,其单位质量产生的质量损失的大小。

石材的耐磨性与岩石组成矿物的硬度及岩石的结构和构造有一定的关系。一般而言,岩石强度越高,构造越致密,耐磨性也越好。用于土木工程中楼地面装饰的石材,应具有较好的耐磨性。

7.1.3 石材的应用

1. 毛石

毛石是不成形的石料,处于开采以后的自然状态。它是岩石经爆破后所得的形状不规则的石块,也称为乱毛石,有两个大致平行面的毛石称为平毛石。乱毛石一般要求石块中部厚度不小于 150 mm,长度为 300~400 mm,质量为 20~30 kg,其强度不宜小于 10 MPa,软化系数不应小于 0. 75。平毛石由乱毛石略经加工而成,形状较乱毛石整齐,基本上有六个面,但表面粗糙,中部厚度不小于 200 mm。毛石主要用于砌筑砖混结构房屋的基础,也可砌筑勒脚、墙身、挡土墙、堤岸及护坡,还可以用来浇筑毛石混凝土。一般的房屋墙体可采用致密坚硬的沉积岩,而重要的工程应采用强度高、抗风性能好的岩浆岩。

2. 料石

料石(也称条石),是由人工或机械开采出的较规则的六面体石块,用来砌筑建筑物用的石料。按其加工后的外形规则程度可分为:毛料石、粗料石、半细料石和细料石四种;按形状可分为:条石、方石及拱石。

毛料石:外观大致方正,一般不加工或者稍加调整。毛料石的宽度和厚度不宜小于 200 mm,长度不宜大于厚度的 4 倍。毛料石叠砌面和接砌面的表面凹入深度不大于 25 mm。

粗料石:规格尺寸同上,叠砌面和接砌面的表面凹入深度不大于 20 mm;外露面及相接周边的表面凹入深度不大于 20 mm。

细料石:通过细加工,规格尺寸同上,叠砌面和接砌面的表面凹入深度不大于 10 mm,外露面及相接周边的表面凹入深度不大于 2 mm。

料石一般由致密的砂岩、花岗岩、石灰岩加工而成,制成条石、方石及楔形的拱石。

强度高的料石主要用于建筑物的基础、墙体等部位,半细料石和细料石主要用作镶(饰)面材料。

3. 石板

石板是用致密的岩石凿平或锯解而成的、厚度一般为 20 mm 的石材。装饰板材按表面加工程度可分为:表面平整、粗糙的粗面板材,表面平整、光滑的细面板材,表面平整、具有镜面光泽的镜面板材。细面板材主要用于建筑物外墙面、柱面、台阶及勒脚等部位;镜面板材主要用于室内外墙面、柱面。装饰用板材可分为大理石和花岗石两大类,大理石板材主要用于室内装饰,花岗石板材主要用于建筑物的室内、室外饰面。

4. 广场地坪、路面、庭院小径用石材

广场地坪、路面、庭院小径用石材主要有石板、方石、条石、卵石、拳石等,这些岩石要求坚实耐磨,抗冻和抗冲击性好。当用拳石、卵石等铺筑小径或地坪时,可以利用石材的外形和色彩镶拼成各种美丽的图案。

7.2 砌筑砖

凡是由黏土、工业废料或其他地方资源为主要原料,以不同的工艺制成的在建筑物中用于砌筑承重墙和非承重墙的砖统称为砌墙砖。目前工程中所用的砌墙砖按生产工艺可分为两类,一类是通过焙烧工艺制得的,称为烧结砖,另一类是通过蒸压或蒸养工艺制得的,称为蒸压砖或蒸养砖,也称免烧砖。砌墙砖的形式有实心砖、多孔砖和空心砖,如图 7-1 ~图 7-3 所示。

图 7-1 实心砖

图 7-2 多孔砖

图 7-3 空心砖

7.2.1 烧结砖

烧结砖是以黏土、页岩、粉煤灰、煤矸石、淤泥等为主要原料,经过成型、干燥、焙烧工艺而成。烧结砖按孔洞率大小分为烧结普通砖、烧结多孔砖和烧结空心砖。

1. 烧结普通砖

(1)生产工艺

烧结普通砖的生产工艺过程基本为:采土配料处理—制坯—干燥—焙烧—成品。其中焙烧是生产全过程中最重要的环节。砖坯在焙烧过程中,应控制好烧成温度,以免出现欠火砖或过火砖。欠火砖烧成温度过低,孔隙率大、强度低、耐久性差;过火砖烧成温度过高,有弯曲变形,表面不平整,尺寸极不规整。欠火砖色浅、声哑;过火砖色较深、声清脆。

将黏土用水调和后制成砖坯,放在砖窑中煅烧(900~1 100 ℃,并且要持续 8~15 h)便制成砖。黏土中含有铁,烧制过程中完全氧化时生成 F_2O_3 呈红色,即最常用的红砖;而如果在烧制过程中加水冷却,使黏土中的铁不完全氧化(Fe_3O_4)则呈青色,即青砖。青砖和红砖的硬度是差不多的,只不过是烧制过程中冷却方法不同,红砖是自然冷却,简单一些,所以生产红砖多,青砖是水冷却(其实是一种缺氧冷却),操作起来比较麻烦,所以生产的比较少。虽然强度、硬度差不多,但青砖在抗氧化、水化、大气侵蚀等方面性能明显优于红砖。

(2)主要技术性质

根据国家标准《烧结普通砖》(GB/T 5101—2017)的规定,烧结普通砖的主要技术要求包括尺寸、外观质量、强度等级、抗风化性能、泛霜和石灰爆裂等。

①外形尺寸

烧结普通砖为矩形体,其标准尺寸为 240 mm×115 mm×53 mm,如图 7-4 所示。考虑 10 mm 厚的灰缝,则 4 块砖长、8 块砖宽或 16 块砖厚均为 1 m,砌 1 m^3 砌体需用砖 512 块。在建筑上,墙厚的尺寸是以普通砖为基础的,如二四墙、三七墙和四九墙,分别为一块砖长、一块半砖长和两块砖长的厚度。

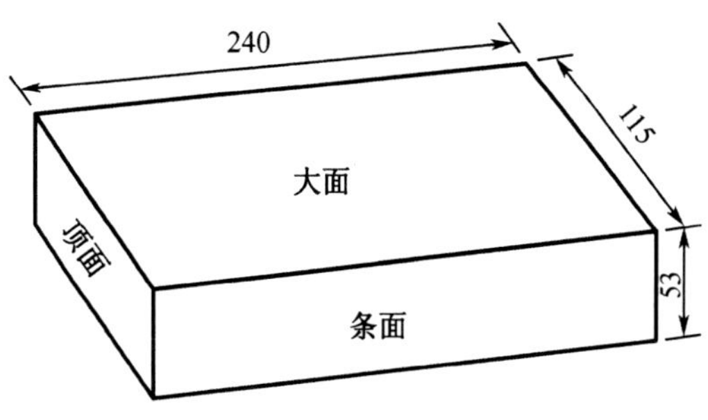

图 7-4　烧结普通砖尺寸(单位:mm)

②外观质量

烧结普通砖的优等品颜色应基本一致,合格品颜色无要求。外观质量包括两条面高度差、弯曲程度、杂质凸出高度、缺棱掉角、裂纹长度和完整面的要求。

③强度等级

烧结普通砖强度等级是通过 10 砖试样,进行抗压强度试验。根据抗压强度平均值和强度标准差分为 MU30、MU25. MU20、MU15. MU10 五个强度等级,见表 7-1。

表 7-1　烧结普通砖强度等级

强度等级	抗压强度平均值 $\bar{f}$/MPa	强度标准值 f_k/MPa
MU30	≥30. 0	≥22. 0
MU25	≥25. 0	≥18. 0
MU20	≥20. 0	≥14. 0
MU15	≥15. 0	≥10. 0
MU10	≥10. 0	≥6. 5

烧结普通砖的抗压强度标准值按式(7-1)计算:

$$f_k=\bar{f}-1.8S$$

$$S=\sqrt{\frac{1}{9}\sum_{i=1}^{10}(f_i-\bar{f})^2} \tag{7-1}$$

式中　f_k——烧结普通砖抗压强度标准值，精确至 0.01 MPa；

$\bar{f}$——10 块砖样的抗压强度算术平均值，精确至 0.01 MPa；

S——10 块砖样的抗压强度标准差，精确至 0.01 MPa；

f_i——单块砖样的抗压强度测定值，精确至 0.01 MPa。

④泛霜

泛霜也称起霜，是砖在使用过程中的盐析现象。砖内过量的硫、镁等可溶盐受潮吸水而溶解，随水分蒸发呈晶体析出时，产生膨胀，使砖面剥落。在砖表面形成絮团状斑点，严重点会起粉、掉角或脱皮。标准规定：优等品无泛霜，一等品不允许出现中等泛霜，合格品不允许出现严重泛霜。

⑤石灰爆裂

石灰爆裂是指砖中夹杂有石灰石，砖吸收水分后，由于石灰逐渐熟化膨胀而产生的爆裂现象。这种现象影响砖的质量，并降低砌体的强度。石灰爆裂对砖砌体影响较大，轻者影响外观，重者将使砖砌体强度降低直至破坏。根据国家标准《烧结普通砖》(GB/T 5101—2017)的规定，破坏尺寸大于 2 mm 且小于等于 15 mm 的爆裂区域，每组砖样不得多于 15 处，其中破坏尺寸大于 10 mm 的爆裂区域不得多于 7 处，不允许出现破坏尺寸大于 15 mm 的爆裂区域。

⑥抗风化性能

抗风化性能是指材料在干湿变化、温度变化、冻融变化等物理因素作用下不破坏并保持原有性质的能力。抗风化性能是烧结普通砖重要的耐久性能之一，对砖的抗风化性能要求应根据各地区风化程度的不同而定。烧结普通砖的抗风化性能通常以其抗冻性、吸水率及饱和系数等指标判别。我国按风化指数将各省市划分为严重风化区和非严重风化区，见表 7-2。

表 7-2　风化区的划分(不包括香港、澳门特别行政区)

严重风化区	非严重风化区
黑龙江省、吉林省、辽宁省、内蒙古自治区、新疆维吾尔自治区、宁夏回族自治区、甘肃省、青海省、陕西省、山西省、河北省、北京市、天津市、西藏自治区	山东省、河南省、安徽省、江苏省、湖北省、江西省、浙江省、四川省、贵州省、湖南省、福建省、台湾省、广东省、广西壮族自治区、海南省、云南省、上海市、重庆市

烧结普通砖的抗风化性能用冻融试验或吸水率试验来衡量。严重风化区中的黑龙江省、吉林省、辽宁省、内蒙古自治区、新疆维吾尔自治区的砖应进行冻融试验，其他地区的砖，如果 5 h 沸煮吸水率及饱和系数符合规范要求时，可以不做冻融试验。

(3)烧结普通砖的应用。

烧结普通砖的表观密度为 1 600～1 800 kg/m³，孔隙率为 30%～35%，吸水率为 8%～16%，导热系数为 0.78 W/(m·K)。烧结普通砖具有较高的强度，被大量应用于砌筑建筑物的内墙、外墙、柱、拱、烟囱、沟道及其他构筑物,也可在砌体中置适当的钢筋或钢丝以代替混凝土构造柱和过梁。

在普通砖砌体中,砖砌体的强度不仅取决于砖的强度,而且更受制于砂浆的性质。砖的吸水率大,在砌筑时如果不提前浇水润湿,就会大量吸收水泥砂浆中的水分,使水泥不能正常水化和硬化,导致砖砌体的强度下降。因此,在砌筑砖砌体时,必须预先将砖润湿,才可使用。

由于烧结普通砖在制砖时需要取用大量黏土,毁坏良田,同时烧结普通砖具有自重较大、节能性差(保温隔热性差)、施工效率低等缺点。国家为促进墙体结构性改革、降低能源消耗、节约土地资源及改善建筑功能,出台了一系列政策进行墙体改革,根据“十五”规划要求,全国 170 个大中城市于 2003 年 6 月 30 日起禁止使用实心黏土砖,大力推广墙体改革,以多孔砖、空心砖、工业废渣砖、砌块及轻质板材来代替实心黏土砖。

2. 烧结多孔砖

烧结多孔砖是以黏土、页岩、煤矸石、粉煤灰等为主要原料,经成型、干燥及焙烧制成。多孔砖的孔洞率大于等于 28%。

(1)烧结多孔砖的特点

烧结多孔砖的原料及生产工艺与烧结普通砖基本相同,但由于坯体有孔洞,增加了成型的难度,对原料的可塑性要求较烧结普通砖高。多孔砖为大面有孔洞的砖,孔小而多,使用时孔洞垂直于承压面,表观密度为 1 400 kg/m^3 左右。

与烧结普通砖相比,生产多孔砖,可节省黏土 20%~30%,节约燃料 10%~20%,且砖坯焙烧均匀,烧成率高。采用多孔砖墙体,可减轻建筑自重 1/3 左右,提高工效约 40%,同时还能改善墙体的热工性能。烧结多孔砖按照 3 块砖的干燥表观密度平均值划分为 1 000、1 100、1 200、1 300 四个等级。

(2)主要技术要求

根据《烧结多孔砖和多孔砌块》(GB/T 13544—2011),其具体技术要求如下:

①形状与规格尺寸

烧结多孔砖为直角六面体,形状如图 7-5 所示。烧结多孔砖的长度、宽度、高度尺寸应符合下列要求:290 mm、240 mm、190 mm、180 mm、140 mm、115 mm、90 mm。

其孔洞尺寸应符合表 7-3 的规定。

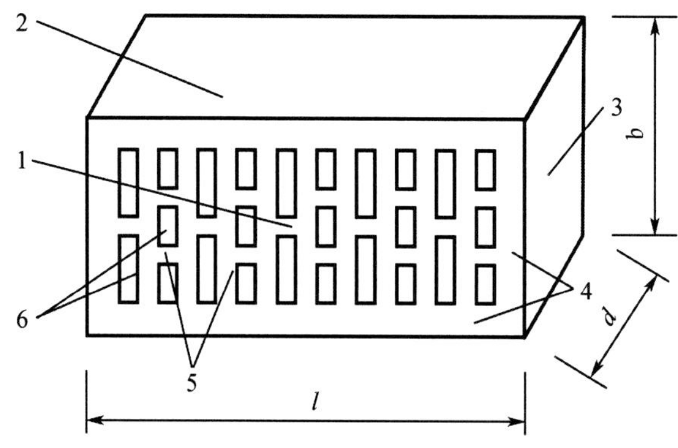

1—大面(坐浆面);2—条面;3—顶面;4—外壁;5—肋;6—孔洞;l—长度;b—宽度;d—高度。

图 7-5　烧结多孔砖外形示意图

表 7-3　烧结多孔砖孔型、孔洞结构及空洞率

孔型	孔洞尺寸/mm		最小外壁厚/mm	最小肋厚/mm	孔洞率/%		孔洞排列
	孔宽度尺寸 b	孔长度尺寸 L			砖	砌块	
矩形条孔或矩形孔	≤13	≤40	≥12	≥5	≥28	≥33	1. 所有孔宽应相等，孔采用单向或双向交错排列 2. 孔洞排列上下、左右应对称、分布均匀、手抓孔的长度方向尺寸必须平行于砖的条面

注：1. 矩形孔的孔长 L、孔宽 b 满足 $L \geqslant 3b$ 时，为矩形条孔。

2. 孔四个角应做成过渡圆角，不得做成直角尖。

3. 如设有砂浆砌筑槽，则砌筑砂浆槽不计算在孔洞率内。

4. 规格大的砖和砌块应设置手抓孔，手抓孔尺寸为(30~40)mm×(75~85)mm。

另外，按标准(GB/T 13545—2011)规定，烧结多孔砖尺寸偏差和外观质量标准也应符合要求，见表 7-4、表 7-5。

表 7-4　烧结多孔砖尺寸允许偏差　　单位：mm

尺寸	样本平均偏差	样本极差
>400	±3.0	≤10.0
300~400	±2.5	≤9.0
200~300	±2.5	≤8.0
100~200	±2.0	≤7.0
<100	±1.5	≤6.0

表 7-5　烧结多孔砖外观质量标准

项目	指标
1. 完整面	不得少于一条面和一顶面
2. 缺棱掉角的三个破坏尺寸	不得同时大于 30 mm
3. 裂纹长度： a. 大面(有孔面)上深入孔壁 15 mm 以上宽度方向及其延伸到条面的长度 b. 大面(有孔面)上深入孔壁 15 mm 以上长度度方向及其延伸到顶面的长度	 ≤80 mm ≤100 mm

表 7-5(续)

项目	指标
c. 条顶面上的水平裂纹	≤100 mm
4. 杂质在砖或砌块面上造成的凸出高度	≤5 mm

注:凡有下列缺陷之一者,不能称为完整面。

1. 缺损在条面或顶面上造成的破坏尺寸同时大于 20 mm×30 mm;
2. 条面或顶面上裂纹宽度大于 1 mm,其长度超过 70 mm;
3. 压陷、焦化、粘底在条面或顶面上的凹陷或凸出超过 2 mm,区域最大投影尺寸同时大于 20 mm×30 mm。

②强度等级

烧结多孔砖根据其抗压强度分为 MU30, MU25, MU20, MU15 和 MU10 五个强度等级,各强度等级的具体指标要求见表 7-1。

③耐久性

烧结多孔砖耐久性要求主要包括:泛霜、石灰爆裂和抗风化性能。各质量等级砖的泛霜、石灰爆裂和抗风化性能要求与烧结普通砖相同。

烧结多孔砖的技术要求,如尺寸允许偏差、外观质量、强度和耐久性等均按 GB/T 13544—2011 规定进行检测。

(3)烧结多孔砖的应用

烧结多孔砖强度较高,主要用于砖混结构中砌筑六层以下的承重墙体或高层框架结构填充墙(非承重墙)。砌筑时要求孔洞方向垂直于承压面。常温砌筑应提前 1~2 天浇水湿润,砌筑时砖的含水率宜控制在 10%~15%范围内,地面以下或室内防潮层以下的砌体不得使用多孔砖砌筑。

3. 烧结空心砖

烧结空心砖是以黏土、页岩或煤矸石等为主要原料,经成型、干燥和焙烧制成。烧结空心砖孔洞率等于或大于 35%,孔的尺寸大而数量少。砌筑时,孔洞水平方向放置,故又称为水平孔空心砖,常用于非承重部位。

(1)空心砖的特点

烧结空心砖的原料及生产工艺与烧结普通砖基本相同,但由于坯体有孔洞,增加了成型的难度,对原料的可塑性要求较烧结普通砖高。烧结空心砖为顶面有孔洞的砖,孔少而大,表观密度在 800~1 100 kg/m^3 之间,使用时孔洞平行于受力面。

与烧结普通砖相比,生产空心砖,可节省黏土 20%~30%,节约燃料 10%~20%,且砖坯焙烧均匀,烧成率高。采用空心砖砌筑墙体,可减轻建筑自重 1/3 左右,提高工效约 40%,同时还能改善墙体的热工性能。烧结空心砖按照表观密度划分为 800、900、1 000、1 100 四个等级。

(2)主要技术要求

根据《烧结空心砖和空心砌块》(GB/T 13545—2014)的规定,其具体技术要求如下。

①形状与规格尺寸

烧结空心砖外形为直角六面体,如图 7-6 所示,其中烧结多孔砖的长度、宽度、高度尺寸应符合下列要求。

长度规格尺寸(mm):390、290、240、190、180(175)、140;

宽度规格尺寸(mm):190、180(175)、140、115;

高度规格尺寸(mm):180(175)、140、115、90。

其他规格尺寸由供需双方协商确定。

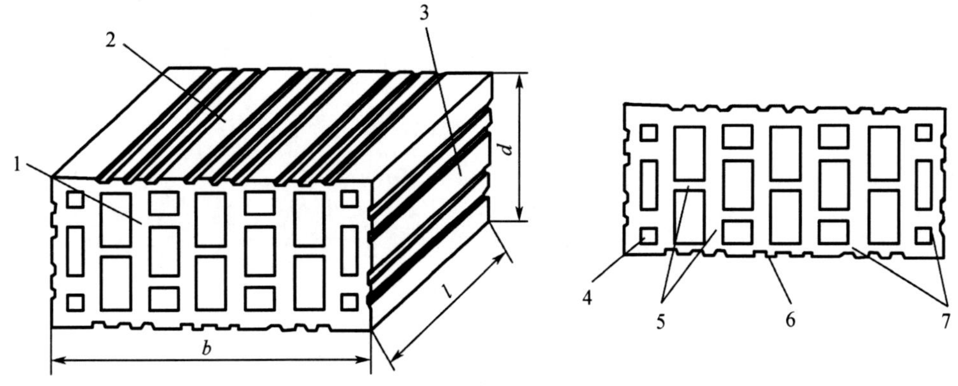

1—顶面;2—大面;3—条面;4—壁孔;5—粉刷槽;6—外壁;7—肋;
l—长度;b—宽度;d—高度。

图 7-6　烧结空心砖示意图

另外,按标准(GB/T 13545—2014)规定,烧结空心砖尺寸偏差和外观质量标准也应符合要求,见表 7-6、表 7-7。

表 7-6　烧结空心砖尺寸允许偏差　　单位:mm

尺寸	样本平均偏差	样本极差
>300	±3.0	≤7.0
200~300	±2.5	≤6.0
100~200	±2.0	≤5.0
<100	±1.7	≤4.0

表 7-7　烧结空心砖外观质量标准

项目	指标
1. 弯曲	不大于 4 mm
2. 缺棱掉角的三个破坏尺寸	不得同时大于 30 mm
3. 垂直宽度	不大于 4 mm
4. 未贯穿裂纹长度: a. 大面上宽度方向及其延伸到条面的长度 b. 大面上长度方向或条面上水平方向的长度	 ≤100 mm ≤120 mm

表 7-7(续)

项目	指标
5. 贯穿裂纹长度： a. 大面上宽度方向及其延伸到条面的长度 b. 壁、肋沿长度方向、宽度方向及其水平方向的长度	 ≤40 mm ≤40 mm
6. 肋、壁内残缺长度	≤40 mm
7. 完整面	不少于一条面或一大面

注：凡有下列缺陷之一者，不能称为完整面。

1. 缺损在条面或顶面上造成的破坏尺寸同时大于 20 mm×30 mm；

2. 条面或顶面上裂纹宽度大于 1 mm，其长度超过 70 mm；

3. 压陷、焦化、粘底在条面或顶面上的凹陷或凸出超过 2 mm，区域最大投影尺寸同时大于 20 mm×30 mm。

②强度等级

烧结空心砖根据抗压强度值分为 MU10.0、MU7.5. MU5.0、MU3.5 四个强度等级，各强度等级及具体指标要求见表 7-8。

表 7-8　烧结空心砖强度等级

强度等级	抗压强度/MPa		
	抗压强度平均值 $\bar{f}$	变异系数 $\delta \leq 0.21$	变异系数 $\delta > 0.21$
		强度标准值 f_k	单块最小抗压强度值 f_{min}
MU10.0	≥10.0	≥7.0	≥8.0
MU7.5	≥7.5	≥5.0	≥5.8
MU5.0	≥5.0	≥3.5	≥4.0
MU3.5	≥3.5	≥2.5	≥2.8

③耐久性

烧结空心砖耐久性要求主要包括：泛霜、石灰爆裂和抗风化性能。各质量等级砖的泛霜、石灰爆裂和抗风化性能要求与烧结普通砖相同。

(3)烧结空心砖的应用

烧结空心砖自重轻，强度较低，具有良好的保温隔热功能。多用作非承重墙，如多层建筑内隔墙或框架结构的填充墙、剪力墙结构的填充墙等。使用时，孔洞方向平行于承压面，空心砖墙宜采用全顺侧砌，上下层竖缝相互错开 1/2 砖长；烧结空心砖墙底部至少砌 3 层普通砖，在门窗洞口两侧一砖范围内，需要用普通砖实砌；烧结空心砖墙中不够整砖部分宜用无齿锯加工制作非整块砖，不得用坎凿方法将砖打断；地面以下或室内防潮层以下的基础不得使用烧结空心砖砌筑。

7.2.2　蒸压(养)砖

蒸压(养)砖属于硅酸盐制品,是以石灰和含硅原料(砂、粉煤灰、炉渣、矿渣、煤矸石等)加水拌和,经成型、蒸压(养)而制成的。目前使用的主要有粉煤灰砖、灰砂砖和炉渣砖等。

1. 粉煤灰砖

粉煤灰砖是指以粉煤灰、石灰或水泥为主要原料,掺加适量石膏和集料经混合料制备、压制成型、高压或常压养护或自然养护而成的粉煤灰砖。

粉煤灰砖有蒸压粉煤灰砖和蒸养粉煤灰砖两种。蒸压粉煤灰砖是指经高压蒸汽养护制成的粉煤灰砖;蒸养粉煤灰砖是指在常压下蒸汽养护制成的粉煤灰砖。这两种砖的原材料和制作过程基本一样,只是两者的养护工艺不同,同时有不同的性能。蒸压粉煤灰砖是在保和蒸汽压(蒸汽温度在 174.5 ℃以上,工作压力在 0.8 MPa 以上)中养护,使砖中的活性组成部分充分进行水热反应,因此砖的强度高,性能趋于稳定;而蒸养粉煤灰砖则可能导致墙体出现开裂等现象。

蒸压粉煤灰砖的抗压强度一般均较高,根据《蒸压粉煤灰砖》(JC/T 239—2014)的规定,蒸压粉煤粉煤灰砂砖按抗压强度和抗折强度划分为 MU30、MU25、MU20、MU15 和 MU10 五个强度等级。蒸压粉煤灰砖的尺寸与普通实心黏土砖完全一致,为 240 mm×115 mm×53 mm,所以用蒸压砖可以直接代替实心黏土砖。另外,粉煤灰砖是一种有潜在活性的水硬性材料,在潮湿环境中能继续产生水化反应而使砖的内部结构更为密实,有利于强度的提高。

2. 蒸压灰砂实心砖和实心砌块

蒸压灰砂砖是以砂和石灰为主要原料,允许掺入颜料和外加剂,经坯料制备、压制成型、经高压蒸气养护而成的灰砂砖。根据国家标准《蒸压灰砂实心砖和实心砌块》(GB/T 11945—2019)规定,灰砂硅按规格分为蒸压灰砂实心砖(代号 LSSB)、蒸压灰砂实心砌块(代号 LSSU)、大型蒸压灰砂实心砌块(代号 LLSS);按抗压强度和抗折强度分为 MU30、MU25、MU20、MU15 和 MU10 五个强度等级。

蒸压灰砂实心砖适用于多层混合结构建筑的承重墙体,可用于各类民用建筑、公用建筑和工业厂房的内、外墙,以及房屋的基础,是替代烧结黏土砖的产品。蒸压灰砂实心砖的规格尺寸与普通实心黏土砖完全一致,为 240 mm×115 mm×53 mm,可以直接代替普通实心黏土砖。是国家大力发展、应用的新型墙体材料。

7.2.3　混凝土路面砖

混凝土路面砖是以水泥和集料为主要原材料,经加工、振动加压或其他成型工艺制成的,用于铺设城市道路人行道、城市广场等的混凝土路面及地面工程的块、板等。其表面可以是有面层(料)的或无面层(料)的;本色的或彩色的,包括用于铺设城市道路人行道、城市广场的其他产品材料(如地材)。混凝土路面砖分为人行道砖和车行道砖两种,按其形状又分为普通型砖和异型砖两种。普通型铺地砖有方形、六角形等多种,它们的表面可做成各种图案花纹,故又称花阶砖。异型路面砖铺设后,砖与砖之间相互产生联锁作用,故又称联锁砖。联锁砖的排列方式有多种，不同的排列形成不同图案的路面。彩色路面砖可铺成丰富多彩具有美丽图案的路面和永久性的交通管理标志，具有美化城市的作用。

根据《混凝土路面砖》(JC/T 446—2000)，常用路面砖的规格尺寸见表7-9。

表7-9 混凝土路面砖的规格尺寸

单位：mm

边长	100、150、200、250、300、400、500
厚度	50、60、80、100、120

应该指出，彩色混凝土在使用中表面会出现“白霜”，类似于泛霜，其原因是混凝土中的氢氧化钙及少量硫酸钠，随混凝土内水分蒸发而迁向表面，并在混凝土表面结晶沉淀，然后又与空气中二氧化碳作用而变为白色的碳酸钙和碳酸钠晶体。“白霜”遮盖了混凝土原来的色彩，严重降低了装饰效果。防止“白霜”常用的措施是：混凝土采用低水灰比，采用机械搅拌和振动成型提高密实度；采用蒸汽养护也可有效防止初期“白霜”的形成；硬化混凝土表面喷涂有机硅系憎水剂、丙烯酸系树脂等表面处理剂。

7.3 砌　　块

砌块是利用混凝土，工业废料(炉渣，粉煤灰等)或地方材料制成的人造块材，外形尺寸比砖大，具有生产设备简单，砌筑速度快的优点，符合了建筑工业化发展中墙体改革的要求。

砌块除了可用于砌筑墙体外，还可用于砌筑挡土墙、高速公路音障及其他砌块构成物。我国目前使用的砌块品种很多，其分类的方法也不同。

砌块按尺寸和质量的大小不同分为小型砌块、中型砌块和大型砌块。砌块系列中主规格的高度大于115 mm而小于380 mm的称作小型砌块、高度为380~980 mm称为中型砌块、高度大于980 mm的称为大型砌块，使用中以中小型砌块居多。

砌块按外观形状可以分为实心砌块和空心砌块。空心砌块有单排方孔、单排圆孔和多排扁孔三种形式，其中多排扁孔对保温较有利。砌块按在组砌中的位置与作用可以分为主砌块和各种辅助砌块。

根据材料不同，常用的砌块有普通混凝土与装饰混凝土小型空心砌块、轻集料混凝土小型空心砌块、粉煤灰小型空心砌块、蒸压加气混凝土砌块、免蒸加气混凝土砌块(又称环保轻质混凝土砌块)和石膏砌块。吸水率较大的砌块不能用于长期浸水、经常受干湿交替或冻融循环的建筑部位。

7.3.1 普通混凝土小型空心砌块

混凝土砌块是由水泥、水、砂、石按一定比例配合，经搅拌、成型和养护而成。砌块的主规格为390 mm×190 mm×190 mm，配以3~4种辅助规格，即可组成墙用砌块基本系列，如图

7-7 所示。

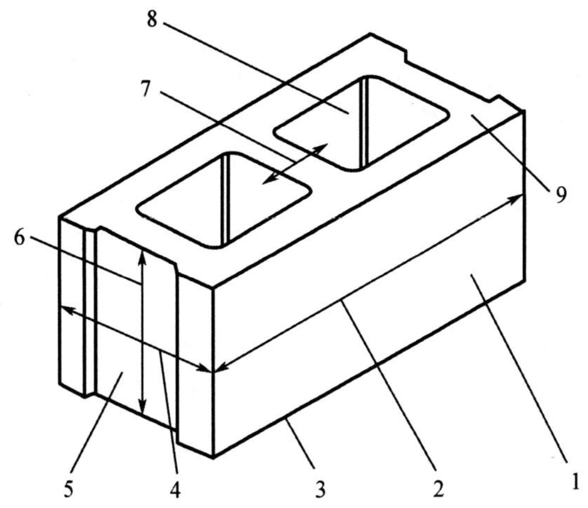

1—条面;2—长度;3—铺浆面(肋厚较大的面);4—宽度;5—顶面;
6—高度;7—肋;8—壁;9—坐浆面(肋厚较小的面)。

图 7-7　普通混凝土小型空心砌块示意图

根据《普通混凝土小型砌块》(GB/T 8239—2014)的规定,普通混凝土小型空心砌块的主要技术性质包括以下几个方面。

1. 主要技术性质

(1)强度

混凝土砌块的强度是用砌块受压面的毛面积除以破坏荷载求得的,混凝土小型空心砌块的强度等级分为 MU5.0、MU7.5、MU10.0、MU15.0、MU20.0、MU25.0、MU30.0、MU35.0 和 MU40.0 九个等级。

(2)密度

混凝土砌块的密度取决于拌制混凝土的原材料、混凝土配合比、砌块的规格尺寸、孔型和孔结构、生产工艺等。普通混凝土砌块的密度一般为 1 100~1 500 kg/m^3,轻混凝土砌块的密度一般为 700~1 000 kg/m^3。

(3)吸水率和软化系数

一般而言,混凝土砌块的吸水率和软化系数取决于原材料的种类、配合比、砌块的密实度和生产工艺等。用普通砂、石作集料的砌块,吸水率低,软化系数较高;用轻集料生产的砌块,吸水率高,而软化系数低。砌块密实度高,则吸水率低,而软化系数高;反之,则吸水率高,软化系数低。通常普通混凝土砌块的吸水率在 6%~8%之间,软化系数为 0.85~0.95。

(4)收缩

与烧结砖相比较,砌块砌筑的墙体较易产生裂缝,其原因是多方面的,有设计的原因,有施工的原因,还有使用的原因。就墙体材料本身而言,原因有两个:一是由于砌块失去水分而产生收缩;二是由于砂浆失去水分而收缩。砌块的收缩值取决于所采用的集料种类、混凝土配合比、养护方法和使用环境的相对湿度。普通混凝土砌块和轻集料混凝土砌块在相对湿度相同的条件下,轻集料混凝土砌块的收缩值较大一些;采用蒸压养护工艺生产的砌块比采用蒸汽养护的砌块收缩值要小。

(5)导热系数

混凝土砌块的导热系数因混凝土材料的不同而有差异。如在相同的孔结构、规格尺寸和工艺条件下,以碎石、卵石和砂为集料生产的混凝土砌块,其导热系数要大于以煤渣、火山渣、浮石、煤矸石、陶粒等为集料的混凝土砌块;又如在相同的材料、壁厚、肋厚和工艺条件下,由于孔结构不同(如单排孔、双排孔或三排孔砌块),单排孔砌块的导热系数要大于多排孔砌块。

2. 混凝土小型空心砌块的应用

混凝土小型空心砌块是由可塑的混凝土加工而成,其形状、大小可随设计要求不同改变,因此它既是一种墙体材料,又是一种多用途的新型土木工程材料。混凝土砌块的强度会因为混凝土的配合比和砌块孔洞的改变而有较大幅度的变化,因此,可用作承重墙体和非承重的填充墙体。混凝土砌块自重较实心黏土砖轻,所吸收的地震作用较小,砌块有空洞便于浇注配筋芯柱,能提高建筑结构的延性。此外,混凝土砌块的绝热、隔音、防火、耐久性等大体与黏土砖相同,能满足一般建筑要求。

混凝土小型空心砌块还可用于砌筑挡土墙,此外还在道路护坡、堤岸护坡等市政工程中使用。

7.3.2 蒸压加气混凝土砌块

蒸压加气混凝土砌块(简称加气混凝土砌块),是以钙质材料和硅质材料为基本原料,经过磨细,并掺加发气剂,按一定比例配合,再经过料浆浇筑、发气成型、坯体切割和蒸压养护等工艺制成的一种轻质、多孔的土木工程材料。

蒸压加气混凝土砌块发气剂又称加气剂,是制造加气混凝土的关键材料。发气剂大多选用脱脂铝粉。掺入浆料中的铝粉,在碱性条件下产生化学反应:铝粉极细,产生的氢气形成许多小气泡,保留在快凝固的混凝土中。这些大量均匀分布的小气泡,使加气混凝土砌块具有许多优良特性。

加气混凝土砌块具有表观密度小、保温性能和抗震性能好及可加工等优点,一般在建筑物中主要用作非承重墙体的隔墙。另外,由于加气混凝土内部含有许多独立的封闭气孔不仅切断了部分毛细孔的通道,而且在水的结冰过程中起着压力缓冲作用,所以具有较高的抗冻性。

蒸压加气混凝土砌块的技术性能应满足《蒸压加气混凝土砌块》(GB/T 11968—2020)的要求,主要技术性质包括以下几个方面。

1. 主要技术性质

(1)规格尺寸

蒸压加气混凝土砌块的常用规格尺寸见表 7-10。如需要其他规格,可由供需双方协商确定。

表 7-10　蒸压加气混凝土砌块常用规格尺寸　　单位:mm

长度 L	宽度 B	高度 H
600	100、120、125	200、240、250、300
	150、180、200	
	240、250、300	

(2)抗压强度和干密度

蒸压加气混凝土砌块按抗压强度分为 A1.5、A2.0、A2.5、A3.5、A5.0 五个级别,按干密度分为 B03、B04、B05、B06、B07 五个级别。抗压强度和干密度应符合表 7-11 的规定。

表 7-11　蒸压加气混凝土砌块的抗压强度和干密度要求

强度级别	抗压强度/MPa		干密度级别	平均干密度/(kg/m^3)
	平均值	最小值		
A1.5	≥1.5	≥1.2	B03	≤350
A2.0	≥2.0	≥1.7	B04	≤450
A2.5	≥2.5	≥2.1	B04	≤450
			B05	≤550
A3.5	≥3.5	≥3.0	B04	≤450
			B05	≤550
			B06	≤650
A5.0	≥5.0	≥4.2	B05	≤550
			B06	≤650
			B07	≤750

(3)标记

产品以蒸压加气混凝土砌块代号(AAC-B)、强度和干密度分级、规格尺寸和标准编号进行标记。例如:抗压强度为 A3.5、密度为 B05、规格尺寸为 600 mm×200 mm×250 mm 的蒸压加气混凝土 Ⅰ 型砌块,其标记为 AAC-B A3.5 B05 600×200×250(Ⅰ)GB/T 11968—2020。

2. 蒸压加气混凝土砌块的应用

蒸压加气混凝土砌块适用于各类建筑地面(±0.000)以上的内外填充墙和地面以下的内填充墙(有特殊要求的墙体除外)。

蒸压加气混凝土砌块不应直接砌筑在楼面、地面上。对于厕浴间、露台、外阳台以及设置在外墙面的空调机承托板与砌体接触部位等经常受干湿交替作用的墙体根部,宜浇筑宽度同墙厚、高度不小于 0.2 m 的 C20 素混凝土墙垫;对于其他墙体,宜用蒸压灰砂砖在其根部砌筑高度不小于 0.2 m 的墙垫。

7.3.3 石膏砌块

石膏砌块是以建筑石膏为主要原材料,经加水搅拌、浇注成型和干燥制成的轻质建筑石膏制品。生产中允许加入纤维增强材料或轻集料,也可加入发泡剂。它具有隔声防火、施工便捷等多项优点,是一种低碳环保、健康、符合时代发展要求的新型墙体材料。通常为了减小表观密度和降低导热性,可掺入适量的锯末、膨胀珍珠岩、陶粒等轻质多孔填充材料。在石膏中掺入防水剂可提高其耐水性。石膏砌块轻质、绝热吸气、不燃、可锯可钉,生产工艺简单,成本低。石膏砌块多用作建筑的内隔墙。

7.3.4 轻集料混凝土小型空心砌块

轻集料混凝土小型空心砌块(LHB)是以粉煤灰陶粒、黏土陶粒、天然轻集料、膨胀珍珠岩等轻集料与水泥、砂、水拌和,经装模、振动成型,再经养护而成。其空洞率大于等于25%,按照砌块孔的排数分类为:单排孔、双排孔、三排孔、四排孔等,主要规格尺寸为390 mm×190 mm×190 mm,其他尺寸可由供需双方商定。

根据《轻集料混凝土小型空心砌块》(GB/T 15229—2011)规定,轻集料混凝土小型空心砌块按干表观密度(kg/m^3)分为700、800、900、1 000、1 100、1 200、1 300、1 400八个密度等级;按强度分为MU2.5、MU3.5、MU5.0、MU7.5和MU10.0五个等级,数字表示强度值(MPa)。

轻集料混凝土小型空心砌块自重较轻、保温隔热性能好、抗震性好、防火性能好,适用于多层或高层的非承重及承重保温墙、框架结构填充墙等。

7.4 新型墙体材料

随着材料科学的不断发展和建筑结构体系的深入改革,各种轻质板材、复合墙体蓬勃兴起。目前可用于墙体的板材品种很多,有承重用的预制混凝土大板、质量较轻的石膏板、加气混凝土板、纤维板、多功能复合板材以及隔热保温的铝合金夹芯板、彩钢夹芯板等。新型墙体材料正朝着大型、轻质、节能、环保、复合及其他集多功能于一体的方向发展。

7.4.1 石膏类墙板

石膏类墙板在轻质墙体中占有很大比例,主要有纸面石膏板、纤维石膏板、石膏空心条板和纤维增强石膏压力板。

1. 纸面石膏板

纸面石膏板是以建筑石膏为主要原料,掺入适量添加剂与纤维做板芯,以特制的板纸为护面,经加工制成的板材。纸面石膏板具有重量轻、隔声、隔热、加工性能强、施工方法简单等特点。纸面石膏板可分为普通、耐水、耐火三类。若掺入耐水外加剂和采用防水护面纸或以无机耐火纤维为增强材料制成的建筑板材分别称为耐水纸面石膏板或耐火纸面石膏板。

普通纸面石膏板适用于建筑物的围护墙、内隔墙和吊顶。在厨房、卫生间以及空气相对湿度大于 70%的潮湿环境中使用时,必须采取相应的防潮措施。耐水纸面石膏板可用于相对湿度较大的环境,如卫生间、厨房、浴室等贴瓷砖、金属板、塑料面砖墙的衬板;耐火纸面石膏板主要用于对防火要求较高的房屋建筑中。

2. 纤维石膏板

纤维石膏板是以石膏为主要原料,加入适量无机或有机纤维和外加剂,经打浆、铺浆、脱水、成型、干燥而成的一种板材。

纤维石膏板可节省护面纸,具有轻质、高强、保温隔热、防火、加工性好等性能,其尺寸规格和用途与纸面石膏板相同。纤维石膏板主要用于工业与民用建筑的非承重内墙、天棚吊顶及内墙贴面等。

3. 石膏空心条板

石膏空心条板是以建筑石膏为基材,掺以无机轻集料、无机纤维增强材料加工而成的空心条板。其品种有石膏珍珠岩板、石膏纤维板及耐水增强石膏板等。石膏空心条板具有强度高、保温性好、防火性好、轻质、加工简单等特点,主要用于建筑物的非承重内隔墙。

4. 纤维增强石膏压力板

纤维增强石膏压力板式以天然硬石膏(无水石膏)为基料,加入防水剂、激发剂、混合纤维,用圆网抄取工艺成型压制而成的轻型建筑薄板,具有硬度高、平整度好、抗翘曲变形能力强等特点,可用于各种室内隔墙、吊顶等。

7.4.2　水泥类墙板

水泥类墙板主要有玻璃纤维增强低碱度水泥轻质板(GRC 板)、轻集料混凝土配筋墙板、纤维增强低碱度水泥建筑平板、水泥木丝板、水泥刨花板等。水泥类墙板具有较好的力学性能和耐久性,但表观密度大、抗拉强度低等缺点也在一定程度上限制了其使用。

1. 玻璃纤维增强低碱度水泥轻质板

玻璃纤维增强低碱度水泥轻质板是以耐碱玻璃纤维、低碱度水泥、轻集料和水为主要原料,经布浆、脱水、辊压、养护制成的板材,其品种有硅质 GRC 墙板、陶粒 GRC 墙板、微沫 GRC 墙板等。

玻璃纤维增强低碱度水泥轻质板具有轻质、高强、不易变形、防水防潮、不燃、保温等特点,同时可加工性好,可锯可钉、施工方便,适用于各种填充内墙,对外墙不太适用,一般用于工业与民用建筑的内隔墙及复合墙体的外墙面。

2. 轻集料混凝土配筋墙板

轻集料混凝土配筋墙板是以水泥为胶结料,陶粒或天然浮石等为粗集料,陶粒、膨胀珍珠岩、浮砂等为细集料,经搅拌、成型、养护而制成的配筋轻质墙板。轻集料混凝土配筋墙板可用于承重或非承重外墙板、内墙板、楼板、屋面板和阳台板等。

7.4.3 复合墙板

随着建筑结构体系和新型墙体材料的发展,各种复合墙板也迅速兴起。常用的复合墙板主要由承受外力的结构层(多为普通混凝土或金属板)、保温层(矿棉、泡沫塑料、加气混凝土等)及面层(具有可装饰性的轻质薄板)组成。这种夹芯结构的板材可将承重材料和保温材料的功能充分利用,并可根据实际情况更换组成材料,达到使用目的。

1. 含保温层的复合墙板

复合墙板由结构层、保温层和装饰层组成,可满足外墙保温、隔热、防水、隔声和承重等多功能要求。这种复合墙板强度高、保温性好、施工方便,使承重和保温材料性能都得到充分发挥。目前在建筑工程中主要有钢丝网水泥夹芯板、混凝土岩棉复合外墙板、超轻隔热夹芯板等,其中超轻隔热夹芯板是主流产品。

超轻隔热夹芯板是外层采用高强度参考的轻质薄板,内层以轻质的保温隔热材料为芯材,通过成型机,用高强度黏结剂将二者黏结在一起,再经过加工、修边、开槽等工艺加工而成的复合板材。用于外层的薄板主要有铝合金板、不锈钢板、彩色镀锌钢板、石膏纤维板、复合材料板等,芯材有玻璃棉毡、岩棉、阻燃型发泡聚苯乙烯、矿棉、硬质发泡聚氨酯等。

超轻隔热夹芯板可多次拆装重复使用,广泛应用于厂房、仓库、办公室、商场等,还可用于活动房、室内隔断、天棚、冷库等。

2. 龙骨面板复合墙板

龙骨面板复合墙板主要以薄板和龙骨组成墙体,通常以轻钢龙骨或石膏龙骨为骨架,以矿棉、岩棉、玻璃棉、泡沫塑料邓为保温吸音填充层,外覆以新型薄板,薄板主要有纸面石膏板、石棉水泥板、纤维增强硅酸钙板等。龙骨面板复合墙板具有轻质、高强、形式灵活、施工方便等特点,主要用于建筑物的内外墙、天花板、内墙隔断等。

7.5 砌墙砖检测

砌墙砖的检测主要包括尺寸偏差、外观质量、抗压强度等方面的检测,按照以下检测依据进行:

(1)《烧结普通砖》(GB/T 5101—2017);

(2)《砌墙砖试验方法》(GB/T 2542—2012)。

7.5.1 砌墙砖的偏差检测

1. 取样

烧结普通砖按 3.5 万~15 万块为一检验批,不足 3.5 万块按一批计。采用随机抽样的方法取样,外观质量检验的试样,在每一检验批的产品堆垛中抽取 50 块,尺寸偏差建议的试样从外观质量检验后的样品中抽取 20 块。

2. 量具

砖用卡尺,如图 7-8 所示,分度值为 0.5 mm。

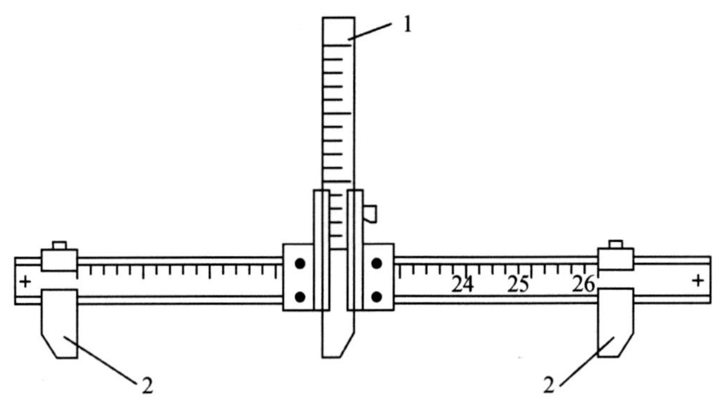

1—垂直尺;2—支脚。

图 7-8　砖用卡尺

3. 测量方法

用砖用卡尺分别测量 20 块试样砖的长度、宽度和高度。长度应在砖的两个大面的中间处分别测量两个尺寸,宽度应在砖的两个大面的中间处分别测量两个尺寸,高度应在两个条面的中间处分别测量两个尺寸,如图 7-9 所示。当被测处有缺损或凸出时,可在其旁边测量,但应选择不利的一侧,精确至 0.5 mm。

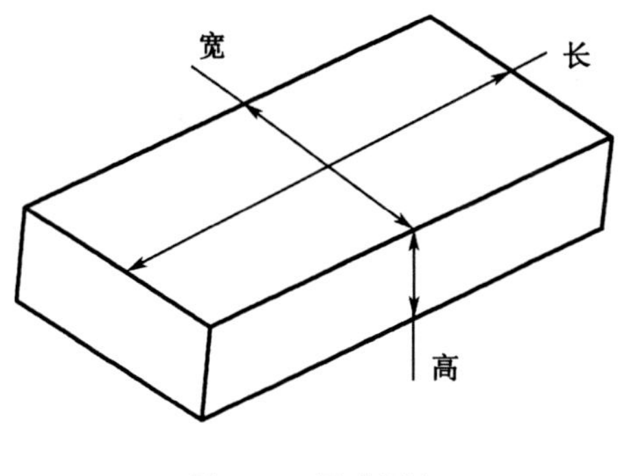

图 7-9　尺寸量法

4. 结果与评定

每一方向尺寸以两个测量值的算术平均值表示,精确至 1 mm。

7.5.2　砌墙砖的外观质量检测

1. 量具

砖用卡尺,分度值为 0.5 mm;钢直尺,分度值为 1 mm。

2. 测量方法

(1)缺损

缺棱掉角在砖上造成的破损程度,以破损部分对长、宽、高三个棱边的投影尺寸来度量,称为破坏尺寸,如图 7-10 所示。缺损造成的破坏面是指缺损部分对条面、顶面(空心砖为条面、大面)的投影面积,如图 7-11 所示。空心砖内壁残缺及肋残缺尺寸,以长度方向的投影尺寸来度量。

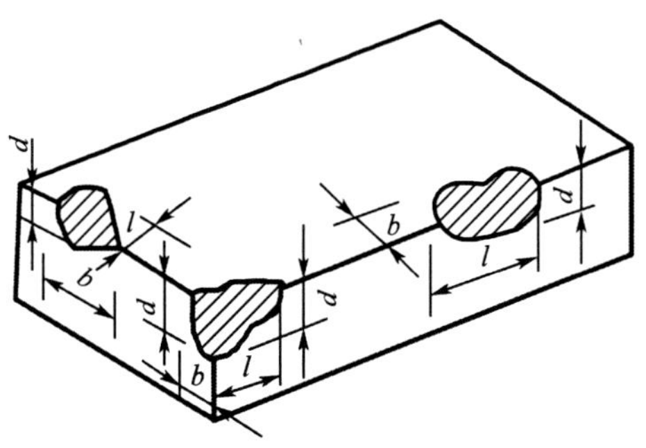

l—长度方向的投影尺寸;*b*—宽度方向的投影尺寸;*d*—高度方向的投影尺寸。

图 7-10 缺棱掉角破坏尺寸法

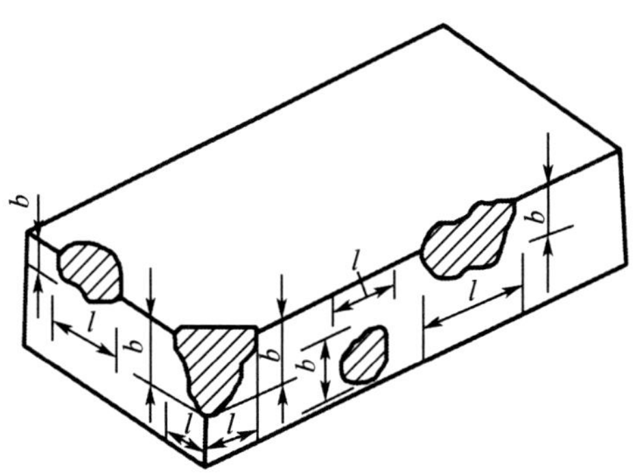

l—长度方向的投影尺寸;*b*—宽度方向的投影尺寸。

图 7-11 缺损在条面、顶面上造成破坏面法

(2)裂纹

裂缝分为长度方向、宽度方向和水平方向三种,以被测方向的投影长度表示。如果裂纹从一个面延伸到其他面上,则累计其延伸的投影长度,如图 7-12 所示。多孔砖的孔洞与裂纹相通时,将孔洞包括在裂纹内一并测量,如图 7-13 所示。裂纹长度以在 3 个方向上分别测得的最长裂纹长度作为测量结果。

(3)弯曲

弯曲分别在大面和条面上测量,测量时将砖用卡尺的两个支脚沿棱边两端放置,择其弯曲最大处将垂直尺推至砖面,如图 7-14 所示,但不应将因杂质或碰伤造成的凹处计算在内。以弯曲中测得的较大者作为测量结果。

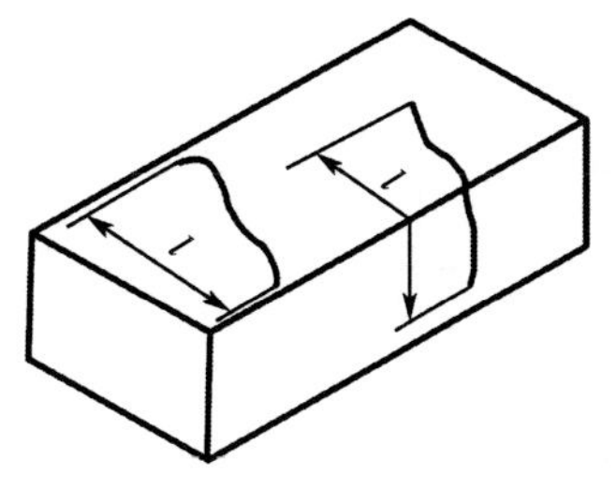

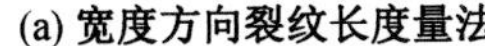
(a) 宽度方向裂纹长度量法

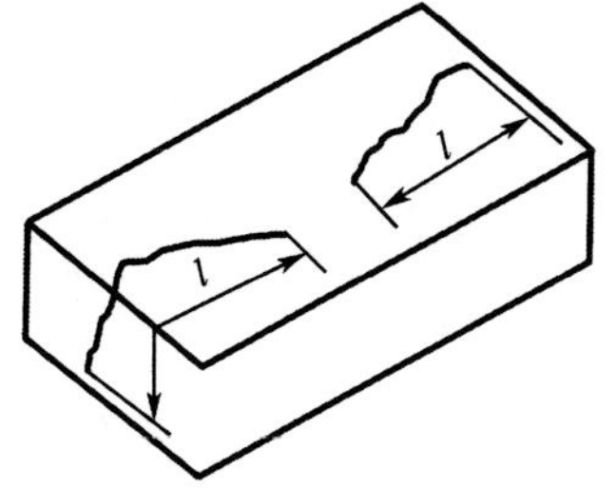

(b) 长度方向裂纹长度量法

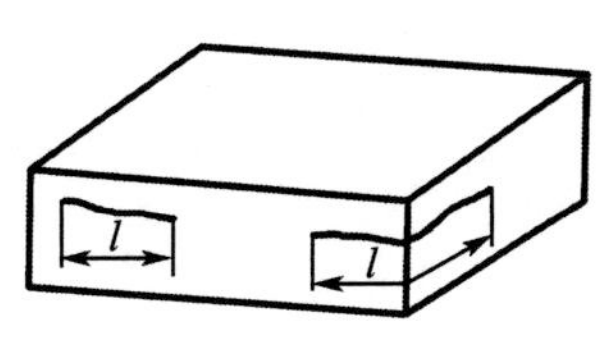

(c) 水平方向裂纹长度量法

图 7-12　裂纹长度量法

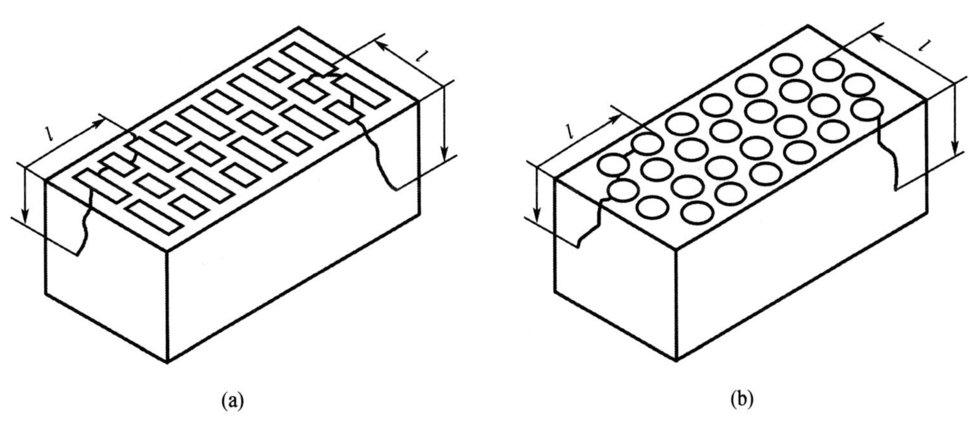

(a)　　(b)

图 7-13　多孔砖裂纹通过孔洞时长度量法

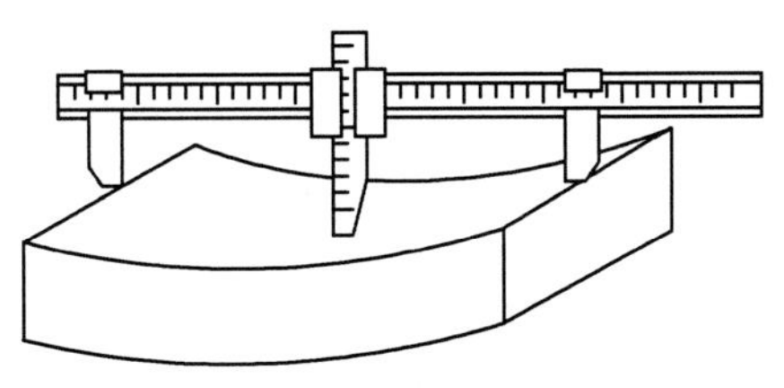

图 7-14　弯曲量法

(4)杂质凸出高度

杂质在砖面上造成的凸出高度以杂质距砖面的最大距离表示,测量时将砖用卡尺的两个支脚置于凸出两边的砖平面上,以垂直尺测量,如图 7-15 所示。

(5)色差

抽取试样 20 块,装饰面朝上随机分两排并列,在自然光霞距离砖样 2 m 处进行目测。

3. 结果与评定

外观测量结果以 mm 为单位,不足 1 mm 者,按 1 mm 计。

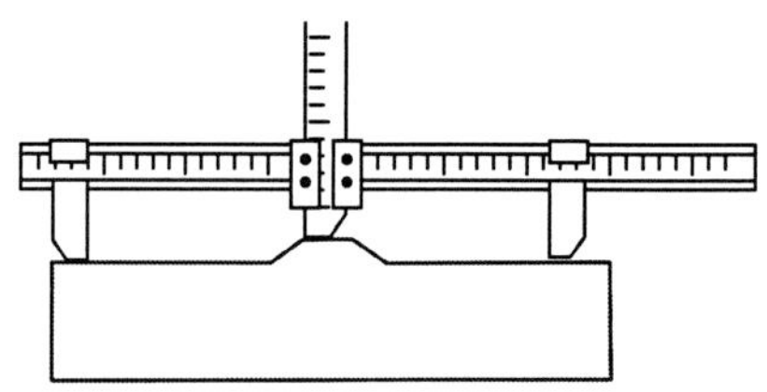

图 7-15　杂质凸出量法

7.5.3　砌筑砖抗压强度检测

1. 取样

烧结普通砖按 3.5 万~15 万块为一检验批，不足 3.5 万块按一批计。采用随机抽样的方法取样，在进场产品堆垛中抽取外观质量合格的样品 10 块进行抗压强度试验。

2. 仪器设备

(1)材料试验机：试验机的示值相对误差不大于±1%，其下加压板应为球铰支座，预期最大破坏荷载应在量程的 20%~80%；

(2)试件制备平台：试件制备平台必须平整水平，可用金属或其他材料制作；

(3)水平尺：规格为 250~300 mm；

(4)钢直尺：分度值为 1 mm；

(5)振动台、制样模具、搅拌机：符合《砌筑砖抗压强度试验制备设备通用要求》(GB/T 25044—2010)的要求；

抗压强度试验用净浆材料：符合《砌筑砖抗压强度试验用净浆材料》(GB/T 25183—2010)的要求。

3. 试样制备

(1)一次成型制样

一次成型制样适用于采用样品中间部位切割，交替叠加灌浆制成强度试验试样的方式。

将试样切断或锯成两个半截砖，断开的半截砖长不得小于 100 mm，如图 7-16 所示。如果不足 100 mm，应另取备用试样补足。

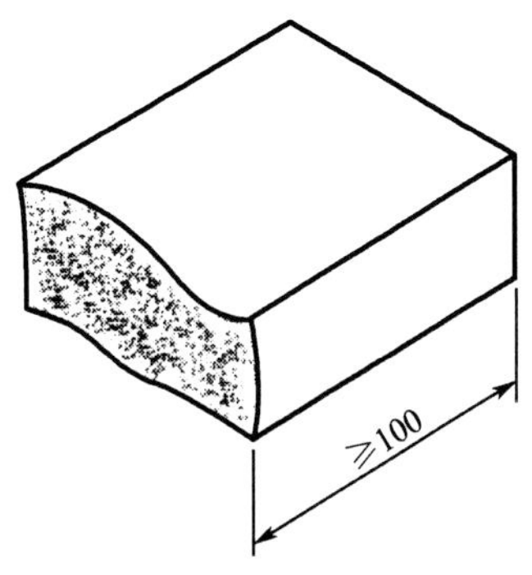

图 7-16　半截砖长度示意图

将已断开的两个半截砖放入室温的净水中浸 10~20 min 后取出，在铁丝网架上滴水 20~30 min，以断口相反方向叠放装入纸样模具中。用插板控制两个半砖间距不应大于 5 mm，砖大面与模具间距不应大于 3 mm，砖断面、顶面与模具间垫以橡胶垫或其他密封材料，模具内表面涂油或脱模剂。一次成型制样模具及插板如图 7-17 所示。

(2)二次成型制样

二次成型制样适用于采用整块砖样品上下表面灌浆制成强度试验试样的方式。

将整块试样放入室温的净水中浸 10~20 min 后取出,在铁丝网架上滴水 20~30 min。按照净浆材料配制要求,置于搅拌机中搅拌均匀。模具内表面涂油或脱模剂,加入适量搅拌均匀的净浆材料,将整块试样一个承压面与净浆接触,装入制样模具中,承压面找平层厚度不应大于 3 mm,接通振动台电源振动 0.5~1 min,停止振动,静置至净浆材料初凝(15~19 min)后拆模,用同样方法完成整块试样另一承压面的找平,二次成型制样模具如图 7-18 所示。

(3)非成型制样

非成型制样适用于无须进行表面找平处理制样的方式。

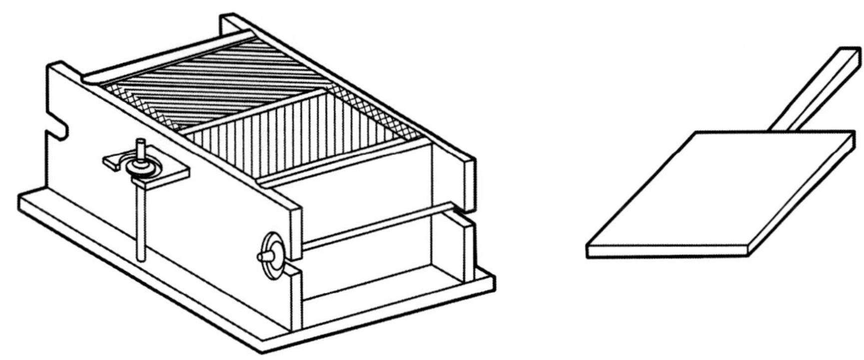

图 7-17　一次成型制样模具及插板

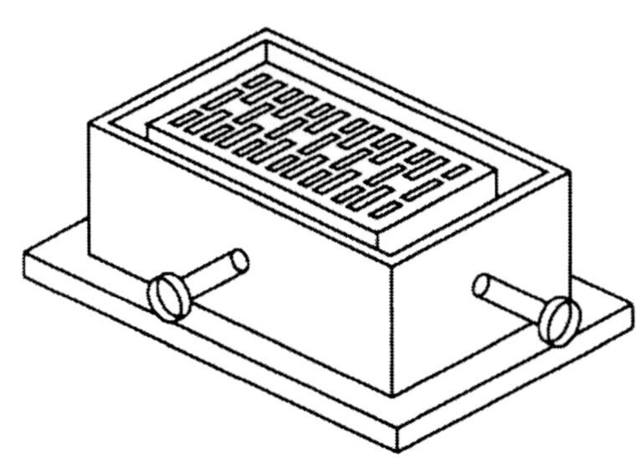

图 7-18　二次成型制样模具

将试样锯成两个半截砖,两个半截砖用于叠合部分的长度不得小于 100 mm,如果不足 100 mm,应另取备用试样补足。两半截砖切断口相反叠放,叠合部分不得小于 100 mm,如图 7-19 所示,即为抗压强度试样。

4. 试样养护。

一次成型试样、二次成型试样在不低于 10 ℃的不通风室内养护 4 h。非成型试样不需要养护。

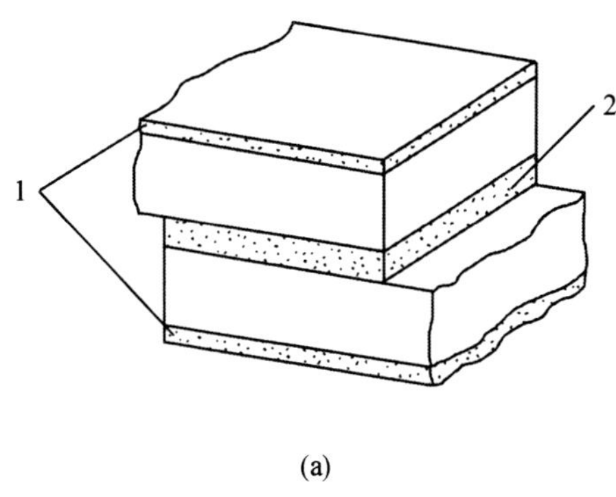

(a)

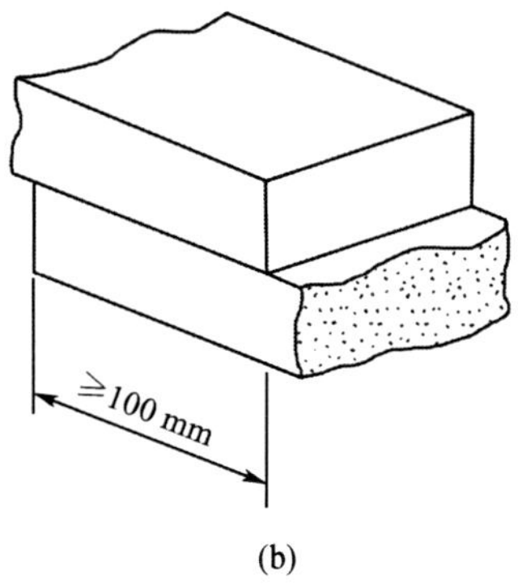

(b)

1—净浆层厚;2—净浆层厚 5 mm。

图 7-19　半截砖叠合示意图

5. 试验步骤

测量每个试件连接面或受压面的长、宽尺寸各两个,分别取其平均值,精确至 1 mm。

将试样平放在加压板的中央,垂直于受压面加荷,应均匀平稳,不得发生冲击或振动。加荷速度以 2~6 kN/s 为宜,直至试件破坏为止,记录最大破坏荷载 P。

6. 结果计算与评定

每块试样的抗压强度(R_P)按式(7-2)计算,精确至 0.01 MPa。

$$R_P = \frac{P}{L \cdot B} \tag{7-2}$$

式中　R_P——抗压强度,MPa;

P——最大破坏荷载,N;

L——受压面(连接面)的长度,mm;

B——受压面(连接面)的宽度,mm。

7.5.4　砌筑砖抗折强度检测

1. 取样

烧结普通砖按 3.5 万~15 万块为一检验批,不足 3.5 万块按一批计。采用随机抽样的方法取样,在进场产品堆垛中抽取外观质量合格的样品 10 块进行抗压强度试验。

2. 仪器设备

材料试验机:试验机的示值相对误差不大于±1%,其下加压板应为球铰支座,预期最大破坏荷载应在量程的 20%~80%之间;

抗折夹具:抗折试验的加荷为三点加荷,其上压辊和下支辊的曲率半径为 15 mm,下支辊应有一个为铰接固定。

钢直尺:分度值为 1 mm。

3. 试样处理

试样应放在温度为(20±50)℃的水中浸泡 24 h 后取出,用湿布拭去其表面水分进行抗折强度试验。

4. 试验步骤

测量试样的宽度和高度尺寸各 2 个,分别取其平均值,精确至 1 mm。

调整抗折夹具下支辊的跨距为砖规格长度减去 40 mm,但规格长度为 190 mm 的砖,其跨距为 160 mm。将试样大面平放在下支辊上,试样两端面与下支辊的距离应相同,当试样有裂缝或凹陷时,应使有裂缝或凹陷的大面朝下,以 50～150 kN/s 的速度加载直至试件断裂,记录最大破坏荷载 P。

6. 结果计算与评定

每块试样的抗折强度(R_c)按式(7-3)计算,精确至 0.01 MPa。

$$R_c = \frac{3PL}{2BH^2} \tag{7-3}$$

式中　R_c——抗压强度,MPa;

P——最大破坏荷载,N;

L——跨距,mm;

B——试样宽度,mm;

H——试样高度,mm。

试验结果以试样抗折强度的算术平均值和标准值或单块最小值表示,精确至 0.1 MPa。

思考题

1. 烧结普通砖在砌筑前为什么要浇水使其达到一定的含水率?
2. 烧结普通砖按焙烧时的火候可分为哪几种? 各有何特点?
3. 烧结多孔砖、空心砖与实心砖相比,有什么技术经济意义?
4. 砌块与砖相比有什么优点?
5. 试比较混凝土空心砌块与蒸压加气混凝土砌块的差别,它们的适用范围有何不同?
6. 为什么国家大力推广烧结空心砖和空心砌块,有什么技术经济意义?

第8章　建筑钢材

金属材料包括黑色金属和有色金属两大类。黑色金属是指以铁元素为主要成分的金属及其合金,如碳素钢、合金钢和铸铁等;有色金属是指黑色金属以外的以其他金属元素为主要成分的金属及其合金,如铝、铜、铅、锌等及其合金。

建筑钢材是指建筑工程中使用的各种钢材,包括钢结构中使用的各种型钢、钢板、钢管和钢筋混凝土结构中使用的各种钢筋、钢丝和钢绞线,以及围护结构和装饰工程中使用的各种深加工钢板和复合板。钢材广泛应用于铁路、桥梁和房屋建筑等各种工程中,是土木工程中用量最大的金属材料。

建筑钢材的品质优异、特点鲜明,其主要特点有:

(1)轻质高强,比强度值大。钢材与砖、石、混凝土等材料相比,其密度大、强度高,所以承受相同荷载时,钢结构要比其他结构体积小、自重轻。通常当跨度和荷载均相同时,钢屋架的质量仅为钢筋混凝土屋架质量的1/3~1/4,冷弯薄壁型钢屋架甚至只有钢筋混凝土屋架质量的1/10。

(2)品质均匀,弹性、塑性、韧性好。钢材是比较理想的各向同性材料,便于建立结构计算模型,计算结果可靠;钢材良好的弹性、塑性、韧性性能,使钢结构变形较小,且其结构破坏属延性破坏,对承受冲击荷载、振动荷载适应性强,尤其适用于地震区的抗震结构。

(3)可加工性好,施工方便。钢材具有很好的加工性能,可以铸造、切割、锻压成各种形状;与浇筑混凝土结构施工相比,钢材可进行现场焊接、铆接或螺栓连接等多种方式连接,构件连接方便,装配式施工方便、快捷。

(4)绿色、环保、可重复利用。钢材的加工和使用具有可循环性,其加工过程中产生的余料、碎屑,以及使用后废弃或破坏了的钢结构构件,均可重新回炉冶炼成钢材;由于重复利用,可减少对环境的污染,符合绿色建材的发展目标。

(5)易腐、耐热、防火性能差。钢材易锈蚀,因而钢结构需要定期维护,后期维护成本较高,而且钢材耐热、防火性能差,这些缺点在一定程度限制了它的应用。目前,国内外在这方面的研究日益深入,从而可保证结构的安全、适用与耐久。

钢材广泛应用于建筑工程的混凝土结构和钢结构中,在大跨度、大荷载的厂房、仓库、大型商场、体育场馆、飞机场乃至超高层建筑中,钢材已成为不可或缺的材料;在预应力混凝土结构中,低合金高强结构钢以其优异的性能得到广泛应用;在桥梁工程和铁路建设中,钢材的应用更是占有绝对的地位。

8.1 钢材的冶炼和分类

8.1.1 钢材的冶炼

1. 钢材的冶炼原理

钢也称为铁碳合金,其主要化学成分是铁元素,其次为碳元素,此外还含有少量的硅、锰、钛、钒、铌等合金元素及磷、硫、氧、氮等杂质元素。通常,含碳量大于2%的铁碳合金称为生铁或铸铁;含碳量小于2%的铁碳合金则称为钢。

钢材是由生铁冶炼而成,而生铁是由铁矿石、焦炭和少量石灰石等在高温的作用下进行一系列还原反应而生成的。生铁的主要成分是铁,由于含有较多的碳以及硫、磷、硅、锰等杂质,其性能硬而脆,塑性差,抗拉强度低,使用受到很大限制。

钢的冶炼则是将熔融的铁水进行氧化,将碳元素转变为一氧化碳或二氧化碳排出,使碳的含量降低到预定的范围以下;其中硫、磷、锰、硅等杂质在氧化环境下,以氧化物的形式成渣被去除,含量降低到允许的范围内,钢的强度、塑性等能得到显著改善,这一阶段称为精炼过程。

在炼钢过程中,由于必须供给足够的氧,以保证杂质元素氧化,排入渣中,故精炼后的钢液中还留有一定量的氧化铁,氧化铁含量越多,钢材的脆性越大,为了消除它的影响,在精炼结束后应加入硅、锰、铁等脱氧剂,以去除钢液中的氧,这一阶段称为脱氧过程。

2. 钢材的冶炼方法

钢材的冶炼通常有三种方法。

(1)氧气转炉法

氧气转炉法是以熔融铁水为原料,由炉顶向转炉内吹入高压氧气,将铁水中多余的碳以及硫、磷等有害杂质迅速氧化而被有效去除。该方法的冶炼速度快(每炉仅需25~45 min),钢质较好且成本较低。氧气转炉法常用来生产优质碳素钢和合金钢,是目前最主要的一种炼钢方法。

(2)平炉法

平炉法是以固体或液态生铁、废钢铁及适量的铁矿石为原料,以煤气或重油为燃料,依靠废钢铁及铁矿石中的氧与杂质起氧化作用而成熔渣,熔渣浮于表面,使下层液态钢水与空气隔绝,避免了空气中的氧、氮等进入钢中。该方法冶炼时间长(每炉需4~12 h),有足够的时间调整和控制其成分,去除杂质更为彻底,故钢材质量好。平炉法可用于炼制优质碳素钢、合金钢及其他有特殊要求的专用钢。其缺点是能耗高、成本高,已逐渐被淘汰。

(3)电炉法

电炉法是以废钢铁及生铁为原料,利用电能加热进行高温冶炼。该方法熔炼温度高,且温度可自由调节,清除杂质较易,故钢材的质量最好,但成本也最高。电炉法主要用于冶炼优质碳素钢及特殊合金钢。

8.1.2 钢材的分类

1. 按化学成分分类

钢材以铁为主要元素,其含碳量在2.0%以下,并含其他元素。钢材按化学成分可分为碳素钢和合金钢两大类。

(1)碳素钢

含碳量为0.02%~2.0%的铁碳合金称为碳素钢,也称碳钢。碳素钢根据含碳量可分为:低碳钢,含碳量小于0.25%;中碳钢,含碳量为0.25%~0.6%;高碳钢,含碳量大于0.6%。

(2)合金钢

碳素钢中加入一定量的合金元素则称为合金钢。在合金钢中含铁、碳和少量不可避免的硅(Si)、锰(Mn)、磷(P)、氮(N)等元素之外,还特意加入一定量的硅、锰、钛(Ti)、钒(V)、镍(Ni)、铌(Nb)等一种或几种元素进行合金化,以改善钢材的性能,这些元素统称为合金元素。按合金元素的总含量可分为:低合金钢,合金元素总含量小于5%;中合金钢,合金元素总含量为5%~10%;高合金钢,合金元素总含量大于10%。

2. 按品质分类

钢材按其有害杂质硫、磷的含量,可分为四类。

(1)普通钢:钢中硫含量小于0.050%,磷含量小于0.045%。

(2)优质钢:钢中硫含量小于0.035%,磷含量小于0.035%。

(3)高级优质钢:钢中硫含量小于0.025%,磷含量小于0.025%,高级优质钢的钢号后加"高"字或字母"A"。

(4)特级优质钢:钢中硫含量小于0.015%,磷含量小于0.025%,特级优质钢的钢号后加字母"E"。

3. 按冶炼时脱氧程度分类

钢材根据炼钢过程中脱氧程度不同,可分为沸腾钢、镇静钢、半镇静钢和特殊镇静钢四类。

(1)沸腾钢

沸腾钢代号为"F"。当炼钢时脱氧不充分,钢液中还有较多金属氧化物,浇铸钢锭后钢液冷却到一定温度时,其中的碳会与金属氧化物发生反应,生成大量一氧化碳气体外逸,引起钢液激烈沸腾,因此称为沸腾钢。沸腾钢中碳和磷、硫等在钢中分布不均匀,富集于某些区间的现象较严重,钢的致密程度较差,故钢的冲击韧性和可焊性较差,特别是低温冲击韧性的降低更显著;但其生产成本较低,成品率较高,比较经济。沸腾钢广泛应用于一般工程。

(2)镇静钢

镇静钢代号为"Z"。当炼钢时脱氧充分,钢液中金属氧化物很少甚至没有,在浇铸钢锭时钢液会平静地冷却凝固,这种钢称为镇静钢。镇静钢组织致密,气泡少,偏析程度小,力学性能优异,质量高;由于炼钢时需要充分脱氧,工艺复杂,故而生产成本高。镇静钢广泛用于承受冲击荷载作用的结构、抗震结构或其他重要结构。

(3)半镇静钢

半镇静钢代号为“b”。半镇静钢是指脱氧程度和性能都介于沸腾钢和镇静钢之间的钢材。

(4)特殊镇静钢

特殊镇静钢代号为“TZ”。特殊镇静钢比镇静钢脱氧程度更充分彻底,钢的质量最好,成本最高,适用于特别重要的结构工程。

4. 按用途分类

钢材按其用途可分为结构钢、工具钢、特殊钢和专用钢。

(1)结构钢

结构钢主要用于建造工程结构及制造机械零件,一般为低碳钢或中碳钢。工程结构用钢主要有碳素钢、低合金结构钢等;机械零件用钢有机械制造用钢、弹簧钢和轴承钢等。

(2)工具钢

工具钢主要用于制造各种工具、量具及模具,一般为高碳钢,有碳素工具钢、合金工具钢、高速工具钢等。

(3)特殊钢

特殊钢是具有特殊物理、化学或机械性能的钢,一般为合金钢,如低温用钢、抗氧化钢、不锈钢、耐热钢、耐酸钢、耐磨钢、磁性钢等。

(4)专用钢

专用钢是指满足特殊行业使用的钢材,如桥梁、船舶、锅炉、压力容器及农用用钢等。

8.2　建筑钢材的力学与工艺性能

钢材的主要性能包括力学性能和工艺性能。力学性能是钢材最重要的使用性能,包括抗拉性能、冲击韧性和耐疲劳性等。工艺性能是指钢材在各种加工过程中的性能,包括冷弯性能和可焊性等。

8.2.1　抗拉性能

抗拉性能是建筑钢材最重要的性能之一。由拉力试验测定的屈服点、抗拉强度和伸长率是钢材抗拉性能的主要技术指标。钢材的抗拉性能,可通过低碳钢(软钢)受拉时的应力—应变图阐明(图 8-1)。

图 8-1 为低碳钢在常温和静载条件下的抗拉应力—应变曲线。从图中可见,就变形性质而言,曲线可划分为四个阶段,即弹性阶段($O-A$)、弹塑性阶段($A-B$)、塑性阶段($B-C$)、应变强化阶段($C-D$),超过 D 点后试件产生颈缩和断裂。各阶段中的特征应力值主要有弹性极限(σ_p)、屈服极限(σ_s)和抗拉强度(σ_b)。

在曲线的 OA 范围内,如卸去拉力,试件能恢复原状,这种性质称为弹性。与 A 点对应的应力称为弹性极限(σ_p)。当应力稍低于 A 点对应的应力时,应力与应变的比值为常数,称为弹性模量,用 E 表示,即 $E=\frac{\sigma}{\varepsilon}$。弹性模量反映钢材的刚度,它是钢材在受力时计算结构变形的重要指标。

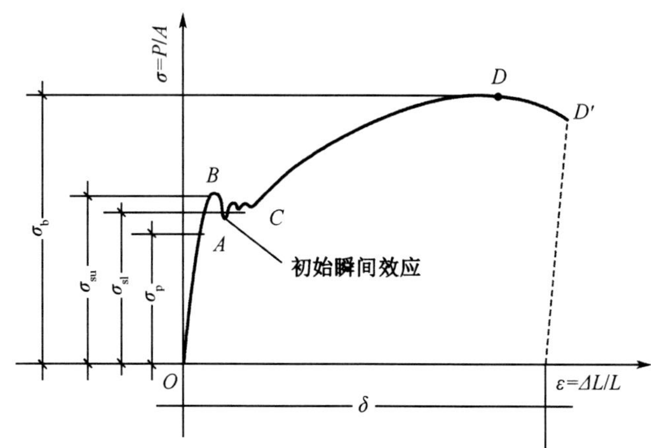

图 8-1 低碳钢受拉时的应力-应变图

在曲线的 AB 范围内,当应力超过弹性极限后,如果卸去拉力,变形不能立刻恢复,表明已经出现塑性变形。在这一阶段中,应力和应变不再成正比。当应力达到 B 点时,试件进入塑性变形阶段。在该阶段中,力不增大,而试件继续伸长。这时相应的应力称为屈服极限(σ_s)或屈服强度。如果达到屈服点后应力值发生下降,则应区分上屈服点(σ_{su})和下屈服点(σ_{sl})。由于下屈服点的测定值对试验条件较不敏感,并形成稳定的屈服平台,因此在结构计算时,以下屈服点作为材料的屈服强度的标准值。

在屈服阶段以后,在曲线的 CD 段,钢材抵抗变形的能力又重新提高,故称为变形强化阶段。当曲线达到最高点 D 以后,试件薄弱处产生局部横向收缩变形(颈缩),直至破坏。试样拉断过程中的最大力所对应的应力(即 D 点)称为抗拉强度(σ_b)。

抗拉强度与屈服强度之比,称为强屈比(σ_b/σ_s)。强屈比愈大,表明钢材受力超过屈服点工作时的可靠性愈大,因而结构的安全性愈高。但强屈比太大,则表明钢材性能不能被充分利用。钢材的强屈比一般应大于 1.2。

预应力钢筋混凝土用的高强度钢筋和钢丝具有硬钢的特点,其抗拉强度高,无明显屈服平台(图 8-2)。这类钢材的屈服点以产生残余变形达到原始标距长度的 0.2%时所对应的应力作为规定的屈服极限,用 $\sigma_{0.2}$ 表示。

试样拉断后,标距的伸长与原始标距长度的百分率,称为断后伸长率(%)。测定时将拉断的两部分在断裂处对接在一起,使其轴线位于同一直线上时,量出断后标距的长度 l_1(mm)(图 8-3),即可按下式计算伸长率:

$$\delta=\frac{l_1-l_0}{l_0}\times100\% \tag{8-1}$$

式中 l_0——试件的原始标距长度,mm;

l_1——试件拉断后的标距长度,mm。

必须指出,由于试件断裂前的颈缩现象,使塑性变形在试件标距内的分布是不均匀的,当原标距与直径之比愈大,则颈缩处的伸长值在整个伸长值中的比重愈小,因而计算的伸长率偏小,通常取原始标距长度 l_0 等于 5 或 10 倍试件直径,其伸长率以 δ_5 或方 δ_{10} 表示,对于同一钢材,δ_5 大于 δ_{10}。

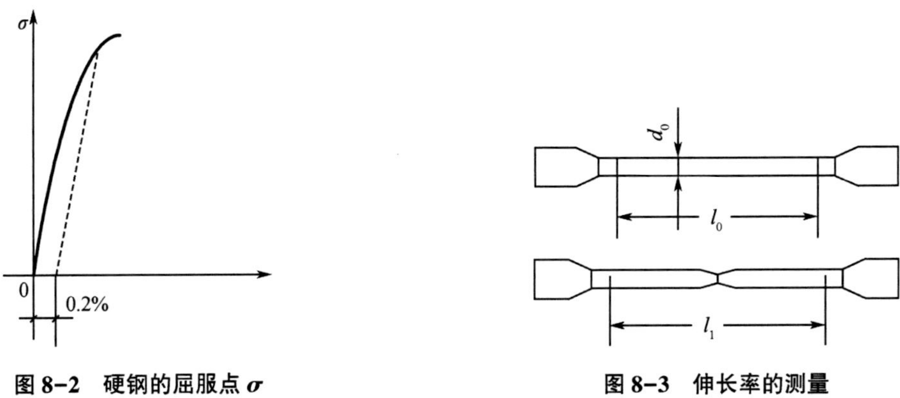

图 8-2 硬钢的屈服点 σ　　**图 8-3 伸长率的测量**

伸长率表明钢材的塑性变形能力,是钢材的重要技术指标。尽管结构通常是在弹性范围内工作,但其应力集中处可能超过 δ_5,而产生一定的塑性变形,使应力重分布,从而避免结构破坏。

通过抗拉试验,还可测定另一表明钢材塑性的指标——断面收缩率,是试件拉断后、颈缩处横截面积的最大缩减量与原始横截面积的百分比,即

$$\varphi=\frac{F_0-F_1}{F_0}\times 100\% \tag{8-2}$$

式中 F_0——原始横截面积;

F_1——断裂后颈缩处的横截面积。

8.2.2 冲击韧性

冲击韧性是指钢材抵抗冲击荷载的能力。冲击韧性指标是通过标准试件的弯曲冲击韧性试验确定的。试验以摆锤打击刻槽的试件,于刻槽处将其打断,如图 8-4 所示。以试件单位截面积上打断时所消耗的功作为钢材的冲击韧性值,用 A_k 表示:$A_k=GH_1-GH_2$。A_k 值愈大,冲击韧性愈好。

钢材的冲击韧性对钢的化学成分、内部组织状态,以及冶炼、轧制质量都较敏感。例如,钢中磷、硫含量较高,存在偏析或非金属夹杂物,以及焊接中形成的微裂纹等,都会使冲击韧性显著降低。

试验表明,冲击韧性随温度的降低而下降,其规律是开始时下降平缓,当达到某一温度范围时,突然下降很多而呈脆性(图 8-5),这种现象称为钢材的冷脆性,这时的温度称为脆性临界温度。它的数值愈低,钢材的低温冲击性能愈好。所以在负温下使用的结构,应选用脆性临界温度较使用温度低的钢材。

钢材随时间的延长而表现出强度提高,塑性和冲击韧性下降,这种现象称为时效。完成时效变化的过程可达数十年。钢材如经受冷加工变形,或使用中经受振动和反复荷载的

影响，时效可迅速发展。

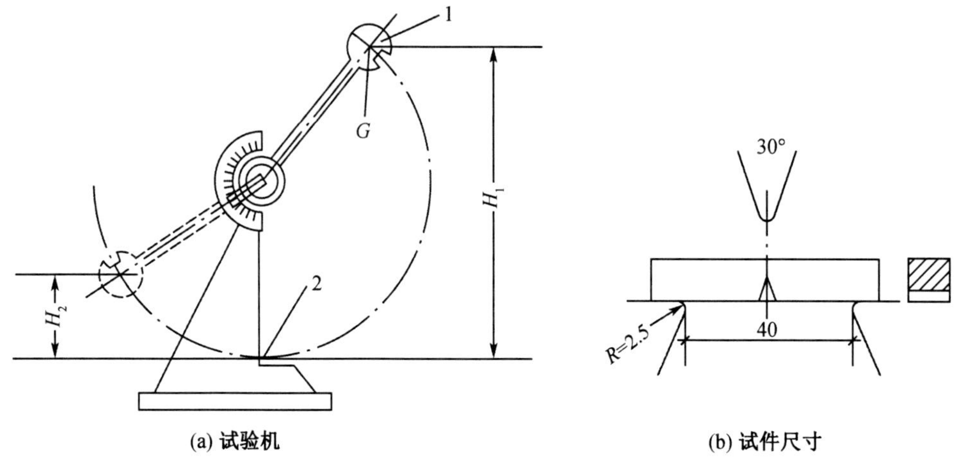

1—摆锤，2—试件。

图 8-4　钢材的冲击试验

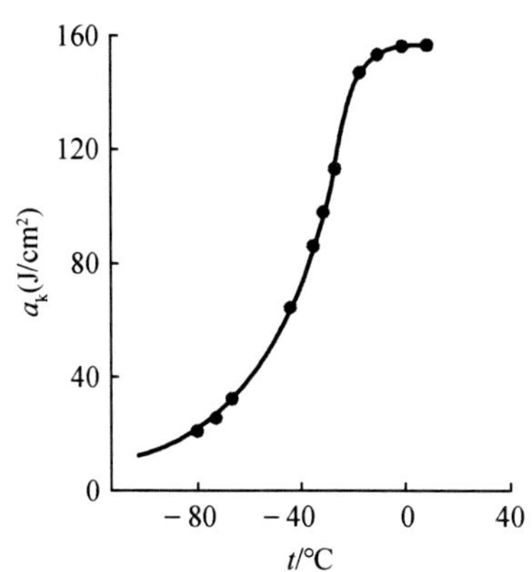

图 8-5　含锰低碳钢 a_k 值与温度的关系

因时效而导致性能改变的程度称为时效敏感性。时效敏感性越大的钢材，经过时效以后，其冲击韧性和塑性的降低越显著。对于承受动荷载的结构物，如桥梁等，应选用时效敏感性较小的钢材。

8.2.3　硬度

钢材的硬度是指其表面局部体积内抵抗外物压入产生塑性变形的能力。

测定钢材硬度的方法有布氏法、洛氏法和维氏法，较常用的为布氏法和洛氏法。

布氏法的测定原理是用一直径为 D 的淬火钢球，以荷载 P 将其压入试件表面，经规定的持续时间后卸除荷载，即得直径为 d 的压痕（图 8-6）。以压痕表面积 F 除荷载 P，所得的商即为该试件的布氏硬度值，以 HB 表示，即

$$HB=\frac{P}{F}=\frac{P}{\pi Dh} \tag{8-3}$$

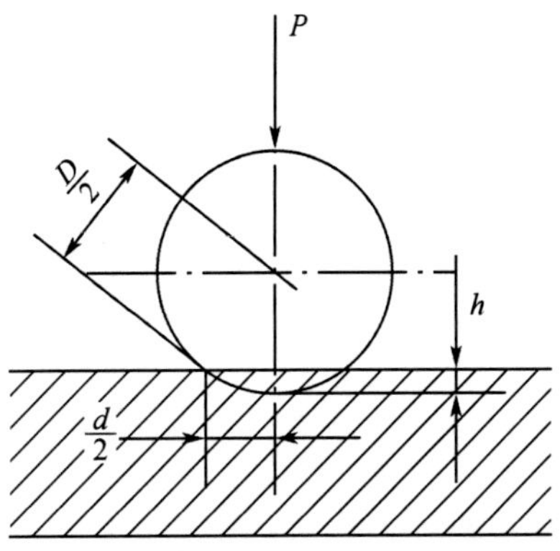

图 8-6 布氏硬度试验示意图

从图 8-6 中可见：

$$h=\frac{D}{2}-\frac{1}{2}\sqrt{D^2-d^2} \tag{8-4}$$

$$HB=\frac{2P}{\pi D(D-\sqrt{D^2-d^2})} \tag{8-5}$$

式中 D——钢球直径，mm；

d——压痕直径，mm；

P——压入荷载，N。

试验时，D 和 P 应按规定选取。一般硬度较大的钢材应选用较大的 P/D^2。例如 HB>140 的钢材，P/D^2 应采用 30，而 HB<140 的钢材，P/D^2 则应采用 10。由于压痕附近的金属将产生塑性变形，其影响深度可达压痕深度的 10 倍以上，所以试件厚度一般应大于压痕深度的 10 倍。荷载保持时间以 10~15 s 为宜。

材料的硬度值实际上是材料弹性、塑性、变形强化率、强度和韧性等一系列性能的综合反映。因此，硬度值往往与其他性能有一定的相关性。例如，钢材的 HB 值与抗拉强度 σ_b 之间就有较好的相关关系。对于碳素钢，当 HB<175 时，$\sigma_b=3.6\text{HB}$；当 HB>175 时，$\sigma_b=3.5\text{HB}$。根据这些关系，我们可以在钢结构的原位上测出钢材的 HB 值，并估算出该钢材的 σ_b，而不破坏钢结构本身。

洛氏法根据压头压入试件的深度的大小表示材料的硬度值。洛氏法的压痕很小，一般用于判断机械零件的热处理效果。

8.2.4 耐疲劳性

在交变应力作用下，钢材往往在应力远低于抗拉强度时发生断裂，这种现象称为钢材的疲劳破坏。疲劳破坏的危险应力用疲劳极限来表示，它是指疲劳试验中，试件在交变应力作用下，于规定的周期基数内不发生断裂所能承受的最大应力。设计承受反复荷载且须进行疲劳验算的结构时,应测定所用钢材的疲劳极限。

测定钢筋的疲劳极限时,通常采用拉应力循环,非预应力筋的应力比一般取 0.1~0.8,预应力筋取 0.7~0.85,周期基数取 200 万次或 400 万次以上。

钢材的疲劳破坏先从局部形成细小裂纹,由于裂纹端部的应力集中所以逐渐扩大,直到破坏。其破坏特点是断裂突然发生,断口可明显看到疲劳裂纹扩展区和残留部分的瞬时断裂区。疲劳极限不仅与钢材内部组织有关,也和表面质量有关。例如,钢筋焊接接头的卷边和表面微小的腐蚀缺陷,都可使疲劳极限显著降低。

8.2.5 冷弯性能

冷弯性能是指钢材在常温下承受弯曲变形的能力,是建筑钢材的重要工艺性能。

钢材的冷弯性能指标用试件在常温下所能承受的弯曲程度表示。弯曲程度则通过试件被弯曲的角度和弯心直径对试件厚度(或直径)的比值来区分。试验时采用的弯曲角度越大,弯心直径对试件厚度(或直径)的比值越小,表示对冷弯性能的要求越高。按规定的弯曲角和弯心直径进行试验时,试件的弯曲处不发生裂缝、裂断或起层,即认为冷弯性能合格。图 8-7 为冷弯试验示意图。

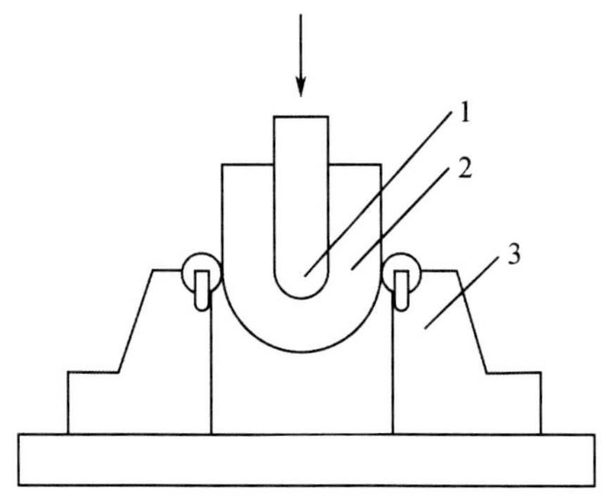

1—弯心;2—试件;3—支座。

图 8-7　冷弯试验示意图($d=a$,180°)

冷弯试验是通过试件弯曲处的不均匀塑性变形来实现的,它能在一定程度上检验钢材是否存在内部组织的不均匀、内应力、夹杂物、未熔合和微裂纹等缺陷。因此,冷弯性能也反映了钢材的冶金质量和焊接质量。

8.2.6 可焊性

焊接是把两块金属局部加热,并使其接缝部分迅速呈熔融或半熔融状态而牢固地连接起来。焊接是钢结构的主要连接形式,常用的焊接方法有熔焊和压焊两种。钢结构中的各种型钢、钢板、钢筋的连接主要采用焊接连接,钢筋混凝土结构中大量的钢筋接头、钢筋网片、钢筋骨架、预埋件及预制构件的安装连接等也都采用焊接连接。建筑工程的钢结构中,焊接结构占 90%以上。

钢材的焊接性能是指在一定的焊接工艺条件下,在焊缝及其附近热影响区不产生裂纹及硬脆倾向,焊接后钢材的强度不低于原有钢材强度的性能。在焊接过程中,由于局部高温作用和焊接后急剧冷却,焊缝及附近热影响区钢材的化学成分、晶体组织及结构将发生变化,产生局部变形和内应力,从而会在焊接区域造成如热裂纹、夹杂物和气孔等各种焊缝缺陷。这些缺陷会降低焊接部位的强度、塑性、韧性和耐疲劳性。若钢材可焊性好,发生上述的缺陷少,则对钢材性能的降低影响不大。

钢材的化学成分、冶炼质量及冷加工等对焊接性能都有影响。随着钢中碳含量、合金元素及杂质元素含量的增高,钢的可焊性降低。当钢中的碳含量超过 0.25%时,钢的可焊性明显降低;硫、磷含量较多时,会使焊口处产生热裂纹,严重降低焊接质量。

8.3　钢材的微观结构及化学组成

钢的组成是影响钢材性能的本质因素,钢的组成包括钢的晶体结构、组织结构和化学成分。

8.3.1　钢材的微观结构

1. 钢材的晶体结构

钢材是晶体或晶粒的聚集体,是由金属原子铁与碳按特定的规律排列而形成的晶体结构,也称铁-碳合金晶体。在金属结构中,金属原子按特定规律排列而形成的空间格子称为晶格,而晶格中反映排列规律的基本几何单元称为晶胞。金属的晶格结构有多种,钢的晶格主要有体心立方晶格和面心立方晶格两种构架,如图 8-8 所示;无数晶胞排列构成了晶粒,如图 8-9 所示。晶格结构具有各向异性,而晶体总体却具有各向同性。在晶体结构中,各个原子以金属键相互结合在一起,使钢材具有很高的强度和良好的塑性。

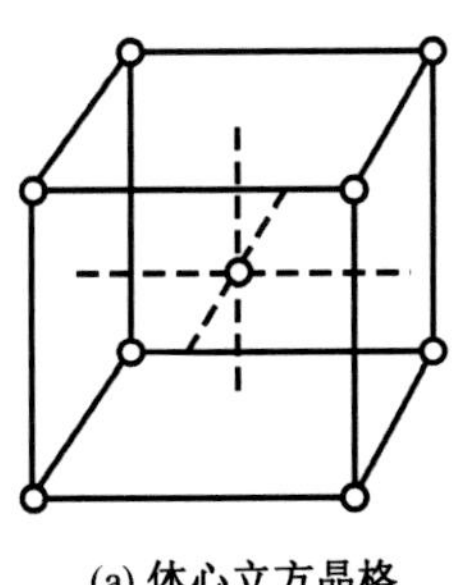

(a) 体心立方晶格

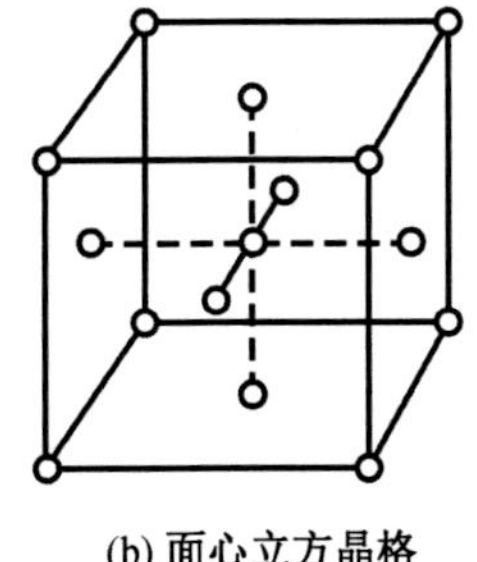

(b) 面心立方晶格

(c) 晶胞

图 8-8　钢的晶格示意图

碳素钢从液态变为同态晶体结构时,随着温度的降低,其晶格要发生两次转变。在 1 390 ℃以上的高温时,形成体心立方晶格,称 α-Fe;温度由 1 390 ℃降至 910 ℃时,则转变为面心立方晶格,称 γ-Fe;继续降至 910 ℃以下的低温时,又转变成体心立方晶格。

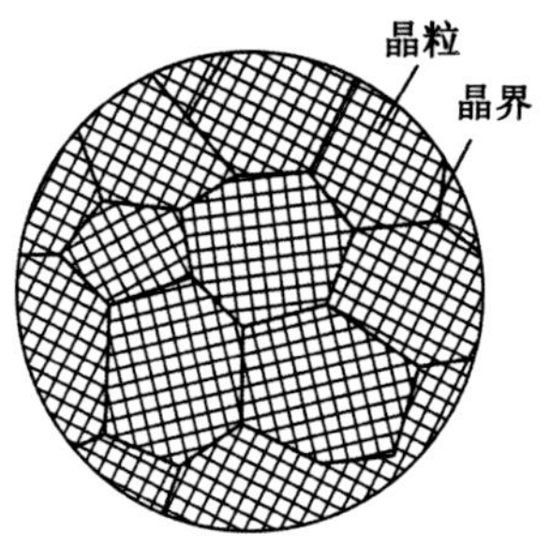

图 8-9 晶粒聚集示意图

钢材的晶格并非都是完好无缺的规则排列，也存在许多缺陷，常见的有点缺陷、线缺陷和面缺陷等。点缺陷是晶体结构中单个原子尺度上的缺陷，包括空位、间隙原子和替代原子；线缺陷是一维结构中的缺陷，最常见的形式是位错。位错可以是刃型位错或螺型位错，它们在晶体中形成线性的不规则排列；而面缺陷是二维结构中的缺陷，主要包括晶界、孪晶界和堆垛层错。这些缺陷形成了材料中的平面状不规则区域，如图 8-10 所示。缺陷的存在会显著影响钢材的性能，从而使钢材的实际强度远低于其理论强度。

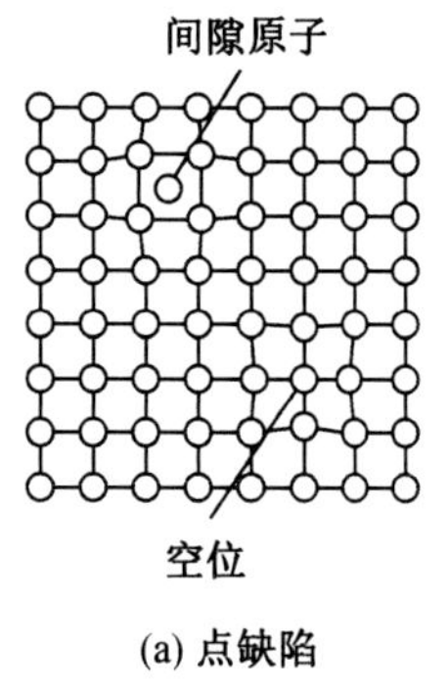

(a) 点缺陷

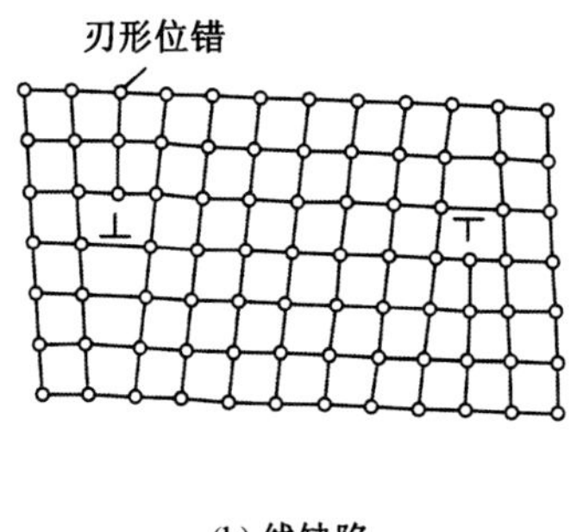

(b) 线缺陷

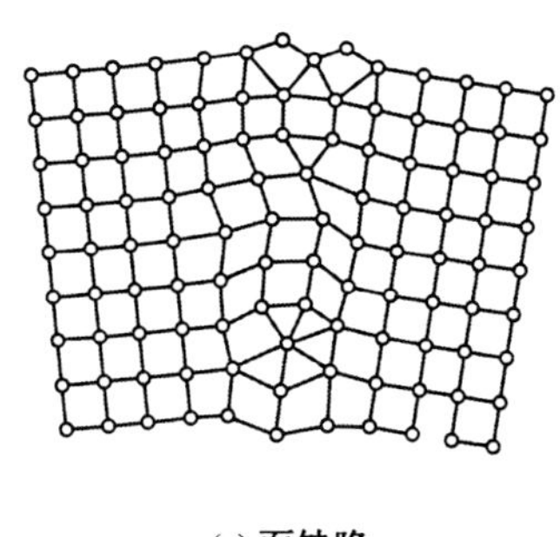
(c) 面缺陷

图 8-10 晶格缺陷示意图

2. 钢材的基本晶体组织

钢材是以铁为主的铁碳合金。碳在一定条件下与铁结合而形成具有一定形态的聚合体，称为钢的晶体组织。随着碳与铁结合方式的不同，可形成不同的晶体组织，也使钢材的性能产生显著差异。此外，其他合金元素、夹杂物、气孔及内应力等的存在也会影响钢材的性能。

碳在钢中有三种存在形式：碳溶解于铁晶格中形成固溶体；碳与铁化合形成金属化合物；碳以石墨形态独立存在。三种存在形式的铁碳结合，在常温下分别构成三种基本晶体组织：碳溶解于 α-Fe 中的固溶体，称为铁素体；碳与铁化合形成的 Fe_3C，称为渗碳体；铁素体和渗碳体的机械混合物，称为珠光体，三种基本晶体组织及其性能见表 8-1。

表 8-1 钢的基本晶体组织及其性能

名称	含碳量/%	结构特征	性能
铁素体	≤0.02	碳溶在 α-Fe 中的固溶体	强度、硬度很低，但塑形、韧性好
渗碳体	≈6.67	碳与铁的化合物 Fe_3C	抗折强度很低，硬脆、耐磨，塑性很差
珠光体	≈0.8	铁素体和渗碳体的机械混合物	强度和硬度较高，塑型和韧性介于铁素体与渗碳体之间

碳素钢的含碳量不大于 0.8%时，其基本组织为铁素体和珠光体；随着含碳量增大，珠光体的含量增大，铁素体相应减少，因而强度、硬度随之提高，塑性和冲击韧性则相应下降。

8.3.2　钢材的化学组成

钢材的化学成分除含铁、碳外，还含有多种有益的合金元素及有害的杂质元素两大类。合金元素主要有硅、锰、钛、钒、铌等，它能有效地改善和优化钢材的性能；有害杂质主要有氧、硫、氮、磷等，它对钢的性能只起到劣化作用，因此在炼钢过程中，应尽量将其剔除。各钢材中主要元素的存在形态及其对钢材性能的影响分述如下：

碳(C)：在钢材中碳原子与铁原子之间的结合有三种基本方式，即固溶体、化合物和机械混合物。由于铁与碳结合方式的不同，碳素钢在常温下形成的基本组织有铁素体、渗碳体和珠光体三种(表 8-1)。

图 8-11 为含碳量对热轧碳素钢性质的影响。图中钢的 σ_b 随含碳量的增大而提高，但当含碳量超过 1%时，由于单独存在的渗碳体系成网状分布于珠光体晶界上，并连成整体，使钢变脆，因而 σ_b 开始下降。碳还是降低钢材可焊性的元素之一，含碳量超过 0.3%时，钢的可焊性显著降低，碳还会降低钢的塑性，增加钢的冷脆性和时效敏感性，降低抗大气锈蚀性。

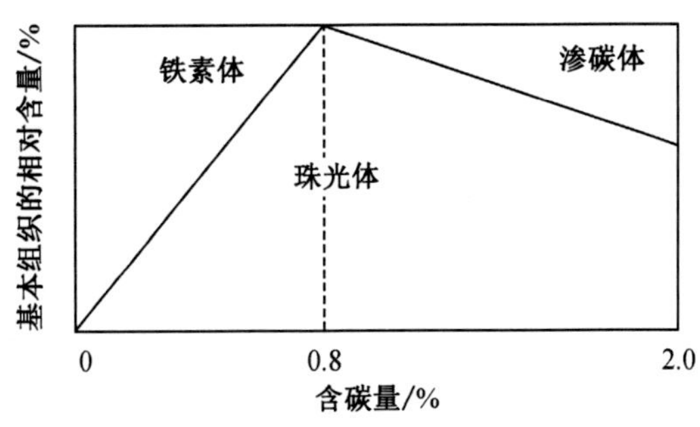

图 8-11　碳素钢基本组织相对含量与含碳量的关系

硅(Si)：硅在钢材中除少量呈非金属夹杂物外，大部分溶于铁素体中，当含量低于 1%时，可提高强度，而且对塑性和韧性的影响不明显。所以，硅是我国低合金钢的主加合金元素，其作用主要是提高钢材的强度。

锰(Mn)：锰是我国低合金钢的主加合金元素，合金钢含锰量一般为 1%～2%，其作用是消减硫和氧所引起的热脆性，使钢材的热加工性质改善。溶入铁素体的锰，可提高钢材的强度，并起到细化珠光体的作用。

磷(P)：磷是碳钢中的有害物质，主要溶于铁素体中起强化作用。其含量提高，钢材的强度提高，塑性和韧性显著下降，特别是温度愈低，对塑性和韧性的影响愈大。磷在钢中的偏析倾向强烈，一般认为，磷的偏析富集，使铁素体晶格严重畸变，是钢材冷脆性显著增大的原因。磷使钢材变脆的作用，使它显著影响钢材的可焊性。

一般来说磷是有害杂质，但磷可提高钢的耐磨性和耐蚀性，在低合金钢中可配合其他元素作为合金元素使用。

硫(S)：硫是很有害的元素。呈非金属的硫化物夹杂物存在于钢中，降低各种力学性能。硫化物所造成的低熔点,使钢在焊接时易产生热裂纹,显著降低可焊性。硫也有强烈的偏析作用,增加了危害性。

氧(O):氧是钢中的有害杂质,主要存在于非金属夹杂物中,少量溶于铁素体中。非金属夹杂物会降低钢的力学性能,特别是韧性。氧还有促进时效倾向的作用,某些氧化物的低熔点也使钢的可焊性变差。

氮(N):氮主要嵌溶于铁素体中,也可呈化合物形式存在。氮对钢材力学性质的影响与碳、磷相似,能使钢材强度提高,塑性和韧性显著下降。溶于铁素体中的氮,有向晶格缺陷处富集的倾向,故可加剧钢材的时效敏感性和冷脆性,降低可焊性。在上述元素中,硫、磷、氧、氮是有害元素,其含量应予限制。各种元素对钢材性能的影响,见表 8-2。

表 8-2　化学元素对钢材性能的影响

化学元素	强度	硬度	塑性	韧性	可焊性	其他
碳(C)<0.8%时↑	↑	↑	↓	↓	↓	冷脆性↑
硅(Si)>1%时↑			↓	↓↓	↓	冷脆性↑
锰(Mn)↑	↑	↑		↑		脱氧、硫剂
钛(Ti)↑	↑↑		↑	↑		强脱氧剂
钒(V)↑	↑					时效↓
铌(Nb)↑	↑		↑	↑		
磷(P)↑	↑		↓	↓	↓	偏析、冷脆↑↑
氮(N)↑	↑		↓	↓↓	↓	冷脆性↑
硫(S)↑	↓				↓	
氧(O)↑	↓				↓	

8.4　钢材的冷加工强化及时效强化、热处理和焊接

8.4.1　钢材的冷加工强化及时效强化

将钢材于常温下进行冷拉、冷拔或冷轧,使产生塑性变形,从而提高屈服强度,称为冷加工强化。

钢材经冷拉后的性能变化规律,如图 8-12 所示。图中 *OBCD* 为未经冷拉试件的应力-应变曲线。将试件拉至超过屈服极限的某一点 *K*,然后卸去荷载,由于试件已产生塑性变形,故曲线沿 *KO′*下降,*KO′*大致与 *BO* 平行。如重新拉伸,则新的屈服点将高于原来可达到的 *K* 点。可见钢材经冷拉以后屈服点将会提高。

目前常用的冷轧带肋钢筋、冷拉钢筋及预应力高强冷拔钢丝等,都是利用这一原理进

行加工的产品。屈服强度提高,可达到节约钢材的目的。

产生冷加工强化的原因是:钢材在冷加工时晶格缺陷增多,晶格畸变,对位错运动的阻力增大,因而屈服强度提高,塑性和韧性降低。由于冷加工时产生内应力,因此冷加工钢材的弹性模量有所下降。

将经过冷加工后的钢材于常温下存放15~20 d,或加热到100~200 ℃并保持一定时间。这一过程称时效处理,前者称自然时效,后者称人工时效。

冷加工以后再经时效处理的钢筋,屈服点进一步提高,抗拉强度稍见增长,塑性和韧性继续有所降低。由于时效过程中内应力消减,因此弹性模量可基本恢复。

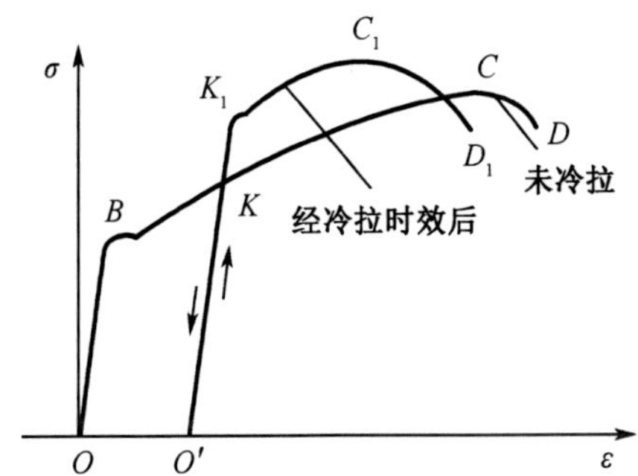

图8-12　钢筋冷拉与时效前后应力-应变图的变化

一般认为,产生应变时效的原因主要是,α-Fe晶格中的碳、氮原子有向缺陷移动、集中甚至呈碳化物或氮化物析出的倾向。当钢材经冷加工产生塑性变形以后,或在使用中受到反复振动,则碳、氮原子的迁移和富集可大为加快,由于缺陷处碳、氮原子富集,晶格畸变加剧,因此屈服强度提高,而塑性韧性下降。

钢材时效敏感性可用应变时效敏感系数 C 表示,C 越大则时效敏感性越大。

$$C=\frac{A_K-A_{KS}}{A_K}\times 100\% \tag{8-6}$$

式中　A_K——钢材时效处理前的冲击吸收功,J;

A_{Ks}——钢材时效处理后的冲击吸收功,J。

当对冷加工钢筋进行处理时,一般强度较低的钢筋可采用自然时效,而强度较高的钢筋则应采用人工时效处理。

8.4.2　钢材的热处理

热处理是指将钢材按一定规则加热、保温和冷却,以改变其组织,从而获得所需要的性能的一种工艺措施。热处理的方法有退火、正火、淬火和回火。建筑钢材一般只在生产厂完成热处理工艺。在施工现场,有时须对焊接件进行热处理。

常用的热处理工艺有退火、正火、淬火、回火等方法。

在钢材进行冷加工以后,为减少冷加工中所产生的各种缺陷,消除内应力,常采用退火工艺。退火工艺可分为低温退火和完全退火等。低温退火即退火加热温度在铁素体等基本组织转变温度以下,它将使少量位错重新排列。如果退火加热温度高于钢材基本组织的转变温度,通常可加温至 800~850 ℃,再经适当保温后缓慢冷却,将使钢材再结晶,即为完全退火。

冷加工及退火对力学性能的影响如图 8-13 所示。图的左侧为冷加工程度对力学性能的影响示意图,右侧为不同热处理加热温度时力学性能的变化示意图。

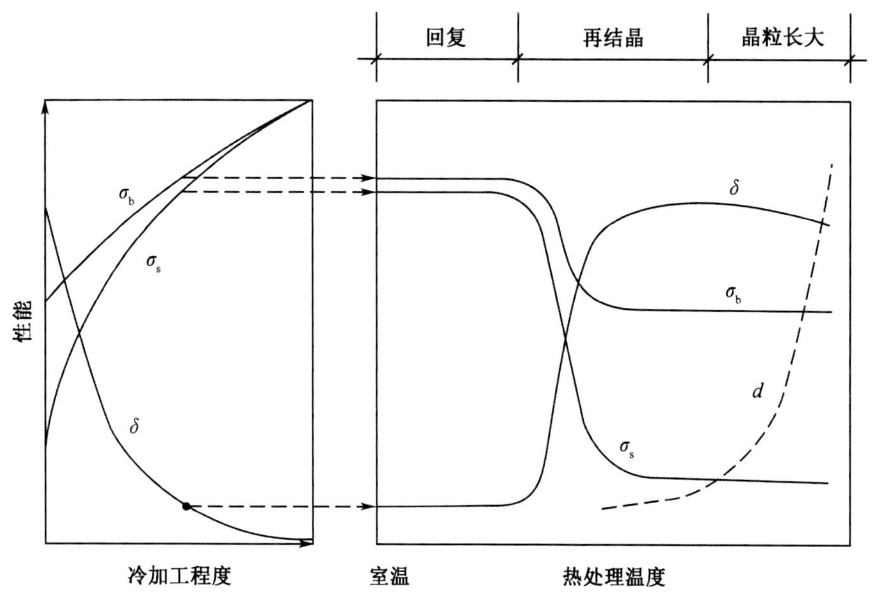

σ_b—拉伸强度;σ_s—屈服强度;δ—伸长率;d—晶粒尺寸。

图 8-13　冷加工及退火对钢材性能的影响示意图

淬火和回火通常是两道相连的处理过程。淬火的加热温度在基本组织转变温度以上,保温使组织完全转变,即投入选定的冷却介质(如水或矿物油等)中急冷,使转变为不稳定组织,淬火即完成。随后进行回火,加热温度在转变温度以下(150~650 ℃内选定)。保温后按一定速度冷却至室温。其目的是:促进淬火后的不稳定组织转变为所需要的组织,消除淬火产生的内应力。

8.4.3　钢材的焊接

焊接连接是钢结构的主要连接方式,在工业与民用建筑的钢结构中,焊接结构占 90% 以上。在钢筋混凝土结构中,焊接大量应用于钢筋接头、钢筋网、钢筋骨架和预埋件之间的连接,以及装配式构件的安装。

建筑钢材的焊接方法最主要的是钢结构焊接用的电弧焊和钢筋连接用的电渣压力焊。焊件的质量好坏主要取决于焊接工艺和焊接材料选择的是否正确和适当,以及钢材本身的可焊性。

焊接时由于在很短的时间内达到很高的温度,基体金属局部熔化的体积很小,故冷却速度很快,因此在焊接处必然产生剧烈的膨胀和收缩,易产生变形、内应力和内部组织的变化,因而形成焊接缺陷。焊缝金属的缺陷主要有裂纹、气孔、夹杂物等。基体金属热影响区的缺陷主要有裂纹、晶粒粗大和析出脆化(碳、氮等原子在焊接过程中形成碳化物和氮化物,于缺陷处析出,使晶格畸变加剧所引起的脆化)。由于焊接件在使用过程中所要求的主要力学性能是强度、塑性、韧性和耐疲劳性,因此对性能最有影响的缺陷是裂纹、缺口、塑性和韧性的下降。

钢材的主要焊接方法有以下几种:

(1)电阻点焊

电阻点焊是一种通过电流在接触点产生电阻热来进行焊接的方法。它适用于小直径钢筋的交叉连接和轻型结构中的细小连接部位[图 8-14(a)],具有生产效率高、成本低、操作简单等优点。然而,电阻点焊的接头强度相对较低,且只适用于无特殊要求的场合。

(2)电弧焊

电弧焊的焊接接头是由基体金属和焊缝金属熔合而成。焊缝金属是在焊接时电弧的高温作用下,由焊条金属熔化而成,同时基体金属的边缘也在高温下部分熔化,两者通过扩散作用均匀地熔合在一起。钢结构的焊接多采用电弧焊,手工电弧焊是一种使用焊条作为电极,通过电弧产生的热量来熔化焊条和母材,从而实现焊接的方法。手工电弧焊在钢筋焊接中应用广泛,包括帮条焊、搭接焊、熔槽帮条焊等多种形式[图 8-14(b)]。它具有操作灵活、适应性强、设备简单等优点,但生产效率相对较低,对焊工技术要求较高。

(3)电渣压力焊

电渣压力焊则不用焊条,而是通过电流所形成的高温使钢筋接头处局部熔化,并在机械压力下使接头熔合。这种方法适用于大直径钢筋的连接、竖向或斜向的钢筋连接和纵向钢筋不宜采用焊接接头的结构构件[图 8-14(c)]。具有接头强度高、质量稳定、节省材料等优点。然而,电渣压力焊需要消耗较多的电能和焊剂,且对设备维护要求较高。

(a) 电阻点焊

(b) 手工电弧焊

(c) 电渣压力焊

图 8-14　钢筋的焊接方式

总之,钢筋焊接是建筑工程中不可或缺的一项技术,不同的焊接方法具有各自的特点和应用场景。在实际应用中,需要根据工程要求和钢筋规格选择合适的焊接方法和参数,确保焊接接头的质量和安全性。同时,焊接过程中需要注意操作规范和安全操作,避免发生安全事故。通过合理的焊接工艺和质量控制措施,可以确保钢筋焊接的质量稳定和可靠性,为建筑工程的结构安全和稳定提供有力保障。

进入 21 世纪以来，随着各工程领域对高性能钢铁材料需求的多样性和要求的提高，新一代先进钢铁材料研发随之展开。其相应的焊接材料和焊接技术成为材料应用的关键。特别是在汽车制造中广泛使用的激光焊和电阻点焊工艺。

焊接后的钢材必须进行焊接质量检验，通常采用取样试件破坏性检验和原位非破损检验两种。焊接试件的破坏性检验包括拉伸试验和冷弯试验，标准要求试件的断裂不应发生在焊接处；非破损检验可在现场对焊缝进行超声波或射线探伤检验。

8.4.4 钢材的防火和防腐蚀

1. 钢材的防火

在一般建筑结构中，钢材均在常温条件下工作，但对于长期处于高温条件下的结构物，或遇到火灾等特殊情况时，则必须考虑温度对钢材性能的影响。而且高温对性能的影响还不能简单地用应力-应变关系来评定，而必须加上温度与高温持续时间两个因素。通常钢材的蠕变现象会随温度的升高而越发显著，蠕变则导致应力松弛；此外，由于在高温下晶界强度比晶粒强度低，晶界的滑动对微裂纹的影响起了重要作用，此裂纹在拉应力的作用下不断扩展而导致断裂。因此，随着温度的升高，其持久强度将显著下降。

因此，在钢结构或钢筋混凝土结构遇到火灾时，应考虑高温透过保护层后对钢筋或型钢金相组织及力学性能的影响。尤其是在预应力结构中，还必须考虑钢筋在高温条件下的预应力损失所造成的整个结构物应力体系的变化。

鉴于以上原因，在钢结构中应采取预防包覆措施，高层建筑更应如此，其中包括设置防火板或涂刷防火涂料等。在钢筋混凝土结构中，钢筋应有一定厚度的保护层。

表 8-3 为钢筋或型钢防火保护层对构件耐火极限的影响示例，由表中列举的典型构件可见，钢材进行防火保护的必要性。

表 8-3　钢材防火保护层对构件耐火极限的影响

构件名称	规格/mm	保护层厚度/mm	耐火极限/h
钢筋混凝土圆孔空心板	3 300×600×180	10	0.9
	3 300×600×200	30	1.5
预应力钢筋混凝土圆孔板	3 300×600×90	10	0.4
	3 300×600×110	30	0.85
无保护层钢柱		0	0.25
砂浆保护层钢柱		50	1.35
防火涂料保护层钢柱		25	2
无保护层钢梁		0	0.25
防火涂料保护层的钢梁		15	1.50

2. 钢材的腐蚀与防止

钢材被腐蚀的主要原因包括以下几个因素：

(1) 化学腐蚀

钢材与周围介质直接发生化学反应而引起的腐蚀,称为化学腐蚀。通常是由于氧化作用,使钢材中的铁形成疏松的氧化铁而被腐蚀。在干燥环境中,化学腐蚀速度缓慢,但在潮湿环境和温度较高时,腐蚀速度加快,这种腐蚀亦可由空气中的二氧化碳或二氧化硫作用,以及其他腐蚀性物质的作用而产生。

(2) 电化学腐蚀

金属在潮湿气体以及导电液体(电解质)中,由于电子流动而引起的腐蚀,称为电化学腐蚀。这是由于两种不同电化学势的金属之间的电势差,使负极金属发生溶解的结果。就钢材而言,当凝聚在钢铁表面的水分中溶入二氧化碳或硫化物气体时,即形成一层电解质水膜,钢铁本身是铁和铁碳化合物,以及其他杂质化合物的混合物。它们之间形成以铁为负极,以碳化铁为正极的原电池,由电化学反应生成铁锈。

钢铁在酸碱盐溶液及海水中发生的腐蚀,地下管线的土壤腐蚀,在大气中的腐蚀,与其他金属接触处的腐蚀,均属于电化学腐蚀,可见电化学腐蚀是钢材腐蚀的主要形式。

(3) 应力腐蚀

钢材在应力状态下腐蚀加快的现象,称为应力腐蚀。所以,钢筋冷弯处、预应力钢筋等都会因应力存在而加速腐蚀。

为了防止钢材腐蚀,通常可采取以下措施:

(1) 混凝土中的钢筋和预应力钢筋的防腐蚀措施

混凝土中的钢筋处于碱性介质条件下,而氧化保护膜为碱性,故不会导致腐蚀。但应注意,若在混凝土中大量掺入掺合料,或因碳化反应使混凝土内部环境中性化,或由于在混凝土外加剂中带入一些卤素离子,特别是氯离子,则会使腐蚀迅速发展。混凝土中的钢筋的防腐蚀措施主要有提高混凝密实度、确保保护层厚度、限制氯盐外加剂及加入防锈剂等方法。对于预应力钢筋,一般含碳量较高,又经过冷加工强化或热处理,较易发生腐蚀,应特别予以重视。

(2) 型钢的防腐蚀措施

钢结构中型钢的防锈,主要采用表面涂覆的方法。例如表面刷漆,常用底漆有红丹、环氧富锌漆、铁红环氧底漆等。面漆有灰铅漆、醇酸磁漆、酚醛磁漆等。薄壁型钢及薄钢板制品可采用热浸镀锌或镀锌后加涂塑料复合层的方法。

8.5　建筑钢材的品种与选用

建筑工程中常用的钢材可分为钢筋混凝土结构用的钢筋、钢丝和钢结构用的型钢两大类。各种型钢和钢筋的性能,主要取决于所用的钢种及其加工方式。本节将简要说明建筑工程中常用的钢种及其加工的钢材的力学性能和选用原则。

8.5.1　建筑钢材的主要钢种

在建筑工程中,常用的钢筋、钢丝、型钢及预应力锚具等,基本上都是碳素结构钢和低合金高强度结构钢等钢种，经热轧或再进行冷加工强化及热处理等工艺加工而成的。现将常用钢种分述如下。

1. 碳素结构钢

(1)牌号及表示方法

根据我国国家标准《碳素结构钢》(GB/T 700—2006)的规定，碳素结构钢可分为4个牌号(即Q195、Q215、Q235和Q275)，其含碳量在0.06%~0.38%之间。每个牌号又根据其硫、磷等有害杂质的含量分成若干等级。例如Q235—BZ，表示这种碳素结构钢的屈服点σ_s≥235 MPa(当钢材厚度或直径≤16 mm时)；质量等级为B，即硫、磷均控制在0.045%以下；脱氧程度为镇静钢。

碳素钢的屈服强度和抗拉强度随含碳量的增加而增高，伸长率则随含碳量的增加而下降。其中Q235的强度和伸长率均居中等，两者得以兼顾，所以是结构钢常用的牌号。

一般而言，碳素结构钢的塑性较好，适宜于各种加工，在焊接、冲击及适当超载的情况下也不会突然破坏，它的化学性能稳定，对轧制、加热或骤冷的敏感性较小，因而常用于热轧钢筋。

碳素结构钢的牌号由下列4个要素标示组成：

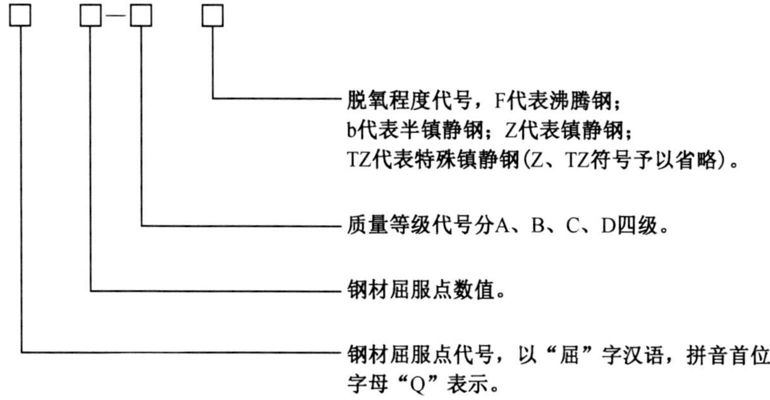

(2)技术要求

上述国家标准中，对各牌号碳素结构钢的化学成分、力学性能及工艺性能见表8-4、表8-5及表8-6。

表8-4 碳素结构钢的牌号与化学成分(GB/T 700—2006)

牌号	等级	厚度或直径/mm	化学成分(质量分数)/%					脱氧方法
			碳(C)	锰(Mn)	硅(Si)	硫(S)	磷(P)	
Q195	—	—	≤0.12	≤0.50	≤0.30	≤0.040	≤0.035	F、Z
Q215	A	—	≤0.15	≤1.20	≤0.35	≤0.050	≤0.045	F、Z
	B	—				≤0.045		

表 8-4(续)

牌号	等级	厚度或直径/mm	化学成分(质量分数)/%					脱氧方法
			碳(C)	锰(Mn)	硅(Si)	硫(S)	磷(P)	
Q235	A	—	≤0.22	≤0.14	≤0.35	≤0.050	≤0.045	F、Z
	B	—	≤0.20			≤0.045		
	C	—	≤0.17			≤0.40	≤0.040	Z
	D	—				≤0.035	0.035	TZ
Q275	A	—	≤0.24	≤1.5	≤0.35	≤0.050	≤0.045	
	B	≤40	≤0.21			≤0.045	≤0.045	
	C	>40	≤0.22			≤0.040	≤0.040	
	D		≤0.20			≤0.035	≤0.035	
		—						

表 8-5 碳素结构钢的力学性能(GB/T 700—2006)

牌号	等级	拉伸试验												冲击试验	
		屈服点 σ_s/(N/mm^2)						抗拉强度 σ_b/(N/mm^2)	伸长率 δ/%					温度/℃	冲击吸收功/J
		钢材厚度(直径)/mm							钢材厚度(直径)/mm						
		≤16	>16~≤40	>40~≤60	>60~≤100	>100~≤150	>150~≤200		≤40	>40~≤60	>60~≤100	>100~≤150	>150~≤200		
Q195		≥195	≥185					315~430	≥33						
Q215	A	≥215	≥205	≥195	≥185	≥175	≥165	315~430	≥31	≥30	≥29	≥27	≥26		
	B													20	≥27
Q235	A	≥235	≥225	≥215	≥215	≥195	≥185	370~500	≥26	≥25	≥24	≥22	≥21	20	
	B													0	≥27
	C													-20	
	D														
Q275	A	≥275	≥265	≥255	≥245	≥225	≥215	410~540	≥22	≥21	≥20	≥18	≥17		
	B													20	≥27
	C													0	
	D													-20	

表 8-6 碳素结构钢抗弯试验指标(GB/T 700—2006)

牌号	试样方向	冷弯试验(180°,$B=2a$)	
		钢材厚度(或直径)/mm	
		≤60 mm	>60~≤100 mm
		弯心直径 d/mm	
Q195	纵 横	0 0. 5a	
Q215	纵 横	0. 5a a	1. 5a 2a
Q235	纵 横	a 1. 5a	2a 2. 5a
Q275	纵 横	1. 5a 2a	2. 5a 3a

注:B 为试样宽度;a 为钢材厚度(或直径)。

(3)性能及应用

碳素结构钢随着牌号的增大,含碳量增加,强度和硬度提高,塑性、韧性和可加工性能逐步降低;同一牌号质量等级由 A→D,杂质含量越少,脱氧程度越完全,钢的质量越好,性能越优。如 Q235C、Q235D 级优于 Q235A、Q235B 级;特殊镇静钢优于镇静钢,镇静钢又优于沸腾钢。

碳素结构钢的力学性能稳定、塑性好,在各种加工(如轧制、加热或迅速冷却)过程中敏感性较小,且碳素结构钢冶炼方便,成本较低,在土木工程中应用量很大。Q195、Q215 牌号钢,强度不高,塑性、韧性、加工性能与焊接性能较好,主要用于轧制薄板和盘条等,Q215 钢还大量用作管坯和螺栓等;Q235 钢强度较高,塑性、韧性及可焊性也都好,在土木工程中应用最广泛,大量用于制作各种型钢、钢筋和钢板等。其中 Q235A 级钢,一般仅适用于承受静荷载作用的结构;Q235C 和 Q235D 级钢可用于重要的焊接结构,特别是 Q235D 级钢,硫、磷含量极低,冲击韧性好,尤其适用于承受冲击荷载作用及负温条件下工作;Q275 钢强度、硬度较高,耐磨性较好,但塑性、冲击韧性和可焊性差,不宜用于建筑结构,主要用于制作机械零件和工具等。

碳素结构钢是以质量等级和脱氧程度来区分钢材的品质,选用时应根据结构所处的工作条件、承受荷载的类型(动、静荷载)、受荷方式(直接、间接荷载)、结构的连接方式(焊接、非焊接)和使用环境温度等因素综合考虑,从而确定合适的钢材牌号与质量等级。

2. 低合金高强结构钢

低合金高强度结构钢是在碳素结构钢的基础上添加总量小于 5%的一种或几种合金元素冶炼而成的钢材,一般采用氧气转炉、电炉冶炼或炉外精炼炼制,所加合金元素有锰、钒、钛、铬、镍及稀土元素。

(1)牌号及表示方法

根据我国国家标准《低合金高强度结构钢》(GB/T 1591—2018)的规定,低合金高强度结构钢的牌号由代表屈服强度的汉语拼音字母 Q、屈服强度数值、质量等级符号三个部分组成,低合金高强度结构钢可分为 8 个牌号(即 Q355、Q390、Q420、Q460、Q500、Q550、Q620、Q690),每个牌号又根据其所含硫、磷等有害物质的含量,分为 A、B、C、D、E 五个等级。如 Q355A 的含义为:屈服点为 355 MPa,质量等级为 A 的低合金高强度结构钢。当需方要求钢板具有厚度方向性能时,则在上述规定的牌号后加上代表厚度方向(Z 向)性能级别的符号,例如:Q355AZ15。

低合金高强度结构钢的牌号表示由下列 4 个要素标示组成:

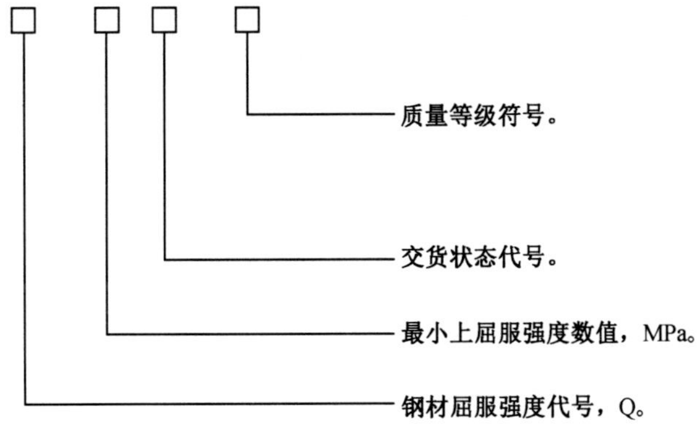

(2)技术要求

按 GB/T 1591—2018 的规定,低合金钢的合金元素总含量一般不超过 5%。表 8-7 中列出了低合金高强度结构钢的性能。

表 8-7　低合金高强度结构钢的力学性能(引自 GB/T 1591—2018)

<table>
<tr><td rowspan="3">牌号</td><td rowspan="3">质量等级</td><td colspan="5">屈服强度 σ_s/MPa</td><td rowspan="3">抗拉强度 σ_b/MPa</td><td rowspan="3">伸长率 δ/%</td><td colspan="4">冲击功(AkV)(纵向)/J</td><td colspan="2">180°弯曲试验 d:弯心直径;a:试样厚度(或直径)</td></tr>
<tr><td colspan="5">厚度(直径,边长)/mm</td><td colspan="4">温度/℃</td><td colspan="2">钢材厚度(直径)/mm</td></tr>
<tr><td>≤16</td><td>>16~≤40</td><td>>40~≤63</td><td>>63~≤80</td><td>>80~≤100</td><td>+20</td><td>0</td><td>-20</td><td>-40</td><td>≤16</td><td>>16~≤100</td></tr>
<tr><td rowspan="5">Q345</td><td>A</td><td rowspan="5">≥345</td><td rowspan="5">≥335</td><td rowspan="5">≥325</td><td rowspan="5">≥315</td><td rowspan="5">≥305</td><td rowspan="5">470~630</td><td>19</td><td rowspan="5">34</td><td rowspan="5">34</td><td rowspan="5">34</td><td rowspan="5">34</td><td rowspan="5">2a</td><td rowspan="5">3a</td></tr>
<tr><td>B</td><td rowspan="4">20</td></tr>
<tr><td>C</td></tr>
<tr><td>D</td></tr>
<tr><td>E</td></tr>
</table>

表 8-7(续)

牌号	质量等级	屈服强度 σ_s/MPa					抗拉强度 σ_b/MPa	伸长率 δ/%	冲击功(AkV)(纵向)/J				180°弯曲试验 d:弯心直径;a:试样厚度(或直径)	
		厚度(直径,边长)/mm							温度/℃				钢材厚度(直径)/mm	
		≤16	>16~≤40	>40~≤63	>63~≤80	>80~≤100			+20	0	-20	-40	≤16	>16~≤100
Q390	A B C D E	≥390	≥370	≥350	≥330	≥330	490~650	≥19	≥34	≥34	≥34	≥34	2a	3a
Q420	A B C D E	≥420	≥400	≥380	≥360	≥360	520—680	≥18	≥34	≥34	≥34	≥34	2a	3a
Q460	C D E	≥460	≥440	≥420	≥400	≥400	550~720	≥16	—	≥34	≥34	≥34	2a	3a
Q500	C D E	≥500	≥480	≥470	≥450	≥440	540—770	≥17	—	≥55	≥47	≥31	—	—
Q550	C D E	≥550	≥530	≥520	≥500	≥490	590—830	≥16	—	≥55	≥47	≥31	—	—
Q620	C D E	≥620	≥600	≥590	≥570	—	670—880	≥15	—	≥55	≥47	≥31	—	—
Q690	C D E	≥690	≥670	≥660	≥640	—	730—940	≥14	—	≥55	≥47	≥31	—	—

(3)性能及应用

由于合金元素的细晶强化和固溶强化等作用,使得低合金高强度结构钢比碳素结构钢的强度、硬度更高,而且塑性、韧性又好,同时又具有低温冲击韧性、耐磨性、可焊性和耐蚀性等优点,因此,低合金高强度结构钢是一种综合性能良好的建筑钢材。

低合金高强度结构钢广泛应用于钢结构和钢筋混凝土结构中,特别是大型和重型工业厂房、大跨度结构、高层建筑、桥梁工程及承受动力荷载和冲击荷载的结构。其中 Q345、Q390 和 Q420 级钢是钢结构设计中重点推荐的三个牌号,尤其是 Q345 级钢的应用量最大。Q345 级钢与 Q235 号钢相比,强度更高,冲击韧性和耐疲劳性更好,等强度代换时能节省钢材达 15%~25%,有效减轻了结构自重;Q460 级钢则更多用于高层钢结构和大跨度空间结构;Q500、Q550、Q620、Q690 级钢主要应用于工程机械、高强船板、大型低温压力容器用钢板等方面。

8.5.2　钢筋混凝土结构常用钢材

钢筋混凝土结构中常用的钢材有各种钢筋、钢丝和钢绞线等,它们主要是由碳素结构钢、低合金高强度结构钢和优质碳素钢等经过各种工艺加工而成。

1. 钢筋

钢筋是建筑工程中用量最大的钢材之一。主要品种有以下几种:

其中热轧钢筋是由低碳钢和低合金钢在高温状态下经热轧成型并自然冷却而成的钢筋,根据其表面形状分为光圆钢筋和带肋钢筋两类,如图 8-15 所示。热轧钢筋主要用于钢筋混凝土结构和预应力混凝土结构的配筋。

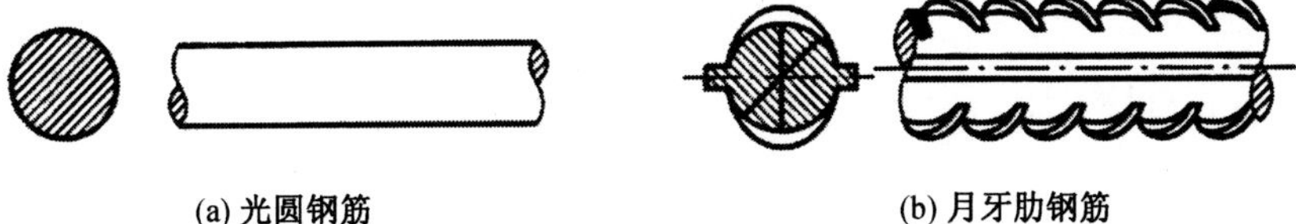

(a) 光圆钢筋　　(b) 月牙肋钢筋

图 8-15　钢筋表面和截图形

(1)热轧光圆钢筋

建筑用的热轧光圆钢筋由碳素结构钢和低合金钢经热轧而成。其主要力学性能见表 8-8。

表 8-8　建筑用热轧光圆钢筋力学性能及工艺性能(GB 1499.1—2024)

牌号	力学性能			冷弯试验 180° d=弯心直径 a=试样直径
	σ_s/MPa	σ_b/MPa	δ/%	
HPB300	≥300	≥420	≥25	$d=a$

从 8-8 表中可见低碳钢热轧圆盘条的强度较低,但塑性好,伸长率高,便于弯折成形,容易焊接,可用作中、小型钢筋混凝土结构的受力钢筋或箍筋,以及作为冷加工(冷拉、冷拔、冷轧)的原料。

(2)钢筋混凝土用热轧带肋钢筋

钢筋混凝土用热轧带肋钢筋采用低合金钢热轧而成,横截面通常为圆形,且表面带有两条纵肋和沿长度方向均匀分布的横肋。其牌号有 HRB400、HRB500、HRB600、HRBF400、HRBF500 五种,其主要力学性能见表 8-9。

表 8-9 钢筋混凝土用热轧带肋钢筋的力学性能及工艺性能(GB 1499.2—2024)

牌号	公称直径/mm	σ_s/MPa	σ_b/MPa	δ/%	冷弯试验,弯心直径 d; a=试样直径/mm
HRB400 HRBF400	6~25	400	540	16	4a
	28~40				5a
					6a
HRB500 HRBF500	6~25	500	630	15	6a
	28~40				7a
	40~50				8a
HRB600	6~25	600	730	14	6a
	28~40				7a
	40~50				8a

注:1. 牌号中 HRB 为英文 Hot roiled ribbed steel bar 首位字母,后面的数字为屈服强度值。

2. 公称直径为与钢筋公称横截面积相等的圆的直径。

热轧带肋钢筋具有较高的强度,塑性和可焊性也较好。钢筋表面带有纵肋和横肋,从而加强了钢筋与混凝土之间的握裹力。可用于钢筋混凝土结构的受力钢筋,以及预应力钢筋。

(3)冷轧带肋钢筋

冷轧带肋钢筋采用热轧圆盘条经冷轧而成,表面带有沿长度方向均匀分布的二面或三面的月牙肋。根据国家标准《冷轧带肋钢筋》(GB/T 13788—2024)的规定:冷轧带肋钢筋按延性高低分为冷轧带肋钢筋(CRB)和高延性冷轧带肋钢筋(CRB××H)两类。分别有 CRB550、CRB650、CRB800、CRB600H、CRB680H 和 CRB800H 六个牌号。CRB550、CRB600H 和 CRB680H 公称直径范围为 4~12mm。其中 CRB650、CRB800 和 CRB800H 公称直径为 4 mm、5 mm、6 mm。冷轧带肋钢筋各等级的力学性能和工艺性能应符合表 8-10 的规定。

表 8-10 冷轧带肋钢筋的性能

牌号	σ_s/MPa	σ_b/MPa	δ/%		冷弯	反复弯曲次数	松弛率=0.7σ_b 时 1 000 h 松弛率/%
			A_{10d}	A_{100}			
CRB550	≥500	≥550	11.0	—	$D=3d$	—	—

表 8-10(续)

牌号	σ_s/MPa	σ_b/MPa	δ/%		冷弯	反复弯曲次数	松弛率=0.7σ_b 时 1 000 h 松弛率/%
			A_{10d}	A_{100}			
CRB600H	≥540	≥600	14.0	—	$D=3d$	—	—
CRB680H	≥600	≥680	14.0	—	$D=3d$	4	≤5
CRB650	≥585	≥650		4.0	—	3	≤8
CRB800	≥720	≥800		4.0	—	3	≤8
CRB800H	≥720	≥800		7.0	—	4	≤5

注:1. 牌号 CRB 为 Cold roiled ribbed steel bar 的首位英文字母,后面的数字为抗拉强度值。

2. D 为弯心直径,d 为钢筋公称直径。

冷轧带肋钢筋是采用冷加工方法强化的典型产品,冷轧后强度明显提高,但塑性也随之降低,使强屈比变小,但其强屈比不得小于 1.05。这种钢筋适用于中、小预应力混凝土结构构件和普通钢筋混凝土结构构件。

(4)预应力混凝土热处理钢筋

预应力混凝土用热处理钢筋是指用热轧中碳低合金钢钢筋经淬火、回火调质处理的钢筋。通常有直径为 6 mm、8 mm、10 mm 等三种规格,抗拉强度 σ_b≥1 500 MPa,屈服点 σ_s≥1 350 MPa,伸长率 δ≥6%。为增加与混凝土的黏结力,钢筋表面常轧有通长的纵筋和均布的横肋。一般卷成直径为 1.7~2.0 m 的弹性盘条供应,开盘后可自行伸直。使用时应按所需长度切割,不能用电焊或氧气切割,也不能焊接,以免引起强度下降或脆断。热处理钢筋的设计强度取标准强度的 0.8,先张法和后张法预应力的张拉控制应力分别为标准强度的 0.7 和 0.65。

2. 钢丝与钢绞线

(1)预应力混凝土用钢丝

预应力混凝土用钢丝是采用优质碳素钢或其他性能相应的钢种,经冷加工及时效处理或热处理而制得的高强度钢丝。可分为冷拉钢丝及消除应力钢丝两种,按外形又可分为光面钢丝和刻痕钢丝两种(GB/T 5223—2014)。

消除应力钢丝的公称直径有 3 mm、4 mm、5 mm、6 mm、7 mm、8 mm、9 mm、10 mm、12 mm 等 6 个规格,σ_b 与 $\sigma_{0.2}$ 的范围随公称直径的不同而不同,σ_b 在 1 470~1 860 MPa 范围内,$\sigma_{0.2}$ 在 1 100~1 640 MPa 范围内,一般 $\sigma_{0.2}$ 不小于 σ_b 的 85%,其伸长率较低,当标距长度为 100 mm 时,伸长率小于 4%,其应力松弛分为两级,Ⅰ级松弛为普通松弛,1 000 h 应力损失试验的损失率为 4.5%~12%,Ⅱ级松弛为低松弛,1 000 h 应力损失试验的损失值为 1%~4.5%。

冷拉钢丝的公称直径有 3 mm、4 mm、5 mm 等三种规格,σ_b 在 1 470~1 670 MPa 范围内,$\sigma_{0.2}$ 在 1 100~1 250 MPa 范围内,$\sigma_{0.2}$ 不小于 σ_b 的 75%。其伸长率为≤3%。

将预应力钢丝经辊压出规律性凹痕,以增强与混凝土的黏结力,降低预应力损失,则为刻痕钢丝。其公称直径通常有 5 mm、7 mm 两种规格。σ_b 在 1 470~1 570 MPa 范围内,$\sigma_{0.2}$

在 1 250~1 340 MPa 范围内,其伸长率为≤4%,1 000 h 应力损失试验的损失率为 2.5%~8%。

(2)预应力混凝土用钢绞线

若将两根、三根或七根圆形断面的钢丝捻成一束,则成为预应力混凝土用钢绞线(GB/T 5224—2023)。钢绞线的最大负荷随钢丝的根数不同而不同,七根捻制结构的钢绞线,整根钢绞线的最大负荷可达 300 kN,屈服负荷可达 255 kN,伸长率为≤3.5%。1 000 h 应力松弛率≤8%。

从上述介绍中可知,预应力钢丝、钢绞线等均属于冷加工强化及热处理钢材,拉伸试验时没有屈服点,但抗拉强度远远超过热轧钢筋和冷轧钢筋,并具有较好的柔韧性,应力松弛率低。其一般做成盘条状供应,松卷后可自行弹直,可按要求长度切割,适用于大荷载、大跨度及需曲线配筋的预应力混凝土结构。

8.5.3 钢结构常用钢材

钢结构构件一般应直接选用各种型钢。型钢之间可直接连接或附加连接钢板进行连接,连接方式有铆接、螺栓连接或焊接。钢结构所用钢材主要是型钢和钢板。型钢有热轧及冷成型两种,钢板也有热轧和冷轧两种。

(1)热轧型钢

常用的热轧型钢有角钢(等边和不等边)、I 型钢、槽钢、T 型钢、H 型钢、Z 型钢等,如图 8-16 所示。

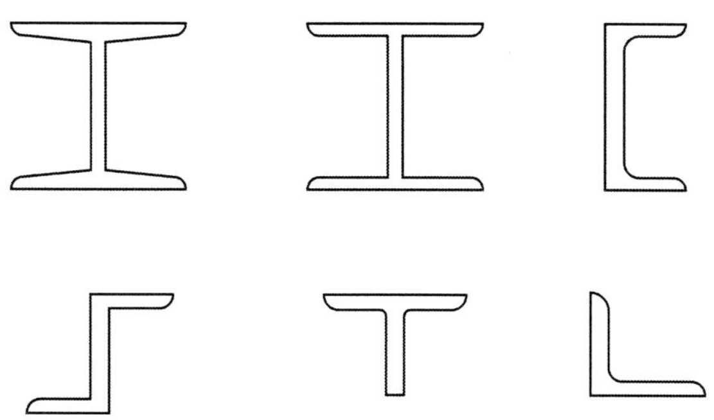

图 8-16 常用热轧型钢

钢结构用钢的钢种和钢号,主要根据结构与构件的重要性、荷载的性质(静载或动载)、连接方法(焊接、铆接或螺栓连接)、工作条件(环境温度及介质)等因素予以选择。对于承受动荷载、处于低温环境的结构,应选择韧性好、脆性临界温度低、疲劳极限较高的钢材;对于焊接结构,应选择可焊性较好的钢材。

我国建筑用热轧型钢主要采用碳素结构钢和低合金钢。在碳素结构钢中主要采用 Q235-A(含碳量为 0.14%~0.22%),其强度较适中,塑性和可焊性较好,而且冶炼容易,成本低廉,适合建筑工程使用。在低合金钢中主要采用 Q345(16Mn)及 Q390(15MnV),可用于大跨度、承受动荷载的钢结构中。

(2)冷弯薄壁型钢

冷弯薄壁型钢通常用2~6 mm薄钢板冷弯或模压而成,有角钢、槽钢等开口薄壁型钢及方形、矩形等空心薄壁型钢,可用于轻型钢结构。

(3)钢板和压型钢板

用光面轧辊轧制而成的扁平钢材称为钢板。按轧制温度的不同,钢板又可分热轧和冷轧两类。建筑工程用钢板的钢种主要是碳素结构钢,某些重型结构,如大跨度桥梁等也采用低合金钢。

按厚度来分,热轧钢板可分为厚板(厚度大于4 mm)和薄板(厚度为0.35~4 mm)两种;冷轧钢板只有薄板(厚度0.2~4 mm)。厚板可用于型钢的连接与焊接,组成钢结构承力构件,薄板可用作屋面或墙面等围护结构,或作为薄壁型钢的原料。

薄钢板经辊压或冷弯可制成截面呈V形、U形、梯形或类似形状的波纹,并可采用有机涂层、镀锌等表面保护层的钢板,称压型钢板,在建筑上常用作屋面板、楼板、墙板及装饰板等,还可将其与保温材料等复合,制成复合墙板等,用途十分广泛。

8.6 钢材在建筑工程及抢修抢建中的应用

钢材在建筑工程中的应用极为广泛,涵盖了从基础设施到高层建筑的多个方面,包括房屋结构、桥梁工程、工业设施、地基工程、铁路轨道等各个领域。随着科技的进步和新材料的开发,未来钢材的性能将得到进一步的提升,其在建筑工程中的应用也将更加广泛和深入。

目前,随着老旧建筑加固需求的增多,钢材在老旧改造加固中的应用也日趋广泛,充分发挥了其在抗震性、抗风性、耐久性、优化空间、改善功能布局等方面的优势,不仅提高了建筑物的安全性和功能性,还延长了其使用寿命。

同时,在抢修抢建领域,钢材作为一种传统的结构材料,其应用是多方面的,这不仅是因为钢材本身具有良好的物理性能,也因为其在紧急情况下能够快速搭建和安装,满足快速修复的需求。钢材在抢修抢建中的应用主要表现在以下几个方面:

(1)结构支撑

钢材的高强度特性使它成为抢修抢建时理想的结构支撑材料,尤其在需要快速恢复建筑物或桥梁等重要基础设施的功能时。

(2)加固提升

在地震等自然灾害后,采用钢材对受损建筑进行加固,可以提高结构的抗震能力,快速恢复其使用功能。对于受损或承载力不足的构件,通过外包钢材进行局部增强,改善其受力性能。

(3)临时设施

临时搭建的抢修用房、指挥所等可以采用轻型钢结构,便于快速搭建和拆除,且可重复使用。在突发事件现场,利用钢材可以快速搭建临时桥梁、道路等交通设施,保障救援通道的畅通。

(4)防护工程

在可能发生落石、洪水等自然灾害的区域,采用钢材构建的防护棚架、栅栏等能有效抵御外力冲击。钢材可以快速搭建临时避难所,为灾区居民提供紧急避难场所。

(5)交通恢复

采用钢材搭建的临时桥梁,可以快速替换因灾害损毁的桥梁,确保交通的及时恢复。在铁路线路遭受破坏时,钢材可用于快速搭建临时支架和桥梁,保证列车的正常运行。

另外,在军事工程抢修抢建中,钢材也是必不可少的材料之一。在快速修复方面,钢材被广泛用于紧急抢修桥梁、道路等基础设施,以保障军事运输和物资补给线的畅通。在临时防御工事方面,钢材的高强度和快速搭建特性使其成为构建临时防御工事(如防护栅栏、掩体等)的理想材料,以提高战场生存能力。

总之,钢材抢修抢建的应用是多方面的,随着技术的不断进步和应用需求的不断变化,未来钢材的应用将更加注重材料的高性能化、加工技术的现代化以及与其他材料的复合化,以适应更高要求。

8.7 钢筋检测

钢筋性能检测主要包括钢筋拉伸性能检测、冷弯检测和钢筋焊接件的检测三个方面。按照以下检测依据进行:

(1)《钢材及钢产品力学性能试验取样位置及试样制备标准》(GB/T 2975—2018);

(2)《金属材料拉伸试验 第1部分:室温试验方法》(GB/T 228.1—2021);

(3)《金属材料弯曲试验方法》(GB/T 232—2024);

(4)《钢筋混凝土用钢 第2部分:热轧带肋钢筋》(GB 1499.2—2024);

(5)《钢筋混凝土用钢 第1部分:热轧光圆钢筋》(GB 1499.1—2024);

(6)《钢筋焊接及验收规程》(JGJ 18—2012)。

8.7.1 取样与试样制备

(1)钢筋应成批验收,每批由同一牌号、同一炉罐号、同一等级、同一品种、同一尺寸、同一交货状态组成。每批重量不得大于60 t。

(2)每批钢筋应进行化学成分、拉伸、冷弯、尺寸、表面质量和重量偏差项目的试验。钢筋拉伸、冷弯试样各需两个,可分别从每批钢筋任选两根截取。检验中,如有某一项试验结果不符合规定的要求,则从同一批钢筋中再任取双倍数量的试样进行该不合格项目的复检,复检结果(包括该项试验所要求的任一指标)即使只有一项指标不合格,则整批不予验收。

(3)钢筋混凝土用热轧光圆钢筋及带肋钢筋不允许进行车削加工,直接进行拉伸试验和弯曲试验。试验长度应使试验机两夹头间有足够的自由长度,以使试样原始标距的标记与最接近夹头间的距离不小于1.5 d(d为钢筋直径)。

(4)原始标距(L_0)长度一般为5 d,并应将其计算值修约至最接近5 mm的倍数,中间数值向较大一方修约。用小标记、细划线或细墨线标记原始标距,但不得用引起过早断裂的缺口做标记,原始标距的标记应准确到 1%。

8.7.2　拉伸性能检测

1. 主要仪器设备

(1)为保证机器安全和试验准确,试验机应选择合适量程,试验机的测力示值误差应不大于 1%。

(2)游标卡尺精确度为 0.1 mm。

2. 试件制作和准备

抗拉试验用钢筋试件不得进行车削加工,可以用两个或一系列等分小冲点或细划线标出原始标距(标记不应影响试样断裂),测量标距长度 l(精确至 0.1mm)。

3. 屈服点 σ_s 和抗拉强度 σ_b 测定

(1)调整试验机测力度盘的指针,使其对准零点,并拨动副指针,使之与主指针重叠。

(2)将试件固定在试验机夹头内,开动试验机进行拉伸。

(3)拉伸中,测力度盘的指针停止转动时的恒定荷载或第一次回转时的最小荷载,即为所求的屈服点荷载 F_s(N)。按下式计算试件的屈服点:

$$\sigma_s = \frac{F_s}{A} \tag{8-7}$$

式中　σ_s——屈服点,MPa;

F_s——屈服点荷载,N;

A——试件的公称横截面积,mm^2。

σ_s 应计算至 10 MPa。

(4)向试件连续施荷直至拉断,由测力度盘读出最大荷载 F_b(N)。按下式计算试件的抗拉强度:

$$\sigma_b = \frac{F_b}{A} \tag{8-8}$$

式中　σ_b——抗拉强度,MPa;

F_b——最大荷载,N;

A——试件的公称横截面积,mm^2。

4. 伸长率测定

(1)将已拉断试件的两段在断裂处对齐,尽量使其轴线位于一条直线上。如拉断处由于各种原因形成缝隙,则此缝隙应计入试件拉断后的标距部分长度内。

(2)用卡尺直接量出已被拉长的标距长度 L_1(mm)。

如用直接测量所求得的伸长率能达到技术条件的规定值,则可不采用移位法。

(3)伸长率按下式计算(精确至 1%):

$$\delta_{10}(\text{或}\ \delta_5) = \frac{l_1 - l_0}{l_0} \times 100\% \tag{8-9}$$

式中 δ_{10}、δ_5——分别表示 $L_0=10d$ 和 $L_0=5d$ 时的伸长率(d 为试件原始直径);

L_0——原标距长度 $10d(5d)$,mm;

L_1——试件拉断后直接量出或按移位法确定的标距部分的长度,mm(测量精确至 0.1 mm)。

(4)如试件在标距端点上或标距外断裂,则试验结果无效,应重作试验。

8.7.3 冷弯性能检测

1. 主要仪器设备

弯曲试验可在压力机或万能试验机上进行,试验机应有足够硬度的支承辊(支承辊间的距离可以调节),同时还应有不同直径的弯心(弯心直径由有关标准规定)。

2. 试验步骤

(1)钢筋冷弯试件不得进行车削加工,试样长度通常按下式确定:

$L\approx0.5\pi(d+a)+140$ (mm)(a 为试件原始直径,d 为弯心直径,π 取 3.14)

(2)半导向弯曲

试样一端固定,绕弯心直径进行弯曲,如图 8-17 所示。试样弯曲到规定的弯曲角度或出现裂纹、裂缝或断裂为止。

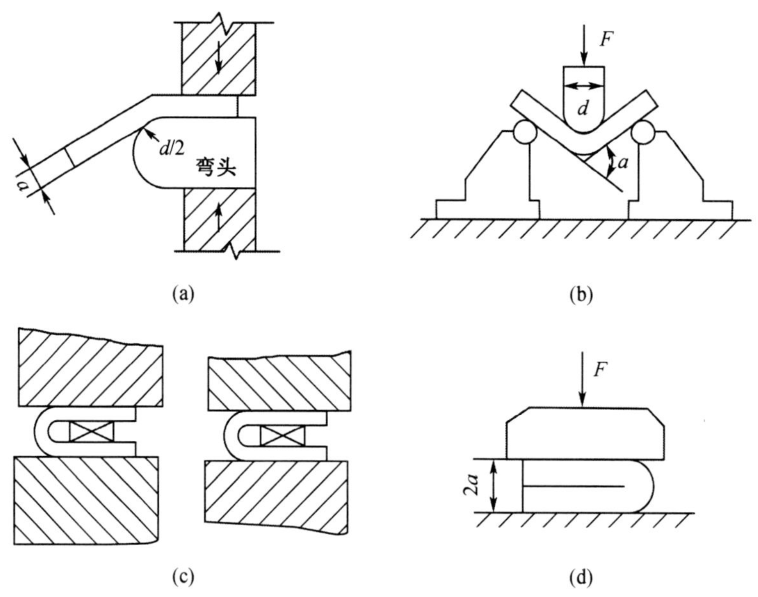

图 8-17 弯曲试验示意图

(3)导向弯曲

①试样放置于两个支点上,将一定直径的弯心在试样两个支点中间施加压力,使试样弯曲到规定的角度[图 8-17(b)]或出现裂纹、裂缝、裂断为止。

②试样在两个支点上按一定弯心直径弯曲至两臂平行时,可一次完成试验,亦可先弯曲到图 8-17(b)所示的状态,然后放置在试验机平板之间继续施加压力,压至试样两臂平

行。此时可以加与弯心直径相同尺寸的衬垫进行试验[图 8-17(c)]。

当试样需要弯曲至两臂接触时,首先将试样弯曲到图 8-17(b)所示的状态,然后放置在两平板间继续施加压力,直至两臂接触正[图 8-17(d)]。

③试验应在稳定压力作用下,缓慢施加试验力。两支辊间距离为$(d+2.5a)+0.5d$,并且在过程中不允许有变化。

(4)试验应在(10~35)℃或控制条件下(23±5)℃进行。

3. 结果评定

弯曲后,按有关标准规定检查试样弯曲外表面,进行结果评定。若无肉眼可见的裂纹、裂缝或裂断,则评定试样合格。

相关产品标准规定的弯曲角度认为是最小值,规定的弯曲半径认为是最大值。

8.7.4　钢筋焊接件的检测

1. 基本规定

钢筋焊接接头或焊接制品应按检验批进行质量检验与验收。质量检验与验收应包括外观质量检查和力学性能检验。焊接接头力学性能检验应为主控项目。焊接接头的外观质量检查应为一般项目。

2. 外观质量检查

焊接接头外观质量检查时,当各小项不合格数均小于或等于抽检数的 15%,则该批焊接接头外观质量评为合格;当某一小项不合格数超过抽检数的 15%时,应对该批焊接接头的该小项逐个进行复检,并剔出不合格接头。对外观质量检查不合格接头采取修整或补焊措施后,可提交二次验收。

3. 钢筋焊接接头力学性能检测

焊接接头的拉伸试验[《金属材料拉伸试验 第 1 部分:室温试验方法》(GB/T 228.1—2021)],应从每一检验批接头中随机切取三个接头进行试验并应按下列规定对试验结果进行评定。

(1)符合下列条件之一,应评定该检验批接头拉伸试验合格:

①3 个试件均断于钢筋母材,呈延性断裂,其抗拉强度大于或等于钢筋母材抗拉强度标准值。

②2 个试件均断于钢筋母材,呈延性断裂,其抗拉强度大于或等于钢筋母材抗拉强度标准值;另一试件断于焊缝,呈脆性断裂,其抗拉强度大于或等于钢筋母材抗拉强度标准值的 1.0 倍。

(2)符合下列条件之一,应进行复检:

①2 个试件均断于钢筋母材,呈延性断裂,其抗拉强度大于或等于钢筋母材抗拉强度标准值;另一试件断于焊缝,或热影响区,呈脆性断裂,其抗拉强度小于钢筋母材抗拉强度标准值的 1.0 倍。

②1 个试件均断于钢筋母材,呈延性断裂,其抗拉强度大于或等于钢筋母材抗拉强度标准值;另 2 个试件断于焊缝或热影响区,呈脆性断裂。

③3 个试件均断于焊缝,呈脆性断裂,其抗拉强度大于或等于钢筋母材抗拉强度标准值

的1.0倍,应进行复检。

(3)符合下列条件,应评定该检验批接头拉伸试验不合格:

当3个试件中有1个试件抗拉强度小于钢筋母材抗拉强度标准值的1.0倍,应评定该检验批接头拉伸试验不合格。

复检时,应切取6个试件进行试验。试验结果,若有4个或4个以上试件断于钢筋母材,呈延性断裂,其抗拉强度大于或等于钢筋母材抗拉强度标准值,另2个或2个以下试件断于焊缝,呈脆性断裂,其抗拉强度大于或等于钢筋母材抗拉强度标准值的1.0倍,应评定该检验批接头拉伸试验复验合格。

钢筋闪光对焊接头、气压焊接头进行弯曲试验[《金属材料弯曲试验方法》(GB/T 232—2010)],应从每一检验批接头中随机切取3个接头,焊缝应处于弯曲中心点,对试验结果进行评定:

①当试验结果,弯曲至90°,有2个或3个试件外侧(含焊缝和热影响区)未发生宽度达到0.5 mm的裂纹,应评定该检验批接头弯曲试验合格。

②当有2个试件发生宽度达到0.5 mm的裂纹,应进行复验。

③当有3个试件发生宽度达到0.5 mm的裂纹,应评定该检验批接头弯曲试验不合格。

④复验时,应切取6个试件进行试验。复验结果,当不超过2个试件发生宽度达到0.5 mm的裂纹时,应评定该检验批接头弯曲试验复检合格。

思考题

1. 试述钢的主要化学成分,并说明钢中主要元素对性能的影响。
2. 按照化学成分钢材分为哪几类?
2. 钢材有哪些主要力学性能?如何进行检测?
3. 钢材的冲击韧性与哪些因素有关?什么是冷脆临界温度?
4. 钢材的冷加工对力学性能有哪些影响?
5. 钢材防腐蚀的措施有哪些?
6. 钢材的塑性指标是什么,如何进行检测?
7. 什么是钢材的屈强比?其大小对使用性能有何影响?
8. 建筑钢材主要检测哪些技术性质,如何进行检测?
9. 钢筋焊接件需要进行哪些检测?

第 9 章　建筑功能材料

建筑功能材料的主要作用有防水密封、保温隔热、吸声隔声、防火和抗腐蚀等，它对扩展防护设备的功能、延长其使用寿命等方面具有重要意义。本章主要介绍防水材料、保温隔热材料等。

9.1　防 水 材 料

防水材料具有防止雨水、地下水与其他水分等侵入建筑物的功能，它是重要的建筑功能材料之一。防水材料具有品种多、发展快的特点，既有传统使用的沥青防水材料，也有正在发展的改性沥青防水材料和合成高分子防水材料；防水设计由多层向单层防水发展，由单一材料向复合型多功能材料发展；施工方法也由热熔法向冷粘贴法或自粘贴法发展。本节主要介绍防水卷材、防水涂料和密封材料等。

9.1.1　石油沥青

沥青是一种褐色或黑褐色的有机胶凝材料，是土木工程建设中不可缺少的材料。在建筑、公路、桥梁等工程中有着广泛的应用，主要用于生产防水材料和铺筑沥青路面、机场道面等。

沥青按产源可分为地沥青（包括天然沥青、石油沥青）和焦油沥青（包括煤沥青、页岩沥青）。常用的主要是石油沥青。石油沥青是石油原油经蒸馏等提炼出各种轻质油（如汽油、柴油等）及润滑油以后的残留物，或经再加工而得的产品。它是一种有机胶凝材料，在常温下呈固体、半固体或黏性液体，颜色为褐色或黑褐色。

1. 石油沥青的组成与结构

（1）石油沥青的组分

石油沥青是由许多高分子碳氢化合物及其非金属（主要为氧、硫、氮等）衍生物组成的复杂混合物。因为沥青的化学组成复杂，对组成进行分析很困难，一般人们从使用角度，将沥青中化学成分及性质极为接近，并且与物理力学性质有一定关系的成分，划分为若干个组，这些组即称为组分。在沥青中各组分含量多寡，与沥青的技术性质有着直接关系。沥青中各组分的主要有：

①油分

油分为淡黄色至红褐色的油状液体，是沥青中分子量最小和密度最小的组分，密度介于 0.7~1 g/cm^3 之间。在 170 ℃下长时间加热，油分可以挥发。油分赋予沥青以流动性。

②树脂(沥青脂胶)

沥青脂胶为黄色至黑褐色黏稠状物质(半固体),分子量比油分大(600~1 000),密度为1.0~1.1 g/cm^3。它赋予沥青以良好的黏结性、塑性和可流动性。另外,沥青树脂中还含有少量的酸性树脂,使其具有酸性。

③地沥青质(沥青质)

地沥青质为深褐色至黑色固态无定形物质(固体粉末),分子量比树脂更大(1 000 以上),密度大于 1 g/cm^3,地沥青质是决定石油沥青温度敏感性、黏性的重要组成部分,其含量越多,则软化点越高,黏性越大,即越硬脆。

另外,石油沥青中还含 2%~3%的沥青碳和似碳物,为无定形的黑色固体粉末,是在高温裂化、过度加热或深度氧化过程中脱氢而生成的,是石油沥青中分子量最大的,它能降低石油沥青的黏结力。石油沥青中还含有蜡,它会降低石油沥青的黏结性和塑性,同时对温度特别敏感(即温度稳定性差),所以蜡是石油沥青的有害成分。

(2)石油沥青的胶体结构

在石油沥青中,油分、树脂和地沥青质是石油沥青中的三大主要组分。油分和树脂可以互相溶解,树脂能浸润地沥青质,而在地沥青质的超细颗粒表面形成树脂薄膜。所以石油沥青的结构是以地沥青质为核心,周围吸附部分树脂和油分构成胶团,无数胶团分散在油分中而形成胶体结构。在这个分散体系中,分散相为吸附部分树脂的地沥青质,分散介质为溶有树脂的油分。

石油沥青中性质随各组分的数量比例的不同而变化。当油分和树脂较多时,胶团外膜较厚,胶团之间相对运动较自由,这种胶体结构的石油沥青,称为溶胶型石油沥青。溶胶型石油沥青的特点是,流动性和塑性较好,开裂后自行愈合能力较强,而对温度的敏感性强,即对温度的稳定性较差,温度过高会流淌。

当油分和树脂含量较少时,胶团外膜较薄,胶团靠近聚集,相互吸引力增大,胶团间相互移动比较困难。这种胶体结构的石油沥青称为凝胶型石油沥青。凝胶型石油沥青的特点是,弹性和黏性较高,温度敏感性较小,开裂后自行愈合能力较差,流动性和塑性较低。

当地沥青质不如凝胶型石油沥青中的多,而胶团间靠得又较近,相互间有一定的吸引力,形成一种介于溶胶型和凝胶型二者之间的结构,称为溶凝胶型结构。溶凝胶型石油沥青的性质也介于溶胶型和凝胶型二者之间。溶胶型、溶凝胶型及凝胶型胶体结构的石油沥青示意图如图 9-1 所示。

2. 石油沥青的技术性质

(1)防水性

石油沥青是憎水性材料,几乎完全不溶于水,而且本身构造致密,加之它与矿物材料表面有很好的黏结力,能紧密黏附于矿物材料表面,同时,它还具有一定的塑性,能适应材料或构件的变形,所以石油沥青具有良好的防水性,故广泛用作建筑工程的防潮、防水材料。

(2)黏滞性(黏性)

石油沥青的黏滞性是反映沥青材料内部阻碍其相对流动的一种特性,以绝对黏度表示,是沥青性质的重要指标之一。

各种石油沥青的黏滞性变化范围很大,黏滞性的大小与组分及温度有关。地沥青质含量较高,同时又有适量树脂,而油分含量较少时,则黏滞性较大。在一定温度范围内,当温度升高时，则黏滞性随之降低，反之则随之增大。

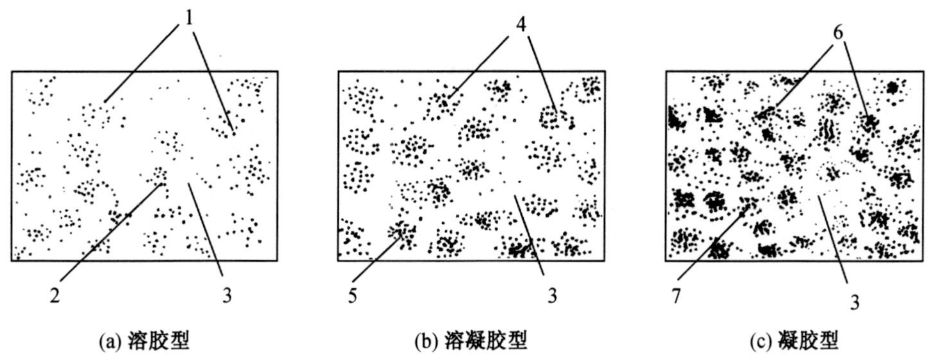

1—溶胶中的胶粒；2—质点颗粒；3—分散介质油分；4—吸附层；5—地沥青质；6—凝胶颗粒；7—结合的分散介质油分。

图 9-1　石油沥青胶体结构的类型示意图

对于固体和半固体沥青，即黏稠石油沥青的黏滞性是用针入度仪测定的针入度来表示。它反映石油沥青抵抗剪切变形的能力。针入度值越小，表明黏度越大。黏稠石油沥青的针入度是在规定温度 25 ℃条件下，以规定重量 100 g 的标准针，经历规定时间 5 s 贯入试样中的深度，以 1/10 mm 为单位表示，如图 9-2 所示。

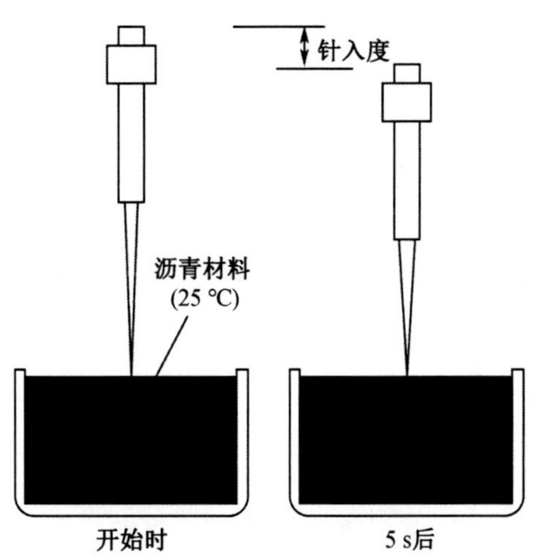

图 9-2　针入度测定示意图

对于液体石油沥青或较稀的石油沥青的黏滞性，用标准黏度计测定的标准黏度表示。标准黏度是在规定温度（20 ℃、25 ℃、30 ℃或 60 ℃）、规定直径（3 mm、5 mm 或 10 mm）的孔口流出 50 cm^3 沥青所需的时间秒数，常用符号“$C_t^d T$”表示，d 为流孔直径，T 为试样温度，t 为流出 50 cm^3 沥青的时间，如图 9-3 所示。

（3）塑性

塑性指石油沥青在外力作用下产生变形而不破坏，除去外力后，仍保持变形后形状的性质。它是沥青性质的重要指标之一。

石油沥青的塑性与其组分有关。石油沥青中树脂含量较多,且其他组分含量又适当时,则塑性较大。影响沥青塑性的因素有温度和沥青膜层厚度。温度升高,则塑性增大。膜层越厚则塑性越高;反之,膜层越薄,则塑性越差,当膜层薄至 1 μm,塑性近于消失,即接近于弹性。在常温下,塑性较好的沥青在产生裂缝时,也可能由于特有的黏塑性而自行愈合。故塑性还反映了沥青开裂后的自愈能力。沥青之所以能制造出性能良好的柔性防水材料,很大程度上取决于沥青的塑性。沥青的塑性对冲击振动荷载有一定吸收能力,并能减少摩擦时的噪声,故沥青是一种优良的道路路面材料。

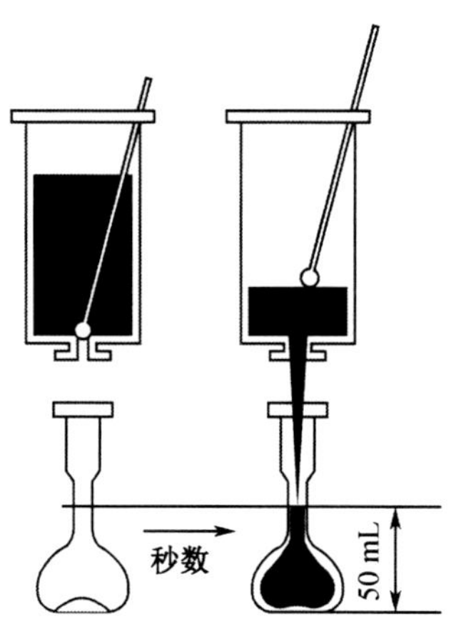

图 9-3　标准黏度测定示意图

石油沥青的塑性用延度(伸长度)表示,延度越大,塑性越好。

沥青延度是把沥青试样制成∞字形标准试模(中间最小截面积 1 cm^2)在规定速度(5 cm/min)和规定温度(25 ℃)下拉断时的伸长,以厘米(cm)为单位表示,如图 9-4 所示。

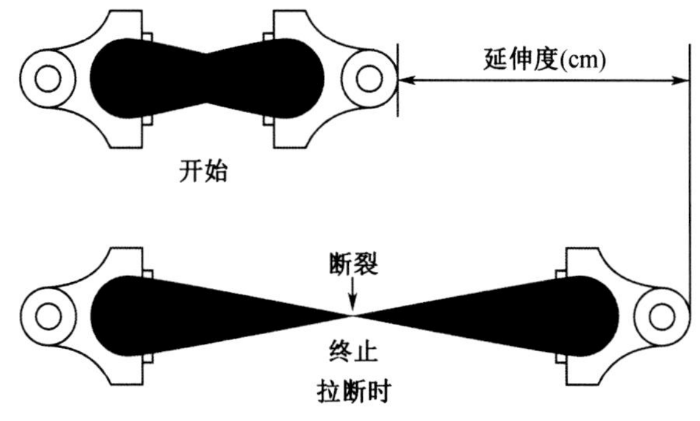

图 9-4　延度测定示意图

(4)温度敏感性

温度敏感性是指石油沥青的黏滞性和塑性随温度升降而变化的性能。因沥青是一种高分子非晶态热塑性物质,故没有一定的熔点。当温度升高时,沥青由固态或半固态逐渐软化,使沥青分子之间发生相对滑动,此时沥青就像液体一样发生了黏性流动,称为黏流态。与此相反,当温度降低时又逐渐由黏流态凝固为固态(或称高弹态),甚至变硬变脆(像玻璃一样硬脆称作玻璃态)。在此过程中,反映了沥青随温度升降其黏滞性和塑性的变化。在相同的温度变化间隔里,各种沥青黏滞性及塑性变化幅度不会相同,工程要求沥青随温度变化而产生的黏滞性及塑性变化幅度应较小,即温度敏感性应较小。建筑工程宜选用温度敏感性较小的沥青。所以温度敏感性是沥青性质的重要指标之一。

通常石油沥青中地沥青质含量较多,在一定程度上能够减小其温度敏感性。在工程使用时往往加入滑石粉、石灰石粉或其他矿物填料来减小其温度敏感性。沥青中含蜡量较多时,则会增大温度敏感性,当温度不太高(60 ℃左右)时就发生流淌;在温度较低时又易变硬开裂。

沥青软化点是反映沥青的温度敏感性的重要指标。由于沥青材料从固态至液态有一定的变态间隔,故规定其中某一状态作为从固态转到黏流态(或某一规定状态)的起点,相应的温度称为沥青软化点。

沥青软化点测定方法很多,国内外一般采用环球法软化点仪测定。它是把沥青试样装入规定尺寸(直径约 16 mm,高约 6 mm)的铜环内,试样上放置一标准钢球(直径 9.5 mm,重 3.5 g),浸入水或甘油中,以规定的升温速度(5 ℃/min)加热,使沥青软化下垂,当下垂到规定距离 25.4 mm 时的温度,以摄氏度(℃)单位表示,如图 9-5 所示。

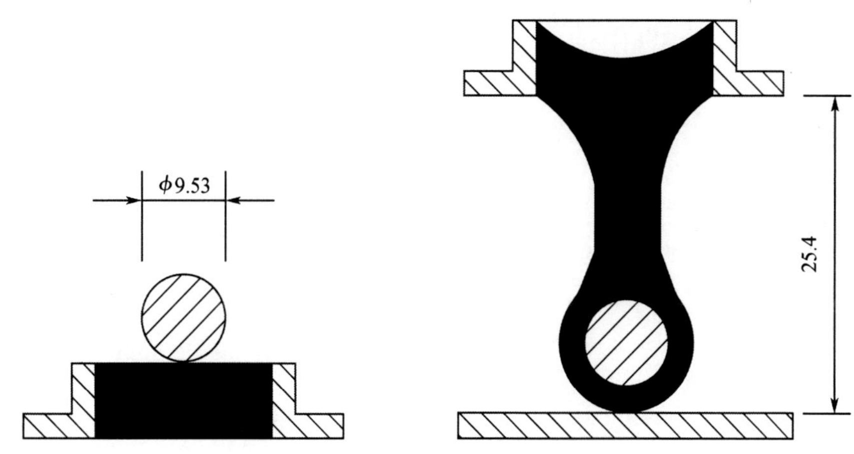

图 9-5　软化点测定示意图(单位:mm)

(5)大气稳定性

大气稳定性是指石油沥青在热、阳光、氧气和潮湿等因素的长期综合作用下抵抗老化的性能。

在阳光、空气和热的综合作用下,沥青各组分会不断递变。低分子化合物将逐步转变成高分子物质,即油分和树脂逐渐减少,而地沥青质逐渐增多。实验发现,树脂转变为地沥青质比油分变为树脂的速度快很多(约 50%)。因此,使石油沥青随着时间的进展而流动性和塑性逐渐减小,硬脆性逐渐增大,直至脆裂,这个过程称为石油沥青的“老化”。所以大气稳定性可用抗“老化”性能来说明。

石油沥青的大气稳定性常以蒸发损失和蒸发后针入度比来评定。其测定方法是:先测定沥青试样的质量及其针入度,然后将试样置于加热损失试验专用的烘箱中,在 160 ℃下蒸发 5 h,待冷却后再测定其质量及针入度。计算蒸发损失质量占原质量的百分数,称为蒸发损失;计算蒸发后针入度占原针入度的百分数,称为蒸发后针入度比。蒸发损失百分数越小和蒸发后针入度比越大,则表示大气稳定性越高,“老化”越慢。

此外,为评定沥青的品质和保证施工安全,还应当了解石油沥青的溶解度、闪点和燃点。

溶解度是指石油沥青在三氯乙烯;四氯化碳或苯中溶解的百分率,以表示石油沥青中有效物质的含量,即纯净程度。那些不溶解的物质会降低沥青的性能(如黏性等),应把不溶物视为有害物质(如沥青碳或似碳物)而加以限制。

闪点也称闪火点，指加热沥青至挥发出的可燃气体和空气的混合物，在规定条件下与火焰接触，初次闪火（有蓝色闪光）时的沥青温度（℃）。

燃点也称着火点，指加热沥青产生的气体和空气的混合物，与火焰接触能持续燃烧 5 s 以上时沥青的温度（℃）。燃点温度比闪点温度约高 10 ℃。沥青质组分多的沥青闪点和燃点的温度相差较多；液体沥青由于轻质成分较多，闪点和燃点的温度相差很小。

闪点和燃点的高低表明沥青引起火灾或爆炸的可能性的大小，它关系到运输、贮存和加热使用等方面的安全。

3. 石油沥青的技术标准及选用

石油沥青按用途分为建筑石油沥青、道路石油沥青和普通石油沥青三种。在建筑工程中使用的主要是建筑石油沥青和道路石油沥青。普通石油沥青由于石蜡含量高，性能较差，一般不单独使用。

（1）建筑石油沥青

建筑石油沥青按针入度指标划分牌号，每一牌号的沥青还应保证相应的延度、软化点、溶解度、蒸发损失、蒸发后针入度比、闪点等。建筑石油沥青的技术性能应符合《建筑石油沥青》（GB/T 494—2010），见表 9-1。

表 9-1　建筑石油沥青技术标准

项目	质量指标		
	40 号	30 号	10 号
针入度（25 ℃，100 g，5 s）/（1/10 mm）	36～50	26～35	10～25
针入度（46 ℃，100 g，5 s）/（1/1 0 mm）	报告[a]	报告[a]	报告[a]
针入度（0 ℃，200 g，5 s）/（1/10 mm）	≥6	≥6	≥3
延度（25 ℃，5 cm/min）/cm	≥3.5	≥2.5	≥1.5
软化点（环球法）/℃	≥60	≥75	≥95
溶解度（三氯乙烯）/%	≥99.0		
蒸发损失（163 ℃，5 h）/%	≤1		
蒸发后 25 ℃针入度比[b]/%	≥65		
闪点（开口）/℃	≥260		

注：a——报告应为实测值；

b——测定蒸发损失后样品的 25 ℃针入度与原 25 ℃针入度之比乘以 100 后，所得的百分数，称为蒸发后针入度比。

建筑石油沥青针入度较小（黏性较大），软化点较高（耐热性较好），但延伸度较小（塑性较小），主要用作制造油纸、油毡、防水涂料和沥青嵌缝膏。它们绝大部分用于屋面及地下防水、沟槽防水防腐蚀及管道防腐等工程。在屋面防水工程中使用时制成的沥青胶膜较厚，增大了对温度的敏感性。同时黑色沥青表面又是好的吸热体，一般同一地区的沥青屋面的表面温度比其他材料的都高，据高温季节测试，沥青屋面达到的表面温度比当地最高气温高 25～30 ℃；为避免夏季流淌，一般屋面用沥青材料的软化点还应比本地区屋面最高温度高 20 ℃以上。在地下防水工程中,沥青所经历的温度变化不大,为了使沥青防水层有较长的使用年限,宜选用牌号较高的沥青材料。

(2)道路石油沥青

道路石油沥青主要用于道路工程,其技术指标要求应符合《道路石油沥青》(NB/SH/T 0522—2010)的规定,见表 9-2。道路石油沥青分为 60,100,140,180 和 200 五个标号。

表 9-2　道路石油沥青技术标准

项目	质量指标				
	200 号	180 号	140 号	100 号	60 号
针入度(25 ℃,100 g,5 s)/(1/10 mm)	200~300	150~200	110~150	80~110	50~80
延度(25 ℃)/cm	≥20	≥100	≥100	≥90	≥70
软化点(环球法)/℃	30~48	35~48	38~51	42~55	45~58
溶解度/%	≥99				
质量变化/%	≤L. 3	≤L. 3	≤L. 3	≤1. 2	≤1. 0
蒸发后针入度比/%	报告				
闪点(开口)/℃	≥180	≥200	≥230	≥230	≥230
蜡含量/%	≤4. 5				

注:a——报告应为实测值。

道路沥青的牌号较多,选用时应根据地区气候条件、施工季节气温、路面类型、施工方法等按有关标准选用。道路石油沥青还可作密封材料和黏结剂以及沥青涂料等。此时一般选用黏性较大和软化点较高的道路石油沥青。

按道路的交通量,道路石油沥青分为重交通道路石油沥青和中、轻交通道路石油沥青。

重交通道路石油沥青主要用于高速公路、一级公路路面、机场道面及重要的城市道路路面等工程。按国家标准《重交通道路石油沥青》(GB/T 15180—2010),重交通道路石油沥青分为 AH—50、AH—70、AH—90、AH—110 和 AH—130 五个标号,各标号的技术要求见表 9-3。除石油沥青规定的有关指标外,延度的温度为 15 ℃,大气温定性采用薄膜烘箱试验,并规定了含蜡量的要求。

表 9-3　重交通道路石油沥青技术标准

项目	质量指标				
	AH—130	A—110	A—90	A—70	A—50
针入度(25 ℃,100 g,5 s)/(1/10 mm)	120~140	100—120	80—100	60~80	40—60
延度(15 ℃,5 cm/min)/cm	≥100	≥100	≥100	≥100	≥80
软化点(环球法)/℃	40~50	41~51	42—52	44~54	45~55
溶解度(三氯乙烯)/%	≥99. 0				

表 9-3(续)

项目		质量指标				
		AH—130	A—110	A—90	A—70	A—50
含蜡量(蒸馏法)/%		≤3				
密度(15 ℃)/(g/cm³)		实测记录				
薄膜加热试验(163 ℃,5 h)	质量损失/%	≤1.3	≤1.2	≤1.0	≤0.8	≤0.6
	针入度比/%	≥45	≥48	≥50	≥55	≥58
	延度(25 ℃)/cm	≥75	≥75	≥75	≥50	≥40
	延度(15 ℃)/cm	实测记录				
闪点(开口)/℃		≥230				

中、轻交通道路石油沥青主要用于一般的道路路面、车间地面等工程。按石油化工行业标准《道路石油沥青》(NB/SH/T 0522—2010)。

4. 改性石油沥青

在建筑工程中使用的沥青应具有一定的物理性质和黏附性。其在低温条件下应有弹性和塑性;在高温条件下要有足够的强度和稳定性;在加工和使用条件下具有抗"老化"能力;还应与各种矿料和结构表面有较强的黏附力;以及对变形的适应性和耐疲劳性。通常,石油加工厂加工制备的沥青不一定能全面满足这些要求,为此,常用橡胶、树脂和矿物填料等对沥青性能进行改善,称为改性。橡胶、树脂和矿物填料等通称为石油沥青的改性材料。

(1)矿物填料改性沥青

为了改善石油沥青高温容易流淌、低温容易硬脆的缺陷,即改善其温度敏感性,通常在沥青中加入一定数量的矿物填充料,以提高沥青的黏性和耐热性。常用的矿物填充料有滑石粉、石灰石粉、硅藻土、云母粉等,一般掺量为 20%~40%,矿物填充料要求具有一定的细度,当沥青中加入矿物填充料时,沥青能够以单分子层的形式包裹在细小的矿物颗粒表面,形成一层黏结牢固的沥青膜,称为结构沥青层,沥青与矿粉相互作用的结构图如图 9-6 所示。结构沥青可以大大改善沥青的黏性和耐热性。用矿物填料改性沥青是最常用的改性方法。

(2)橡胶改性沥青

橡胶与沥青有较好的相溶性,在沥青中加入适量橡胶,可使沥青的高温稳定性、低温塑性得到改善,克服了沥青热淌冷脆的缺陷,提高了材料的强度、塑性及抗老化能力。常用的橡胶改性沥青有氯丁橡胶改性沥青、丁基橡胶改性沥青、热塑性丁苯橡胶(SBS)改性沥青、再生橡胶改性沥青等,其中 SBS 改性沥青是目前应用最广泛的改性沥青。

(3)树脂改性沥青

在沥青中掺入适量树脂,可以增加沥青的耐寒性、耐热性、黏结性和不透气性。常用的树脂有古马隆树脂、聚乙烯、环氧树脂、聚丙烯等。树脂改性沥青在生产各种卷材、密封材料及防水涂料等产品时都有应用。

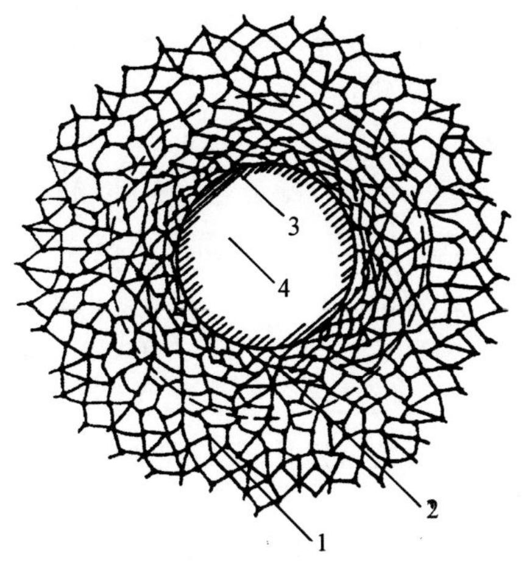

1—自由沥青;2—结构沥青;3—钙质薄膜;4—矿粉颗粒。

图 9-6　沥青与矿粉相互作用的结构图式

(4)橡胶树脂共混改性沥青

在沥青中掺入适量的橡胶和树脂,可以使沥青兼具橡胶和树脂的优点,常用的共混改性沥青有氯化聚乙烯-橡胶共混改性沥青和聚氯乙烯-橡胶共混改性沥青等。

9.1.2　防水卷材

防水卷材是建筑防水材料重要品种,它是具有一定宽度和厚度并可卷曲的片状定型防水材料。目前防水卷材有沥青防水卷材、高聚物改性沥青防水卷材和合成高分子防水卷材等三大系列。沥青防水卷材是我国传统的防水卷材,生产历史久、成本较低、应用广泛,沥青材料的低温柔性差,温度敏感性大,在大气作用下易老化,防水耐用年限较短,它属于低档防水材料。后两个系列卷材的性能较沥青防水材料优异,是防水卷材的发展方向。

防水卷材要满足建筑防水工程的要求,必须具备以下性能:

(1)耐水性:指在水的作用和被水浸润后其性能基本不变,在压力水作用下具有不透水性,常用不透水性、吸水性等指标表示。

(2)温度稳定性:指在高温下不流淌、不起泡、不滑动,低温下不脆裂的性能,也即在一定温度变化下保持原有性能的能力,常用耐热度、耐热性等指标表示。

(3)机械强度、延伸性和抗断裂性:指防水卷材承受一定荷载、应力或在一定变形的条件下不断裂的性能,常用拉力、拉伸强度和断裂伸长率等指标表示。

(4)柔韧性:指在低温条件下保持柔韧性的性能。它对保证易于施工、不脆裂十分重要,常用柔度、低温弯折性等指标表示。

(5)大气稳定性:指在阳光、热、臭氧及其他化学侵蚀介质等因素的长期综合作用下抵抗侵蚀的能力,常用耐老化性,热老化保持率等指标表示。

各类防水卷材的选用应充分考虑建(构)筑物的特点、地区环境条件、使用条件等多种因素,结合材料的特性和性能指标来选择。

1. 沥青防水卷材

沥青防水卷材是用原纸、纤维织物、纤维毡等胎体浸涂沥青，表面撒布粉状、粒状或片状材料而制成的。常用品种有石油沥青纸胎油毡、石油沥青玻璃布油毡、石油沥青玻纤胎油毡、石油沥青麻布胎油毡等。

为了克服纸胎的抗拉能力低、易腐烂、耐久性差的缺点，通过改进胎体材料来改善沥青防水卷材的性能，开发出玻璃布沥青油毡、玻纤沥青油毡、黄麻织物沥青油毡、铝箔胎沥青等一系列沥青防水卷材。沥青防水卷材一般都是叠层铺设、热粘贴施工。

按《石油沥青纸胎油毡、油纸》(GB 326—2007)的规定：油毡按卷重和物理性能分为Ⅰ型、Ⅱ型和Ⅲ型，各型号油毡的物理性能应符合表9-3的规定。其中Ⅰ型和Ⅱ型油毡适用于简易防水、临时性建筑防水、防潮及包装等，Ⅲ型油毡用于多层建筑防水。

表9-3　石油沥青纸胎油毡物理性能

项目		指标		
		Ⅰ型	Ⅱ型	Ⅲ型
单位面积浸涂材料总量/(g/m²)		≥600	≥750	≥1 000
不透水性	压力/(MPa)	≥0.002	≥0.02	≥0.10
	保持时间/(min)	≥20	≥30	≥30
吸水率/%		3.0	2.0	1.0
耐热度		(85±2 ℃)，2 h涂盖层应无滑动、流淌和集中性气泡		
拉力(纵向)/(N/50 mm)		≥240	≥270	≥340
柔度		(18±2 ℃)，绕ϕ20 mm棒或弯板无裂缝		

2. 高聚物改性沥青防水卷材

高聚物改性沥青防水卷材是以合成高分子聚合物改性沥青为涂盖层，纤维织物或纤维毡为胎体、粉状、粒状、片状或薄膜材料为覆面材料制成的可卷曲片状防水材料。

在沥青中添加适量的高聚物可以改善沥青防水卷材温度稳定性差和延伸率小的不足，具有高温不流淌、低温不脆裂、拉伸强度高、延伸率较大等优异性能，且价格适中，在我国属中低档防水卷材。按改性高聚物的种类，有弹性SBS改性沥青防水卷材、塑性App改性沥青防水卷材、聚氯乙烯改性焦油沥青防水卷材、三元乙丙改性沥青防水卷材、再生胶改性沥青防水卷材等。按油毡使用的胎体品种又可分为玻纤胎，聚乙烯膜胎、聚酯胎、黄麻布胎、复合胎等品种。

常见的几种高聚物改性沥青防水卷材的特点和适用范围见表9-4。在防水设计中可参照选用。

9-4　常用高聚物改性沥青防水卷材的特点和适用范围表

卷材名称	特点	适用范围	施工工艺
SBS 改性沥青防水卷材	耐高、低温性能有明显提高，卷材的弹性和耐疲劳性明显改善	单层铺设的屋面防水工程或复合使用，适合于寒冷地区和结构变形频繁的建筑	冷施工铺贴或热熔铺贴
App 改性沥青防水卷材	具有良好的强度、延伸性、耐热性、耐紫外线照射及耐老化性能	单层铺设，适合于紫外线辐射强烈及炎热地区屋面使用	热熔法或冷粘法铺设
聚氯乙烯改性焦油防水卷材	有良好的耐热及耐低温性能，最低开卷温度为-18 ℃	有利于在冬季负温度下施工	可热作业亦可冷施工
再生胶改性沥青防水卷材	有一定的延伸性，且低温柔性较好，有一定的防腐蚀能力，价格低廉属低档防水卷材	变形较大或档次较低的防水工程	热沥青粘贴
废橡胶粉改性沥青防水卷材	比普通石油沥青纸胎油毡的抗拉强度、低温柔性均有明显改善	叠层使用于一般屋面防水工程，宜在寒冷地区使用	热沥青粘贴

高聚物改性沥青防水卷材除外观质量和规格应符合要求外，还应检验拉伸性能、耐热度、柔性和不透水性等物理性能，并应符合表 9-5 的要求。

表 9-5　高聚物改性沥青防水卷材的物理性能

<table>
<tr><th colspan="2" rowspan="2">项目</th><th colspan="5">性能要求</th></tr>
<tr><th>聚酯毡胎体</th><th>玻纤毡胎体</th><th>聚乙烯胎体</th><th>自粘聚酯毡胎体</th><th>自粘无胎体</th></tr>
<tr><td colspan="2">可溶物含量/(g/m²)</td><td colspan="2">3 mm 厚≥2 100
4 mm 厚≥2 900</td><td>—</td><td>2 mm 厚≥1 300
3 mm 厚≥2 100</td><td>—</td></tr>
<tr><td colspan="2">拉力/(N/50 mm)</td><td>≥450</td><td>纵向≥350
横向≥250</td><td>≥100</td><td>≥350</td><td>≥250</td></tr>
<tr><td colspan="2">延伸率/(%)</td><td>最大拉力时≥30</td><td>—</td><td>断裂时≥200</td><td>最大拉力时≥30</td><td>断裂时≥350</td></tr>
<tr><td colspan="2">耐热度(℃,2 h)</td><td colspan="2">SBS 卷材 90，App 卷材 110，无滑动、流淌、滴落</td><td>PEE 卷材 90，无流淌、起泡</td><td>70，无滑动、流淌、滴落</td><td>70，无起泡、滑动</td></tr>
<tr><td colspan="2" rowspan="2">低温柔度/℃</td><td colspan="3">SBS 卷材—18，App 卷材—5，PEE 卷材—10</td><td colspan="2">—20</td></tr>
<tr><td colspan="3">3 mm 厚，γ=15 mm；4 mm 厚，γ=25 mm，3 s，弯 180°无裂缝</td><td>γ=15 mm，3 s，弯 180°无裂缝</td><td>20 mm，3 s，弯 180°无裂缝</td></tr>
<tr><td rowspan="2">不透水性</td><td>压力/(MPa)</td><td>≥0.3</td><td>≥0.3</td><td>≥0.3</td><td>≥0.3</td><td>≥0.3</td></tr>
<tr><td>保持时间/min</td><td colspan="4">≥30</td><td>≥120</td></tr>
</table>

注:SBS 卷材——弹性体改性沥青防水卷材;App 卷材——弹性体改性沥青防水卷材;PEE 卷材——高聚物改性沥青聚乙烯胎防水卷材。

目前在防水工程中应用最广泛的卷材主要是 SBS 改性沥青防水卷材和 App 改性沥青防水卷材,主要适用于工业与民用建筑的屋面和地下防水工程。

3. 合成高分子防水卷材

合成高分子防水卷材是以合成橡胶、合成树脂或它们两者的共混体为基料,加入适量的化学助剂和填充料等,经混炼、压延或挤出等工序加工而制成的可卷曲的片状防水材料。其中又可分为加筋增强型与非加筋增强型两种。

合成高分子防水卷材具有拉伸强度和抗撕裂强度高,断裂伸长率大,耐热性和低温柔性好,耐腐蚀,耐老化等一系列优异的性能,是新型高档防水卷材。常用的有再生胶防水卷材、三元乙丙橡胶防水卷材、三元丁橡胶防水卷材、聚氯乙烯防水卷材、氯化聚乙烯防水卷材、氯化聚乙烯-橡胶共混防水卷材等,其主要特点和适用范围见表 9-6、表 9-7。

表 9-6 常见合成高分子防水卷材的特点和适用范围

卷材名称	特点	适用范围	施工工艺
再生胶防水卷材	有良好的延伸性、耐热性、耐寒性和耐腐蚀性,价格低廉	单层非外露部位及地下防水工程,或加盖保护层的外露防水工程	冷粘法施工
氯化聚乙烯防水卷材	具有良好的耐候、耐臭氧、耐热老化、耐油、耐化学腐蚀及抗撕裂的性能	单层或复合作用宜用于紫外线强的炎热地区	冷粘法施工
聚氯乙烯防水卷材	具有较高的拉伸和撕裂强度,延伸率较大,耐老化性能好,原材料丰富,价格便宜,容易黏结	单层或复合使用于外露或有保护层的防水工程	冷粘法或热风焊接法施工
三元乙丙橡胶防水卷材	防水性能优异,耐候性好,耐臭氧性、耐化学腐蚀性、弹性和抗拉强度大,对基层变形开裂的适用性强,重量轻,使用温度范围宽,寿命长,但价格高,黏结材料尚需配套完善	防水要求较高,防水层耐用年限长的工业与民用建筑,单层或复合使用	冷粘法或自粘法
三元丁橡胶防水卷材	有较好的耐候性、耐油性、抗拉强度和延伸率,耐低温性能稍低于三元乙丙防水卷材	单层或复合使用于要求较高的防水工程	冷粘法施工
氯化聚乙烯-橡胶共混防水卷材	不但具有氯化聚乙烯特有的高强度和优异的耐臭氧、耐老化性能,而且具有橡胶所特有的高弹性、高延伸性以及良好的低温柔性	单层或复合使用,尤宜用于寒冷地区或变形较大的防水工程	冷粘法施工

表 9-7　合成高分子防水卷材的物理性能

<table>
<tr><td colspan="2" rowspan="2">项目</td><td colspan="4">性能要求</td></tr>
<tr><td>硫化橡胶类</td><td>非硫化橡胶类</td><td>树脂类</td><td>纤维增强类</td></tr>
<tr><td colspan="2">断裂拉伸强度/MPa</td><td>≥6</td><td>≥3</td><td>≥10</td><td>≥9</td></tr>
<tr><td colspan="2">断裂伸长率/%</td><td>≥400</td><td>≥200</td><td>≥200</td><td>≥10</td></tr>
<tr><td colspan="2">低温弯折/℃</td><td>-30</td><td>-20</td><td>-20</td><td>-20</td></tr>
<tr><td rowspan="2">不透水性</td><td>压力/MPa</td><td>≥0.3</td><td>≥0.2</td><td>≥0.3</td><td>≥0.3</td></tr>
<tr><td>保持时间/min</td><td colspan="4">≥30</td></tr>
<tr><td colspan="2">加热收缩率/%</td><td>1.2</td><td>2.0</td><td>2.0</td><td>1.0</td></tr>
<tr><td>热老化保持率</td><td>断裂伸长率</td><td colspan="4">≥80%</td></tr>
<tr><td>(80 ℃,168 h)</td><td>扯断伸长率</td><td colspan="4">≥70%</td></tr>
</table>

9.1.3　防水涂料

防水涂料是一种流态或半流态物质,可用刷、喷等工艺涂布在基层表面,经溶剂或水分挥发或各组分间的化学反应,形成具有一定弹性和一定厚度的连续薄膜,使基层表面与水隔绝,起到防水、防潮作用。

防水涂料固化成膜后的防水涂膜具有良好的防水性能,特别适合于各种复杂不规则部位的防水,能形成无接缝的完整防水膜。它大多采用冷施工,不必加热熬制,涂布的防水涂料既是防水层的主体,又是黏结剂,因而施工质量容易保证,维修也较简单。但是,防水涂料采用刷子或刮板等逐层涂刷(刮),故防水膜的厚度较难保持均匀一致。因此,防水涂料广泛适用于工业与民用建筑的屋面防水工程、地下室防水工程和地面防潮、防渗等。

防水涂料按液态类型可分为溶剂型、水乳型和反应型三种;溶剂型的黏结性较好,但污染环境;水乳型的价格低,但黏结性差些。从涂料发展趋势来看,随着水乳型的性能提高,它的应用会更广。按成膜物质的主要成分可分为沥青类、高聚物改性沥青类和合成高分子类。

防水涂料的使用应考虑建筑物的特点、环境条件和使用条件等因素,结合防水涂料特点和性能指标选择。防水涂料要满足防水工程的要求,必须具备以下性能。

(1)固体含量:指防水涂料中所含固体比例。由于涂料涂刷后涂料中的固体成分形成涂膜,因此,固体含量多少与成膜厚度及涂膜质量密切相关。

(2)耐热度:指防水涂料成膜后的防水薄膜在高温下不发生软化变形、不流淌的性能。它反映防水涂膜的耐高温性能。

(3)柔性:指防水涂料成膜后的膜层在低温下保持柔韧的性能。它反映防水涂料在低温下的施工和使用性能。

(4)不透水性:指防水涂膜在一定水压(静水压或动水压)和一定时间内不出现渗漏的性能,是防水涂料满足防水功能要求的主要质量指标。

(5)延伸性:指防水涂膜适应基层变形的能力。防水涂料成膜后必须具有一定的延伸性,以适应由于温差、干湿等因素造成的基层变形,保证防水效果。

防水涂料分沥青基防水涂料、高聚物改性沥青防水涂料和合成高分子防水涂料等三类。

(1)沥青基防水涂料:指以沥青为基料配制而成的水乳型或溶剂型防水涂料。这类涂料对沥青基本没有改性或改性作用不大,主要有石灰膏乳化沥青、膨润土乳化沥青和水性石棉沥青防水涂料等,主要适用于防水等级较低的工业与民用建筑屋面、混凝土地下室和卫生间防水等。

(2)高聚物改性沥青防水涂料:指以沥青为基料,用合成高分子聚合物进行改性,制成的水乳型或溶剂型防水涂料。这类涂料在柔韧性、抗裂性、拉伸强度、耐高低温性能、使用寿命等方面比沥青基涂料有很大改善。品种有再生橡胶改性防水涂料、氯丁橡胶改性沥青防水涂料、SBS 橡胶改性沥青防水涂料、聚氯乙烯改性沥青防水涂料等,适用于防水等级较高的屋面、地面、混凝土地下室和卫生间等的防水工程。

(3)合成高分子防水涂料:指以合成橡胶或合成树脂为主要成膜物质制成的单组分或多组分的防水涂料。这类涂料具有高弹性、高耐久性及优良的耐高低温性能,品种有聚氨酯防水涂料、丙烯酸酯防水涂料、环氧树脂防水涂料和有机硅防水涂料等,适用于防水等级高的屋面、地下室、水池及卫生间等的防水工程。

9.1.4 建筑密封材料

建筑密封材料是能承受位移并具有高气密性及水密性而嵌入建筑接缝中的定形和不定型的材料。定形密封材料是具有一定形状和尺寸的密封材料,如密封条带、止水带等。不定型密封材料通常是黏稠状的材料,分为弹性密封材料和非弹性密封材料。按构成类型分为溶剂型、乳液型和反应型;按使用时的组分分为单组分密封材料和多组分密封材料;按组成材料分为改性沥青密封材料和合成高分子密封材料。常见的密封材料如:沥青油膏、聚氯乙烯胶泥、橡胶类蜜蜂材料等。

为保证防水密封的效果,建筑密封材料应具有高水密性和气密性,良好的黏结性,良好的耐高低温性和耐老化性能,一定的弹塑性和拉伸-压缩循环性能。密封材料的选用,应首先考虑它的黏结性能和使用部位。密封材料与被粘基层的良好黏结,是保证密封的必要条件,因此,应根据被粘基层的材质、表面状态和性质来选择黏结性良好的密封材料。

9.1.5 灌浆材料

灌浆材料是在压力作用下注入构筑物的缝隙孔洞之中,具有增加承载能力、防止渗漏以及提高结构的整体性能等效果的一种工程材料。灌浆材料在孔缝中扩散,然后发生胶凝或固化,堵塞通道或充填缝隙。由于灌浆材料在防水堵漏方面有较好作用也称堵漏材料。

灌浆材料可分为固粒灌浆材料和化学灌浆材料两大类,化学灌浆材料因具有流动性好、能灌入较细的缝隙、凝结时间易于调节等特点而被广泛应用。灌浆材料按组成材料化学成分可分为无机灌浆材料和有机灌浆材料。

为保证灌浆材料的作用效果,灌浆材料应具有良好的可灌性、胶凝时间可调性、与被灌体有良好黏结性、良好的强度、抗渗性和耐久性。灌浆材料应根据工程性质、被灌体的状态和灌浆效果等情况选择并配以相应的灌浆工艺。目前,常用的灌浆材料有:水泥、水玻璃、环氧树脂、甲基丙烯酸甲酯、丙烯酰胺、聚氨酯等。

9.1.6　防水等级及防水材料的选择

对于屋面防水工程,国家标准《屋面工程技术规范》(GB 50345—2012)规定,屋面工程应根据建筑物的类别、重要程度、使用功能要求等确定防水等级,并应按照相应等级进行防水设防。屋面防水等级和设防要求符合表 9-8 的规定。

表 9-8　屋面防水等级和设防要求表

防水等级	建筑类别	设防要求
Ⅰ级	重要建筑和高层建筑	两道防水设防
Ⅱ级	一般建筑	一道防水设防

防水卷材可选用合成高分子防水卷材和高聚物改性沥青防水卷材,其外观质量和品种、规格应符合国家现行有关材料标准的规定;应根据当地历年最高气温、最低气温、屋面坡度和使用条件等因素,选择耐热度、低温柔性相适应的卷材;种植隔热屋面的防水层应选择耐根穿刺防水卷材。

防水涂料的选择可选用合成高分子防水涂料、聚合物水泥防水涂料和高聚物改性沥青防水涂料,其外观质量和品种、型号应符合国家现行有关材料标准的规定;应根据当地历年最高气温、最低气温、屋面坡度和使用条件等因素,选择耐热性、低温柔性相适应的涂料。卷材、涂膜屋面防水等级和防水做法应符合表 9-9 的规定。

表 9-9　卷材、涂膜屋面防水等级和防水做法

防水等级	防水做法
Ⅰ级	卷材防水层和卷材防水层、卷材防水层和涂膜防水层、复合防水层
Ⅱ级	卷材防水层、涂膜防水层、复合防水层

每道卷材防水层最小厚度应符合表 9-10 的规定。

表 9-10 每道卷材防水层最小厚度 单位:mm

防水等级	合成高分子防水卷材	高聚物改性沥青防水卷材		
		聚酯胎、玻纤胎、聚乙烯胎	自粘聚酯胎	自粘无胎
Ⅰ级	1.2	3.0	2.0	1.5
Ⅱ级	1.5	4.0	3.0	2.0

每道涂膜防水层最小厚度应符合表 9-11 的规定。

表 9-11 每道涂膜防水层最小厚度 单位:mm

防水等级	合成高分子防水涂膜	聚合物水泥防水涂膜	高聚物改性沥青防水涂膜
Ⅰ级	1.5	1.5	2.0
Ⅱ级	2.0	2.0	3.0

复合防水层最小厚度应符合表 9-12 的规定。

表 9-12 复合防水层最小厚度 单位:mm

防水等级	合成高分子防水卷材+合成高分子防水涂膜	自粘聚合物改性沥青防水卷材(无胎)+合成高分子防水涂膜	高聚物改性沥青防水卷材+高聚物改性沥青防水涂膜	聚乙烯丙纶卷材+聚合物水泥防水胶结材料
Ⅰ级	1.2+1.5	1.5+1.5	3.0+2.0	(0.7+1.3)×2
Ⅱ级	1.0+1.0	1.2+1.0	3.0+1.2	0.7+1.3

9.2 绝热材料

热量的传递方式有三种:导热、对流和热辐射。在每一实际的传热过程中,往往都同时存在着两种或三种传热方式。例如,通过实体结构本身的传热过程,主要是靠导热,但一般材料内部或多或少地有些孔隙,在孔隙内除存在气体的导热外,同时还有对流和热辐射存在。

热量通过结构的传热过程如图 9-7 所示。实践证明,在稳定导热的情况下,通过壁体的热流量 Q 与壁体材料的导热能力、壁面之间的温差、传热面积和传热时间成正比,与壁体的厚度成反比。常用导热系数 λ 表示材料的绝热性能。

$$\lambda=\frac{Q\cdot a}{(t_1-t_2)}\cdot F\cdot Z \tag{9-1}$$

式中　Q——总的传热量，J；

λ——材料的导热系数，W/(m·K)；

a——壁体的厚度，m；

t_1、t_2——壁体内、外表面的温度，K 或℃；

Z——传热时间，s 或 h。

导热系数 λ 的物理意义：即在稳定传热条件下，当材料层单位厚度内的温差为 1 ℃时，在 1 h 内通过 1 m^2 表面积的热量。绝大多数土木工程材料的导热系数介于 0.029～3.49 W/(m·K)之间。λ 值越小说明该材料越不易导热，一般把 λ 值小于 0.23 W/(m·K)的材料叫作绝热材料。应当指出，即使同一种材料，其导热系数也并不是常数，它与材料所处的湿度和温度等因素有关。

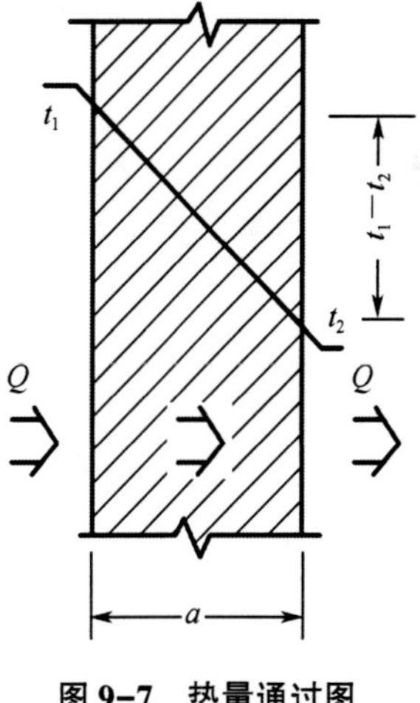

图 9-7　热量通过图

9.2.1　绝热材料的性能

1. 导热性

导热系数能说明材料本身热量传导能力大小，它受本身物质构成、孔隙率、材料所处环境的温、湿度及热流方向的影响。

(1)材料的物质构成

材料的导热系数受自身物质的化学组成和分子结构影响。化学组成和分子结构比较简单的物质比结构复杂的物质有较大的导热系数。

(2)孔隙率

由于固体物质的导热系数比空气的导热系数大得多，故材料的孔隙率越大，一般来说，材料的导热系数越小。材料的导热系数不仅与孔隙有关，而且还与孔隙的大小、分布、形状及连通状况有关。

(3)温度

材料的导热系数随温度的升高而增大，因为温度升高，材料固体分子的热运动增强，同时材料孔隙中空气的导热和孔壁间的辐射作用也有所增加。

(4)湿度

材料受潮吸水后，会使其导热系数增大。这是因为水的导热系数比空气的导热系数要大约 20 倍所致。若水结冰，则由于冰的导热系数约为空气的导热系数的 80 倍左右，从而使材料的导热系数增加更多。

(5)热流方向，对于纤维状材料，热流方向与纤维排列方向垂直时材料表现出的导热系数要小于平行时的导热系数。这是因前者可对空气的对流等作用能起有效的阻止作用所致。

2. 温度稳定性

材料在受热作用下保持其原有性能不变的能力，称为绝热材料的温度稳定性。通常用其不致丧失绝热性能的极限温度来表示。

3. 吸湿性

绝热材料从潮湿环境中吸收水分的能力称为吸湿性，吸湿性越大，对绝热效果越不利。

4. 强度

绝热材料的机械强度和其他土木工程材料一样是用极限强度来表示的。通常采用抗压强度和抗折强度。由于绝热材料含有大量孔隙，故其强度一般不大，因此不宜将绝热材料用于承受外界荷载部位。对于某些纤维材料常用材料达到某一变形时的承载能力作为其强度代表值。

选用绝热材料时，应考虑其主要性能达到如下指标，导热系数不宜大于 0.23 W/(m·K)，表观密度或堆积密度不宜大于 600 kg/m^3，块状材料的抗压强度不低于 0.3 MPa，绝热材料的温度稳定性应高于实际使用温度。在实际应用中，由于绝热材料抗压强度等一般都很低，常将绝热材料与承重材料复合使用。另外，由于大多数绝热材料都具有一定的吸水、吸湿能力，故在实际使用时，需在其表层加防水层或隔汽层。

9.2.2 常用绝热材料及其性能

绝热材料一般有多孔型、纤维型及反射型。绝热材料品种繁多，常用的有：硅藻土、膨胀蛭石、膨胀珍珠岩、泡沫玻璃、陶瓷纤维等，此外还有一些绝热材料新品种，如彩钢夹芯板、多孔陶瓷、绝热涂料、发泡塑料等。表 9-13 列出常用绝热材料的组成及基本性能。

表 9-13 常用绝热材料简表

名称	主要组成	导热系数/[W·(m·K)$^{-1}$]	主要应用
硅藻土	无定形 SiO_2	0.060	填充料、硅藻土砖等
膨胀蛭石	铝硅酸盐矿物	0.046~0.070	填充料、轻集料等
膨胀珍珠岩	铝硅酸盐矿物	0.047~0.070	填充料、轻集料等
微孔硅酸钙	水化硅酸钙	0.047~0.056	绝热管、砖等
泡沫玻璃	硅、铝氧化物玻璃体	0.058~0.128	绝热砖、过滤材料等
岩棉及矿棉	玻璃体	0.044~0.049	绝热板、毡、管等
玻璃棉	钙硅铝系玻璃体	0.035~0.041	绝热板、毡、管等
泡沫塑料	高分子化合物	0.031~0.047	绝热板、管及填充等
中空玻璃	玻璃	0.100	窗、隔断等
纤维板	木材	0.058~0.307	墙壁、地板、顶棚等

9.3　沥青材料检测

沥青性能检测主要是沥青的三大技术指标检测,即针入度、延度、软化点的检测。按照以下检测依据进行:

(1)《沥青软化点测定法环球法》(GB/T 4507—2014);

(2)《沥青延度测定法》(GB/T 4508—2010);

(3)《沥青针入度测定法》(GB/T 4509—2010)。

9.3.1　针入度测定

本方法适用于测定针入度小于 350 的固体和半固体沥青材料的针入度;也适用于测定针入度为 350~500 的沥青材料的针入度,但需采用深度为 60 mm、装样量不超过 125 mL 的盛样皿测定针入度或采用 50 g 载荷下测定的针入度乘以 2 的二次方根得到。

沥青的针入度以标准针在一定的荷重、时间及温度条件下垂直穿入沥青试样的深度来表示,单位为 1/10 mm。如未另行规定,标准针、针连杆与附加砝码的总重量为(100±0.05) g,温度为(25>0.1)℃,时间为 5 s。

1. 主要仪器设备

(1)针入度仪:允许针连杆在无明显摩擦下垂直运动,并且能指示穿入深度准确至 0.1 mm 的仪器均可应用。针连杆重应为(47.5±0.05) g,针和针连杆组合件总重应为(50±0.05) g。针入度仪附带(50±0.05) g 和(100±0.05) g 砝码各一个。仪器设备设有放置平底玻璃皿的平台,并有可调水平的机构,针连杆应与平台相垂直。仪器设有针连杆制动按钮,紧压按钮,针连杆可自由下落。针连杆易于卸下,以便定期检查其质量,如图 9-8 所示。

(2)标准针:应由硬化回火的不锈钢制成,每根针应附有国家计量部门的检验单。

(3)试样皿:金属或玻璃的圆柱形平底皿。

(4)恒温水浴:容量不小于 10 L,能保持温度在试验温度的±0.1 ℃范围内。

(5)温度计:液体玻璃温度计,刻度范围为 0~50 ℃,分度为 0.1 ℃。

(6)平底玻璃皿(容量不小于 350 mL,深度要没过最大样品皿)、计时器(刻度为 0.1 s 或小于 0.1 s)、加热设备等。

2. 样品制备

(1)将沥青试样小心加热,不断搅拌以防局部过热,加热到使样品能够自由流动。加热时焦油沥青的加热温度不超过软化点 60 ℃,石油沥青不超过软化点 90 ℃。加热时间不得超过 30 min,加热搅拌过程中避免试样中进入气泡。

(2)将试样倒入预先选好的试样皿中,试样深度应大于预计穿入深度 10 mm。同时将试样倒入两个试样皿。

(3)试样皿在 15~30 ℃的室温下冷却 1~1.5 h(小试样皿)或 1.5~2 h(大试样皿),并防止灰尘落入试样皿。然后将两个试样皿和平底玻璃皿一起放入保持规定试验温度的恒温水浴中,水面应没过试样表面 10 mm 以上,小试样皿恒温 1~1.5 h,大试样皿恒温 1.5~2 h。

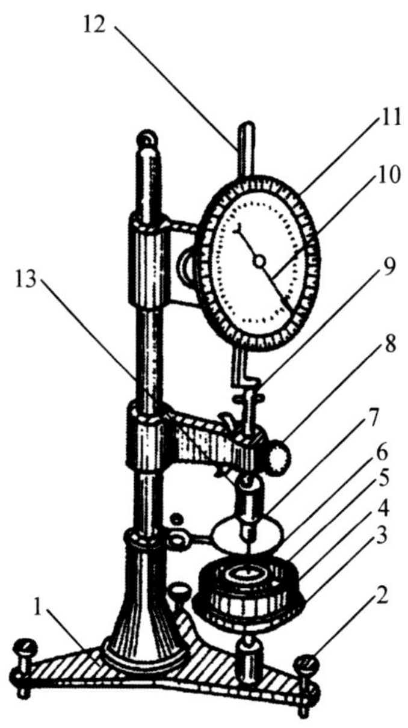

1—底座;2—调子螺丝;3—圆形平台;4—保温皿;5—试样;6—标准针;
7—小镜;8—按钮;9—连杆;10—指针;11—刻度盘;12—活杆;13—砝码。

图 9-8 针入度计

3. 试验步骤

(1)调节针入度计水平,检查连杆和导轨,无明显摩擦。用甲苯或合适溶剂清洗针,用干净布擦干。拧紧标准针,放好规定质量的砝码。

(2)将已恒温到试验温度的试样皿和平底玻璃皿取出,放置在针入度仪的平台上。

(3)慢慢放下针连杆,使针尖刚好与试样表面接触。必要时用放置在合适位置的光源反射来观察。拉下活杆,使其与针连杆顶端相接触,调节针入度仪刻度盘使指针为零。

(4)用手紧压按钮,同时启动秒表,使标准针自由下落穿入沥青试样,到规定时间,停压按钮,使针停止移动。

(5)拉下活杆使其再与针连杆顶端接触,此时刻度盘指针的读数即为试样的针入度,精确至 0.5(0.1 mm)。

(6)同一试样重复测定至少 3 次,各试验点之间及试验点与试样皿边缘之间的距离都不得小于 10 mm。每次测定前都应将试样和平底玻璃皿放入恒温水浴。每次测定都要用干净的针。当测定针入度大于 200 的沥青试样时,至少用 3 根针,每次测定后将针留在试样中,直至 3 次测定完成后,才能把针从试样中取出;当测定针入度小于 200 的沥青试样时,可将针取下用甲苯或其他合适有机溶剂擦净后继续使用。

4. 试验结果

取 3 次测定针入度的平均值,取至整数,作为实验结果。3 次测定的针入度值最大差值要求见表 9-14。

表 9-14　3 次测定的针入度值最大差值要求

针入度/mm	0~49	50~149	150~249	250~350
最大差值	≤2	≤4	≤6	≤8

9.3.2　延度测定

用规定的试件在一定温度下以一定速度拉伸至断裂时的长度,称为沥青的延度,单位:cm。非经特殊说明,试验温度为(25±0.5)℃,拉伸速度为(5±0.5)cm/min。

1. 主要仪器设备

(1)延度仪:能将试件浸没于水中,按照(5±0.5)cm/min 速度拉伸试件,仪器开动时应无明显的振动。

(2)试件模具:由两个端模和两个侧模组成,其形状及尺寸应符合图 9-9 的要求。

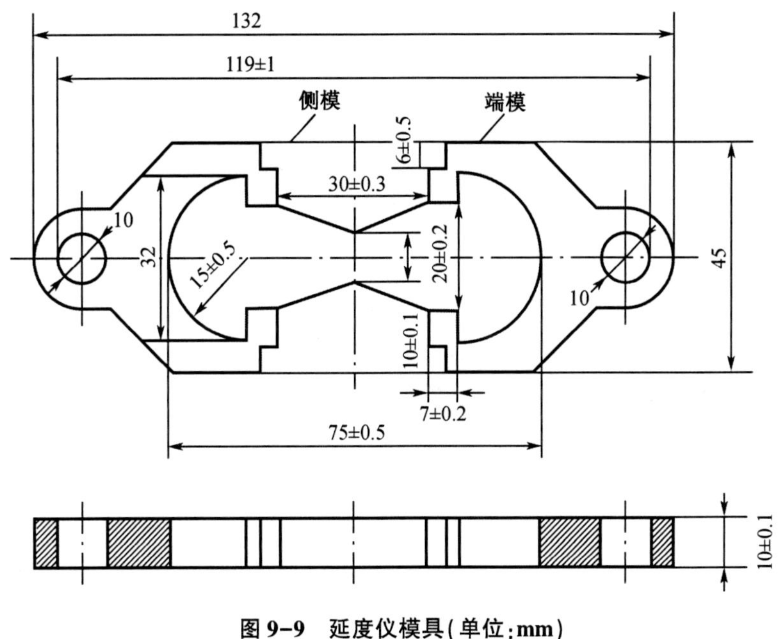

图 9-9　延度仪模具(单位:mm)

(3)水浴:容量至少为 10 L,能保持试验温度变化不大于 0.1 ℃,试件浸入水中深度不得小于 10 cm,水浴中设置带孔搁架,搁架距底部不小于 5 cm。

(4)温度计:0~50 ℃,分度 0.1 ℃和 0.5 ℃各一支。

2. 试验准备

(1)将隔离剂拌和均匀,涂于磨光的金属板上和铜模侧模的内表面,将模具组装在金属板上。

(2)小心加热沥青样品并防止局部过热,直到完全变成液体能够倾倒。石油沥青样品加热至倾倒温度的时间不超过 2 h,其加热温度不得超过预计软化点 110 ℃;煤焦油沥青样品加热至倾倒温度的时间不超过 30 min,其加热温度不得超过预计软化点 55 ℃。把熔化了的样品过筛,在充分搅拌之后,把样品倒入模具中。在倒样时使试样呈细流状,自模的一端至另一端往返倒入,使试样略高出模具。

(3)试件在空气中冷却 30~40 min,然后放入规定温度的水浴中保持 30 min 后取出,用热刀将高出模具的沥青刮去,使沥青面与模面齐平。沥青刮去时,刀尖自模的中间刮向两边,表面应刮得十分光滑。

(4)将试件连同金属板一起放入水浴中,并在试验温度下保持 85~95 min。检查延度仪拉伸速度是否符合要求,移动滑板使指针对着标尺的零点,然后从板上取下试件,拆掉侧模,立即进行拉伸试验。

3. 试验步骤

(1)将模具两端的孔分别套在延度仪的金属柱上,然后以一定速度拉伸,直到试件拉伸断裂。拉伸速度允许误差±5%,测量试件从拉伸到断裂所经过的距离,以 cm 表示。试验时,试件距水面和水底的距离应不小于 25 mm,并且要使温度保持在规定温度的±0.5 ℃的范围内。

(2)试验中观察沥青的拉伸情况。如发现沥青浮于水面或沉入槽底时,则试验不正常,应使用乙醇或食盐调整水的密度至与试样的密度相近,使沥青材料既不浮于水面,又不沉入槽底。

(3)试样拉断时指针所指标尺上的读数,即为试样的延度,以 cm 表示。正常的试验应将试样拉成锥形,直至在断裂时实际横断面面积接近于零。如三次试验得不到正常结果,则报告在此条件下延度无法测定。

4. 试验结果

若 3 个试件测定值在其平均值的 5%以内,取平行测定 3 个结果的平均值作为测定结果;若 3 个试件测定值不在其平均值的 5%以内,但其中两个较高值在平均值的 5%之内,则弃去最低测定值,取两个较高值的平均值作为测定结果,否则重新测定。

9.3.3 软化点测定

置于锥状黄铜环中的两块水平沥青圆片,在加热介质中以一定速度加热,每块沥青片上置有一只钢球。软化点为当试样软化到使两个放在沥青上的钢球下落 25.4 mm 距离时的温度平均值,以℃表示。沥青是没有严格熔点的黏性物质,随着温度升高它们逐渐变软,黏度降低,因此软化点必须严格按照试验方法来测定。

1. 主要仪器设备

(1)沥青软化点测定仪器

由以下几部分组成。

①钢球:两只直径为 9.5 mm,质量为(3.50±0.05) g 的钢制圆球;

②环:两只黄铜制的锥环或肩环,其形状及尺寸如图 9-10(a)所示;

③钢球定位器:两只钢球定位器用于使钢球定位于试样中央,其一般形状和尺寸如图 8-9(b)所示;

④环支撑架和支架:一只铜支撑架用于支撑两个水平位置的环,形状尺寸如图 9-10

(c)所示,其安装图如图 9-10(d)所示。支撑架上的肩环的底部距离下支撑板的上表面为 25 mm,下支撑板的下表面距离浴槽底部为(16±3) mm;

⑤支撑板:扁平光滑黄铜板,尺寸约为 50 mm×75 mm;

⑥水银温度计:测温范围为 30~180 ℃,分度值 0.5 ℃。

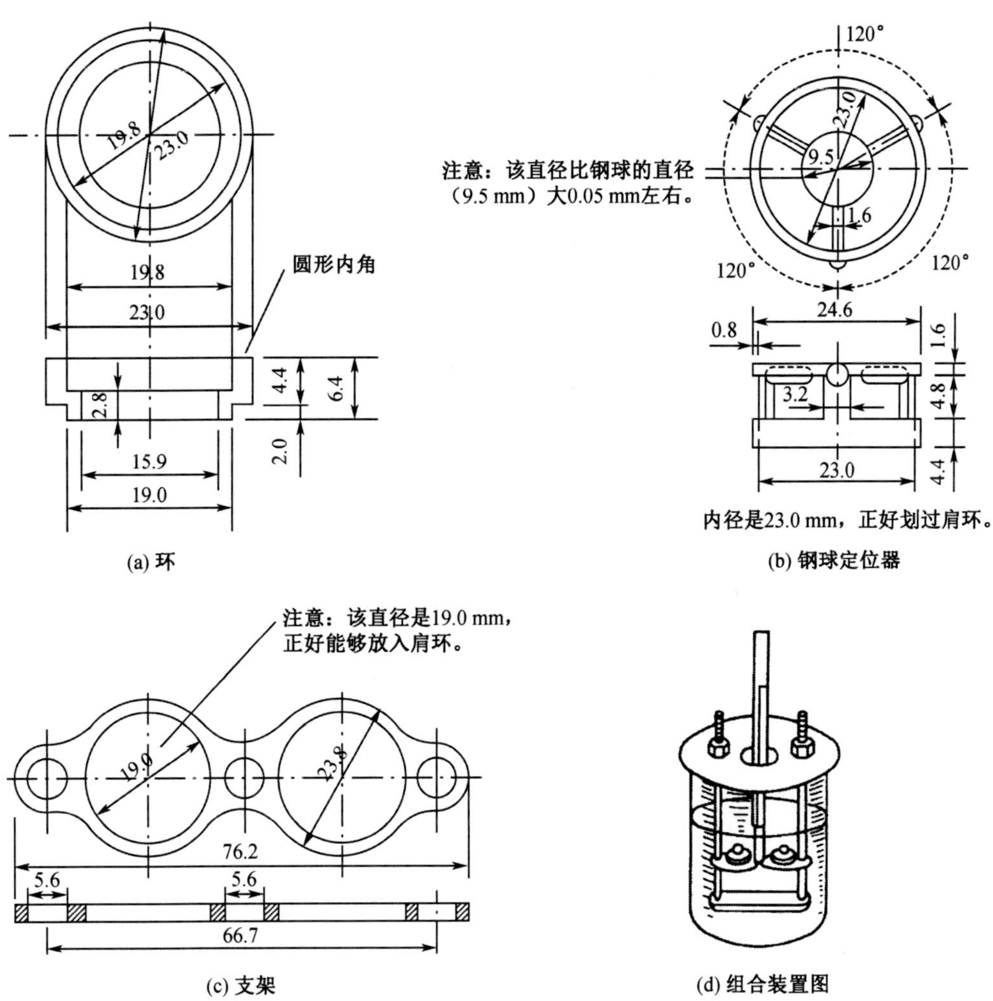

图 9-10　环、钢球定位器、支架、组合装置图(未标注单位的数值单位为 mm)

(2)电炉及其他加热器、金属板或玻璃板、筛(筛孔为 0.3 或 0.5 mm 的金属网)、小刀(切沥青用)、隔离剂(甘油 2 份、滑石粉 1 份,以重量计)、加热介质(甘油或新煮沸过的蒸馏水)。

2. 试验准备

(1)所有石油沥青试样的准备和测试必须在 6 h 内完成,煤焦油沥青必须在 4.5 h 内完成。小心加热试样,并不断搅拌以防止局部过热,直到样品变得流动。小心搅拌以免气泡进入样品中。石油沥青样品加热至倾倒温度的时间不超过 2 h,其加热温度不超过预计沥青软化点 110 ℃。煤焦油沥青样品加热至倾倒温度的时间不超过 30 min,其加热温度不超过煤焦油沥青预计软化点 55 ℃。如果重复试验,不能重新加热样品,应在干净的容器中用新鲜样品制备试样。

(2)若估计软化点在 120 ℃以上,应将黄铜环与支撑板预热至 80~100 ℃,然后将铜环放到涂有隔离剂的支撑板上,否则沥青试样会从铜环中完全脱落。

(3)向每个环中倒入略过量的沥青试样,让试样在室温下至少冷却 30 min。对于在室温下较软的样品,应将试件在低于预计软化点 10 ℃以上的环境中冷却 30 min。从开始倒试样时起至完成试验的时间不得超过 240 min。

(4)当试样冷却后,用稍加热的小刀或刮刀干净地刮去多余的沥青,使得每一个圆片饱满且和环的顶部齐平。

3. 试验步骤

(1)选择合适的加热介质。新煮沸过的蒸馏水适于软化点为 30~80 ℃的沥青,起始加热介质温度应为(5±1) ℃。甘油适于软化点为 80~157 ℃的沥青,起始加热介质的温度应为(30±1) ℃。为了进行比较,所有软化点低于 80 ℃的沥青应在水浴中测定,而高于 80 ℃的在甘油浴中测定。

(2)把仪器放在通风橱内并配置两个样品环、钢球定位器,并将温度计插入合适的位置,浴槽装满加热介质,并使各仪器处于适当位置。用镊子将钢球置于浴槽底部,使其同支架的其他部位达到相同的起始温度。如果有必要,将浴槽置于冰水中,或小心加热并维持适当的起始浴温达 15 min,并使仪器处于适当位置,注意不要玷污浴液。

(3)再次用镊子从浴槽底部将钢球夹住并置于定位器中。

(4)从浴槽底部加热使温度以恒定的速率(5 ℃/min)上升。为防止通风的影响必要时可用保护装置。试验期间不能取加热速率的平均值,在加热 3 min 后,升温速度应达到(5±0.5) ℃/min,若温度上升速率超过此限定范围,则此次试验失败。

(5)当两个试环的球刚触及下支撑板时,分别记录温度计所显示的温度。

4. 试验结果

(1)取两个温度的平均值作为沥青的软化点,并注明浴槽中所使用加热介质的种类。如果两个温度的差值超过 1 ℃,则重新试验。

(2)因为软化点的测定是条件性的试验方法,对于给定的沥青试样,当软化点略高于 80 ℃时,水浴中测定的软化点低于甘油浴中测定的软化点。软化点高于 80 ℃时,从水浴变成甘油浴时的变化是不连续的。在甘油浴中所报告的最低可能石油沥青软化点为 84.5 ℃,而煤焦油沥青的最低可能软化点为 82 ℃。当甘油浴中软化点低于这些值时,应转变为水浴中的软化点,并在报告中注明。

(3)将甘油浴软化点转化为水浴软化点时,石油沥青的校正值为-4.5 ℃,对煤焦油沥青的校正值为-2.0 ℃。采用此校正值只能粗略地表示出软化点的高低,欲得到准确的软化点应在水浴中重复试验。无论在任何情况下,如果甘油浴中所测得的石油沥青软化点的平均值为 80.0 ℃或更低,煤焦油沥青软化点的平均值为 77.5 ℃或更低,则应在水浴中重复试验。

(4)将水浴中略高于 80 ℃的软化点转化成甘油浴中的软化点时,石油沥青的校正值为+4.5 ℃,煤焦油沥青的校正值为+2.0 ℃。采用此校正值只能粗略地表示出软化点的高低,欲得到准确的软化点应在甘油浴中重复试验。在任何情况下,如果水浴中两次测定温度的平均值为 85.0 ℃或更高,则应在甘油浴中重复试验。

9.4 防水卷材主要性能检测

改性沥青防水卷材(弹性体、塑性体、聚乙烯胎)主要检测外观尺寸、不透水性、耐热度、拉力、最大拉力时延伸率、低温柔度、可溶物、热老化、渗油性、接缝剥离强度等指标。改性沥青防水卷材按照以下检测依据进行:

(1)《弹性体改性沥青防水卷材》(GB 18242—2008);

(2)《塑性体改性沥青防水卷材》(GB 18243—2008);

(3)《改性沥青聚乙烯胎防水卷材》(GB 18967—2009);

(4)《建筑防水卷材试验方法》(GB/T 328—2007)。

9.4.1 外观尺寸检测

1. 主要仪器设备

(1)台秤:最小分度 0.2 kg。

(2)卷尺:最小分度 1 mm。

(3)钢板尺:最小分度值为 1 mm。

(4)厚度计:单位压力 0.02 MPa,分度值 0.01 mm,10 mm 直径。

2. 准备工作

以同一类型、同一规格 10 000 m^2 为一批,不足 10 000 m^2 时可作为一批。在每批产品中随机抽取5卷进行单位面积质量、面积、厚度及外观检查。从单位面积质量、面积、厚度及外观合格的卷材中任取1卷进行材料性能试验。

3. 试验方法

(1)试件制备

从试样上裁取至少 0.4 m 长,整个卷材宽度宽的试片,从试片上裁取3个正方形或圆形试件,一个从中心裁取,其于两个和第一个对称,沿对角线,如图 9-11 所示。

(1)面积

抽取成卷卷材放在平面上,小心的展开卷材,保证与平面完全接触。长度测定在整卷卷材宽度方向的两个 1/3 处测量,记录结果,精确到 10 mm。宽度测定在距卷材两端头各(1±0.01)m 处测量,记录结果,精确到 1 mm。以长度和宽度的平均值相乘得到卷材的面积,精确到 0.01 m^2。

(2)厚度

保证卷材和测量装置的测量面没有污染,在开始测量前检查测量装置的零点,在所有测量结束后再测量一次。

在测量厚度时,测量装置下足慢慢落下避免使试件变形。在卷材宽度方向均匀分布 10 点测量并记录厚度,最边的测量点应距卷材边缘 100 mm。

对于细砂面防水卷材,去除测量处报名的砂粒再测量卷材厚度;对矿物粒料防水卷材,在卷材留边处,距边缘 60 mm 处,去除砂粒后在长度 1 m 范围内测量卷材的厚度。

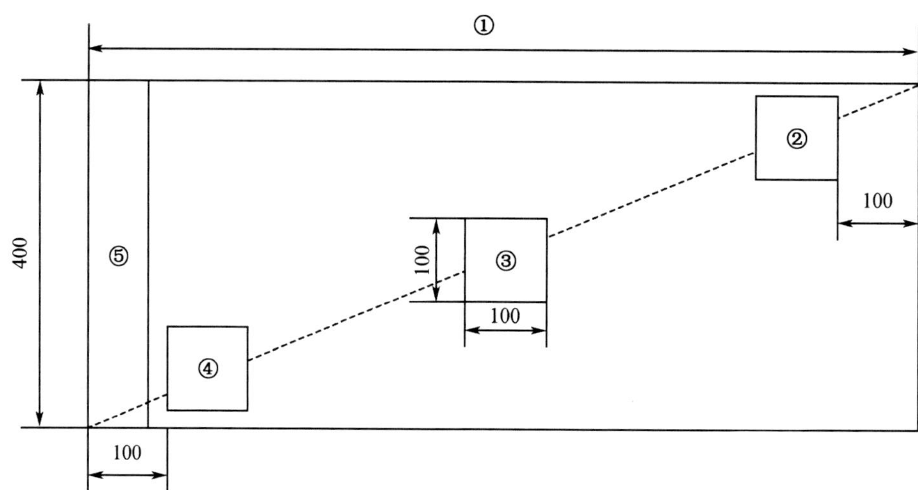

①—产品宽度;②③④—试件;⑤—留边。

图 9-11　正方形试件示例

(3)单位面积质量

称取每卷卷材卷重,根据面积计算单位面积质量(kg/m^2)。

(4)外观

抽取成卷卷材放在平面上,小心地展开卷材,用肉眼检查整个卷材上、下表面有无气泡、裂纹、孔洞或裸露斑、疙瘩或任何其他能观察到的缺陷存在。

4. 结果评定

在抽取的 5 卷样品中,上述各项检查结果均符合规定时,判定为单位面积质量、面积、厚度及外观合格;若其中有一项不符合规定,允许在该产品中再随机抽取 5 卷样品,对不合格项进行复查;如全部达到标准规定时则判为合格,否则,判定该产品不合格。

9.4.2　不透水性检测

1. 主要仪器设备

不透水仪、定时钟。

2. 准备工作

试样:依据 GB/T 328.10—2007 的要求制备测试样品。水温为(20±5) ℃,且应符合 GB/T 328.10—2007 的规定。

3. 检测步骤

(1)向仪器水箱注满洁净水。

(2)放松夹脚,启动油泵,使夹脚活塞带动夹脚上升。

(3)排净水缸内的空气,然后水缸活塞将水从水箱吸入水缸,完成水缸充水过程。

(4)水缸储满水后,同时向三个试座充水,三个试座充满水并接近溢出时,关闭试座阀门。

(5)再次通过水箱向水缸充水。

(6)安装试件,将三块试件分别置于三个透水盘试座上,涂盖材料薄弱一面接触水面,将 O 型密封圈固定再试座槽内,试件上盖上压盖,通过夹脚试件压紧再试座上,如产生压力影响结果,可泄水减压。

(7)打开试座进水阀,通过水缸向透水盘底座继续注水,当压力表达到指定压力时,停止加压,关闭进水阀和油泵,开始计时,随时观察有否渗水现象,记录开始渗水时间。在规定时间出现其中一块或二块有渗漏时,必须立即关闭相应试座进水阀,保证其余试件继续测试。

(8)试验达到规定时间后,卸压取样,启动油泵,夹脚上升后即可取出试件,关闭油泵和仪器。

4. 结果评定

三个试件在规定时间不透水,则认为该项合格。

9.4.3　耐热度检测

1. 主要仪器设备

(1)鼓风烘箱:在试验范围内最大温度波动±2 ℃。

(2)热电偶:连接到外面的温度计,在规定范围内能恒温到±1 ℃。

(3)悬挂装置:至少 100 mm 宽。

(4)光学测量装置(如读数放大镜)刻度至少 0.1 mm。

金属圆插销的插入装置:内径约 4 mm。

画线装置:画直的标记线。

2. 试件制备

对于弹性体改性沥青防水卷材或塑性体改性沥青防水卷材:

(1)抽样:抽样按 GB/T 328.1 进行。矩形试件尺寸(125±1)mm×(100±1)mm,试件均匀的在试验宽度方向裁取,长边是卷材的纵向。试件应距卷材边缘 150 mm 以上,试件从卷材的一边开始连续编号,卷材上表面和下表面应标记。

(2)去除任何非持久层,适宜的方法是常温下用胶带粘在上面,冷却到接近假设的冷弯温度,然后从试件上撕去胶带;另一方法是用压缩空气吹压力约 0.5 MPa(5 bar),喷嘴直径约 0.5 mm,假若上面的方法不能除去保护膜,用火焰烤,用最少的时间破坏膜而不损伤试件。

(3)在试件纵向的横断面一边,将上表面和下表面的大约 15 mm 的涂盖层去除直至胎体,若卷材有超过一层的胎体,去除涂盖料直到另外一层胎体。在试件的中间区域的涂盖层也从上表面和下表面的两个接近处去除,直至胎体。为此,可采用热刮刀或类似装置,小心地去除涂盖层不损坏胎体。两个内径约 4 mm 的插销在裸露区域穿过胎体。任何表面浮着的矿物料或表面材料通过轻轻敲打试件去除。然后标记装置放在试件两边插入插销定于中心位置,在世纪表面整个方向沿着直边用记号笔垂直画一条线(宽度约 0.5 mm),操作时试件平放。试件试验前至少在(23±2)℃平放 2 h,相互之间不要接触或粘住,必要时,将试件分别放在硅纸上防止粘住。

3. 检测步骤(弹性体改性沥青防水卷材或塑性体改性沥青防水卷材)

(1)试验准备:烘箱预热到试验温度,温度通过与试件中心同一位置的热电偶控制。整个试验期间,试验区域的温度波动不超过±2 ℃。

(2)规定温度下耐热性的测定:制备一组三个试件,露出的胎体处用悬挂装置夹住,涂盖层不要夹到。必要时,用如硅纸的不粘层包住两面,便于在使用结束时除去夹子。制备好的试件垂直悬挂在烘箱的相互高度,间隔至少 30 min。此时烘箱的温度不能下降太多,开关烘箱门放入试件的时间不超过 30 s。放入试件后加热时间为(120±2)℃自由悬挂冷却至少 2 h。然后除去悬挂装置,在试件两面画第二个标记,用光学测量装置在每个试件的两面测量两个标记底部间最大距离 ΔL,精确到 0. 1 mm。

4. 结果处理及评定

耐热度按上述试验,在此温度下卷材上表面和下表面的滑动平均值不超过 2. 0 mm 认为合格。

9. 4. 4 拉力及最大拉力时延伸率检测

本检测方法适用于建筑防水卷材拉力及最大拉力时延伸率测试。

1. 主要仪器设备

(1)拉力试验机:测量范围 0~1 000N(或 0~2 000N),最小读数为 5 N,夹具夹持宽不小于 5 cm。

(2)量尺:精度 1 mm。

2. 试件制备

整个拉伸试验应制备两组试件,一组纵向 5 个试件,一组横向 5 个试件。

试件用模板或裁刀在试样上距边缘 100 mm 以上任意裁取,矩形试件宽为(50±0. 5) mm,长为(200 mm+2×夹持长度),或矩形试件宽为(50±0. 5)mm,长为(70 mm+2×夹持长度),长度方向为试验方向。表面的非持久层应去除。试件在试验前在(23±2)℃和相对湿度 30%~70%的条件至少放置 20 h。

3. 试验步骤

将试件紧紧地夹在拉伸试验机的夹具中,注意时间长度方向的中线与试验机夹具中心在一条线上。夹具间距离为(200±2)mm 或 70 mm,为防止试件从夹具中滑移应做标记。为防止试件产生松弛,推荐加载不超过 5 N 的力。试验在(23±2)℃进行,夹具移动的恒定速度为 50 mm/min。

连续记录拉力和对应的夹具(或引伸计)间距离。分别去纵向、横向各 5 个试件的平均值作为拉力及延伸率。

4. 结果计算

对于弹性体改性沥青防水卷材或塑性体改性沥青防水卷材断裂延伸率按式(9-2)计算:

$$L=\frac{L_1-200}{200}\times 100 \tag{9-2}$$

式中　L——试件断裂时的伸长率,%;

L_1——试件断裂时夹具间距离,mm;

200——拉伸前夹具间距离,mm。

对于改性沥青聚乙烯胎防水卷材断裂延伸率按式(9-3)计算:

$$L=\frac{L_1-70}{70}\times 100 \tag{9-3}$$

式中　L——试件断裂时的伸长率,%;

L_1——试件断裂时夹具间距离,mm;

70——拉伸前夹具间距离,mm。

5. 结果评定

分别记录每个方向 5 个试件的拉力值和延伸率,计算平均值,达到标准规定的指标时判为合格。

9.4.5　低温柔度检测

本检测方法适用于 SBS 弹性体和 App 塑性体和聚乙烯胎的沥青类防水材料的低温柔韧性试验。

1. 主要仪器设备

(1)低温制冷仪:范围-30~0 ℃,控温精度±2 ℃;

(2)半导体温度计:量程-40~30 ℃,精度为 0.5 ℃;

(3)柔度棒:半径(r)15 mm,25 mm。

2. 试件制备

矩形试件尺寸(150±1)mm×(25±1)mm,试件从试样宽度方向均匀裁取,长边在卷材的纵向,试件裁取时距卷材边缘应不少于 150 mm,试件应从卷材的一边开始做连续的记号,同时标记卷材的上表面和下表面。

去除表面的任何保护膜,适宜的方法是常温下用胶带粘在上面,冷却到接近假设的冷弯温度,然后从试件上撕去胶带;另一方法是用压缩空气吹,假设上面的方法不能除去保护膜,用火焰烤,用最少的时间破坏膜而不损伤试件。

试件试验前应在(23±2)℃的平板上放置至少 4 h,并且相互之间不能接触,也不能粘在板上。可以用硅纸垫,表面的松散颗粒用手轻轻敲打除去。

3. 步骤

(1)仪器准备

在开始所有试验前,两个圆筒间的距离应按试件厚度调节,然后装置放入已冷却的液体中,并且圆筒的上端在冷冻液面下约 10 mm,弯曲轴在下面的位置。弯曲轴直径根据产品不同可以为 20 mm、30 mm、50 mm。试验装置原理和弯曲过程如图 9-12 所示。

(2)试件条件

冷冻液达到规定的试验温度,误差不超过 0.5 ℃,试件放于支撑装置上,且在圆筒的上端,保证冷冻液完全浸没试件。试件放入冷冻液达到规定温度后,保持在该温度 1 h±5 min。半导体温度计的位置靠近试件,检查冷冻液温度,然后试验。

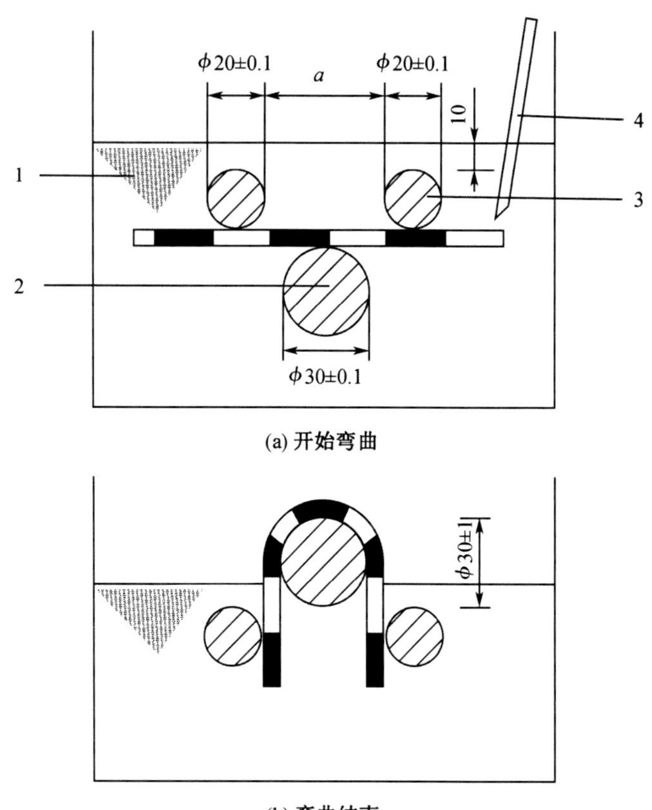

(a) 开始弯曲

(b) 弯曲结束

1—冷冻液;2—弯曲轴;3—固定圆筒;4—半导体温度计。

图 9-12 试验装置原理和弯曲过程(单位:mm)

(3)低温柔性

两组各五个试件,全部试件按规定的温度处理后,一组是上表面试验,另一组是下表面试验。

试件放置在圆筒和弯曲轴之间,试验面朝上,然后设置弯曲轴以(360±40)mm/min 速度顶着试件向上移动,试件同时绕轴弯曲。轴移动的终点在圆筒上面(30±1)mm 处。试件部位明显露出冷冻液,同时液面也因此下降。

在完全弯曲过程 10 s 内,在适宜的光源下用肉眼检查试件有无裂纹,必要时,用辅助光学装置帮助。假若有一条或更多的裂纹从涂盖层深入到胎体层,或完全贯穿无增强卷材,即存在裂缝。一组五个试件应分别试验检查。假若装置的尺寸满足,可同时试验几组试件。

4. 结果评定

一个试验面 5 个试件在规定温度下至少 4 个无裂缝,则判为通过。上、下表面的试验结果要分别记录。

5. 材料性能试验结果判定及结果总评

改性沥青防水卷材的不透水性检测、耐热度检测、拉力及延伸率检测、低温柔性检测都是改性沥青卷材性能方面的检测指标,当各项试验结果均符合标准规定时,判定该产品性能合格;若有一项指标不符合规定,允许在该批产品中再随机抽取 5 卷,从中任取 1 卷对不合格项进行单项复检,达到规定时,则判该批产品材料性能合格。

单位面积质量、面积、厚度、外观与材料性能均符合标准规定色全部要求,且包装、标志符合规定时,判定该产品合格。

思考题

1. 石油沥青的组分有哪些？各组分对沥青的性能有何影响？
2. 石油沥青的技术性质包括哪几个方面？
3. 石油沥青老化的原因是什么？老化的实质是什么？
4. 什么是改性石油沥青？常用的改性方法有哪些？
5. 现代建筑工程中常用的防水卷材有哪些,举例说明各有何特点？
6. 现代建筑工程中常用的防水涂料有哪些,举例说明各有何特点？
7. 什么是灌浆材料？常用的灌浆材料有哪些？
8. 保温绝热材料要具备哪些特点？
9、防水卷材主要检测哪些技术性能？

第 10 章　木　　材

木材是人类最早使用的天然有机材料，既可作为建筑承重材料，又可作为建筑装饰材料。木材作为一种土木工程材料，有其显著的特性，其强度高、质地轻、弹性好、易加工、易胶合、抗冲击性好、具有较好的抗震性及特殊的刚性，导热性低、隔热、隔声、绝缘性好，木材还具有独特的纹理，装饰性好。木材也有一些缺点，如构造不均匀、各向异性、易吸潮、易变形、易受虫菌的侵蚀、易腐蚀、易腐朽、易燃烧等，但这些缺点经适当的处理与加工，可以得到相当程度的改善。

10.1　木材的分类及构造

10.1.1　木材的分类

木材的树种很多，按树叶的外形分类，一般可分为针叶树材和阔叶树材两大类。

针叶树树叶细长呈针状，多为常绿叶，树干通直高大，易得大材，其纹理顺直，材质均匀，木质较软而易于加工，故又称软木材。针叶树材强度较高，表观密度和胀缩变形较小，耐腐蚀性较强。针叶树为建筑工程中的主要用材，被广泛用作称重构件。常用针叶树树种有松、杉和柏等。

阔叶树树叶宽大呈片状，多为落叶树，多数树种其树干通直部分较短，材质坚硬，较难加工，故又称硬木材。阔叶树材一般较重，强度高，胀缩和翘曲变形大，易开裂，在建筑中常用作尺寸较小的装修和装饰等构件，对于具有美丽天然纹理的树种，特别适于作室内装修、家具及胶合板等。常用阔叶树树种有水曲柳、榆木和柞木等。

10.1.2　木材的构造

木材的构造直接决定和影响木材的性质。各树种生长的自然环境不同，它们的构造差异很大，性质也不同，通常从宏观构造和微观构造两个层次进行研究。

1. 木材的宏观构造

木材的宏观构造是指用肉眼或借助放大镜能观察到的构造特征。将木材切成三个切面，即横切面、径切面、弦切面，用肉眼和放大镜可以观察到木材的宏观构造如图 10－1 所示。

横切面是指与树干主轴或木材纹理相垂直的切面，又称端面或横断面；径切面是指顺着树干轴向、通过髓心与木射线平行或与年轮垂直的切面，与横切面垂直；弦切面是指没有通过髓心、平行于树轴的纵切面。

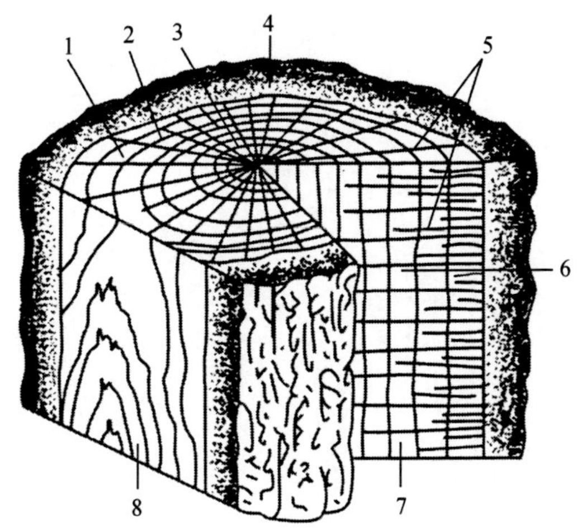

1—横切面;2—年轮;3—髓线;4—树皮;5—髓;6—木质部;7—弦切面;8—径切面。

图 10-1　木材的宏观构造

从横切面可观察到,树木是由树皮、髓心、木质部及年轮组成,还可发现放射状的髓线。

树皮主要起保护树木的作用,由外皮、软木组织和内皮组成,在工程上用途不大,个别树种的软木组织较发达,可以用作绝热材料和装饰材料。

髓心位于树干的中心部位,是最早生成的木质部分,其质地松软、强度低、易腐朽。

木质部是树皮与髓心之间的部分,是工程上主要使用的部位,又分为边材和心材。边材是靠近树皮、颜色较浅的部分,其含水率较大、易翘曲变形、树脂含量较多、抗腐蚀性较差。心材是靠近髓心、颜色较深的部分。是由边材演化而成,其水分较少、不易翘曲变形、密度较大、渗透性较低、耐久性和耐腐蚀性均较好,利用价值高。心材的许多性能优于边材,但它们的力学性能差别并不显著。

从横切面上可看到木质部具有深浅相同的同心圆环,称为年轮。同一年轮内,色浅而质松的部分是春季生长的,称为春材;色深而质密的部分是夏秋季生长的,称为夏材。同一树种,年轮越密越均匀,材质越好,夏材部分越多,木材强度越高。

髓线从髓心向外呈放射状分布,它与周围的木质结合力弱,木材干燥时易沿髓线处开裂。

从径切面观察,可见到由年轮形成的许多平行的木纹。

从弦切面观察,可见到由年轮形成的许多锥形或截头锥形的木纹。

2. 木材的微观构造

木材的微观构造需在显微镜下观察,这时可以看到,木材是由无数管状细胞紧密结合而成,它们大部分分为纵向排列,少数横向排列(如髓线)。每个细胞又有细胞壁和细胞腔两部分组成,细胞壁又是由细纤维组成,所以木材的细胞壁越厚,细胞腔越小,木材越密实,其表观密度和强度越大,但胀缩变形也越大。与春材相比,夏材的细胞壁较厚,细胞腔较小,所以夏材的构造比春材密实。

针叶树与阔叶树的微观构造有较大差别,如图 10-2、图 10-3 所示。针叶树材显微构造简单而规则,它主要由管胞、髓线和树脂道组成,其中管胞占总体积的90%以上,且其髓线较细而不明显。阔叶树材显微构造较复杂,其细胞主要有木纤维、导管和髓线组成,其最大特点是髓线很发达,粗大而明显,这是鉴别阔叶树材的显著特征。

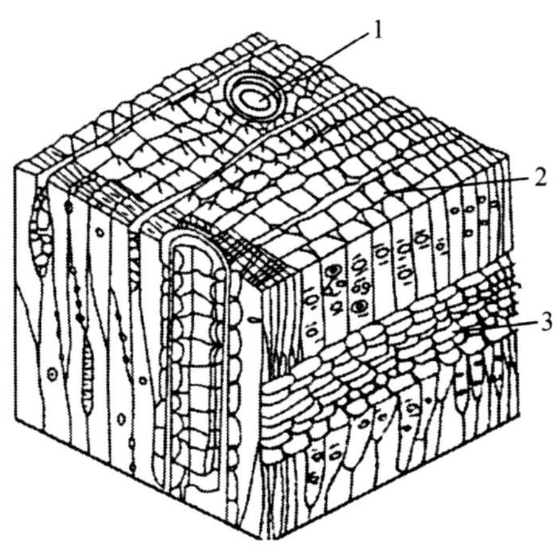

1—树脂道;2—管胞;3—髓线。

图10-2　针叶树种马尾松的微观构造

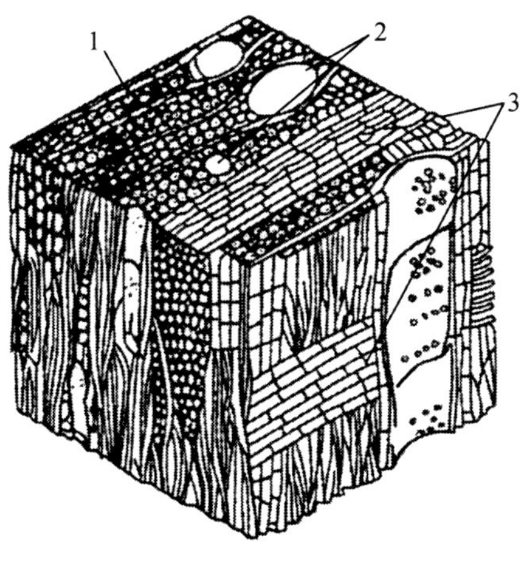

1—木纤维;2—导管;3—髓线。

图10-3　阔叶树种柞木的微观构造

10.2　木材的技术性质

10.2.1　木材的物理性质

木材的物理性质是指木材在不受外力的作用和不发生化学变化的条件下，所表现的各种性质，主要包括木材的密度，木材与水、热、声、电、电磁波等有关的各种性质。

1. 密度和表观密度

木材的密度反映材料的分子结构，由于各种树种木材的分子构造基本相同，因而其密度相差不大，一般在 1.48~1.56 g/cm^3 之间波动。

木材是一种多孔性材料，它的表观密度随树种、产地、树龄的不同有很大差异，而且随含水率及其他因素的变化而不同，一般有气干表观密度、绝干表观密度和饱水表观密度之分。木材的表观密度越大，其湿胀干缩率也越大。

2. 木材的含水率

(1)木材中的水

木材中所含的水根据其存在状态可分为自由水、吸附水和化合水三类。

①自由水

自由水是存在于木材的细胞腔和细胞间隙中的水，其与木材的结合方式为物理结合，易从木材中逸出。木材干燥时，自由水首先蒸发。自由水的含量只影响木材的表观密度、燃烧性和抗腐蚀性，而不会影响木材的体积及强度变化。

②吸附水

吸附水也称结合水，是存在于木材细胞壁内由分子吸附力紧密结合的水。木材受潮时，细胞壁首先吸水。吸附水的含量不仅影响木材的表观密度、燃烧性和抗腐蚀性，更主要的是会影响木材的胀缩变形，以及木材的强度。

③化合水

化合水是木材化学组成中的结合水，其含量很少，一般不发生变化，故对木材的性质无影响。

(2)纤维饱和点

水分进入木材后，首先吸附在细胞壁中的细纤维间，成为吸附水，吸附水饱和后，其余的水成为自由水；反之，木材干燥时，首先失去自由水，然后才失去吸附水。当自由水蒸发完毕而吸附水达到最大状态时，木材的含水率称为纤维饱和点。其数值随树种而异，通常在 25%~35%之间，平均为 30%左右。木材的纤维饱和点是木材物理力学性质发生变化的转折点。

(3)平衡含水率

木材具有吸湿性，干燥的木材会从周围的湿空气中吸收水分，而潮湿的木材也会向空气中蒸发水分。在一定湿度和温度的环境中，当水分的吸收与蒸发达到动态平衡时，木材的含水率相对稳定，此时的含水率称为“平衡含水率”。平衡含水率随周围空气的温度、湿度而变化，通常在12%~18%之间，图10-4为各种不同温度和湿度环境条件下，木材相应的平衡含水率。平衡含水率是木材进行干燥的控制指标。各地区、各季节木材的平衡含水率并不相同，我国北方为12%左右，南方约为18%，长江流域一般为15%。

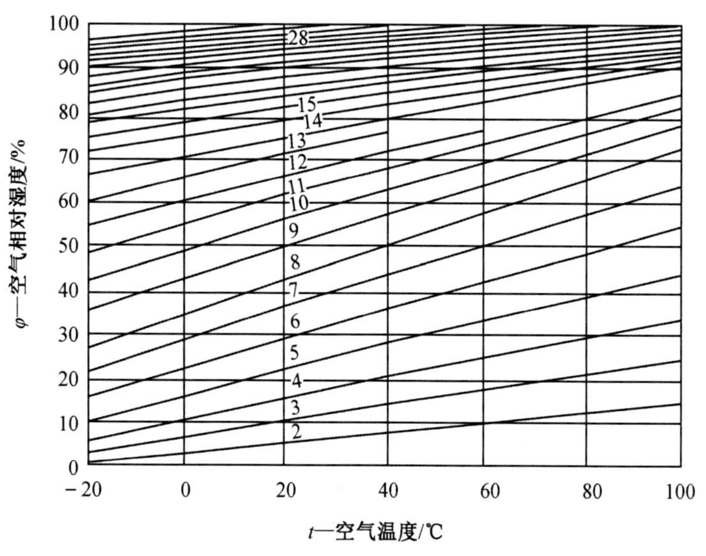

图10-4　木材的平衡含水率

3. 木材的湿胀与干缩变形

木材具有很显著的湿胀干缩性，其规律是：当木材的含水率在纤维饱和点以下时，随着含水率的增大，木材体积产生膨胀，随着含水率减小，木材体积收缩；而当木材含水率在纤维饱和点以上，只是自由水增减变化时，木材的体积不发生变化。木材含水率与其胀缩变形的关系如图10-5所示，从图中可以看出，纤维饱和点是木材发生湿胀干缩变形的转折点。

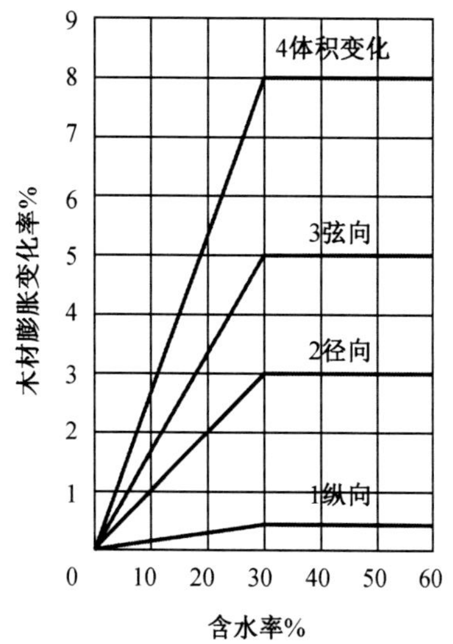

图10-5　含水量对松木胀缩变形的影响

由于木材为非匀质构造，故其胀缩变形各向不同，其中以弦向最大，径向次之，纵向（即顺纤维方向）最小。当木材干燥时，弦向干缩为6%~12%，径向干缩为3%~6%，纵向仅为0.1%~0.35%。木材弦向胀缩变形最大，是因受管胞横向排列的髓线与周围联结较差所致。木材的湿胀干缩变形还随树种不同而异，一般来说，表观密度大的、夏材含量多的木材，胀缩变形就较大。

图10-6展示了木材干燥时其横截面上各部位的不同变形情况。由图可知，木材距髓心越远，由于其横向更接近于典型的弦向，因而干燥时收缩越大，致使木材产生背向髓心的

反翘变形。木材显著的湿胀干缩变形,对木材的实际应用带来严重影响。干缩会造成本结构拼缝不严、接榫松弛、翘曲开裂,而湿胀又会使木材产生凸起变形。为了避免这种不利影响,最根本的措施是,在木材加工制作前预先将其进行干燥处理,使木材干燥至其含水率与将制作成的木构件使用时所处环境的湿度相适应时的平衡含水率。

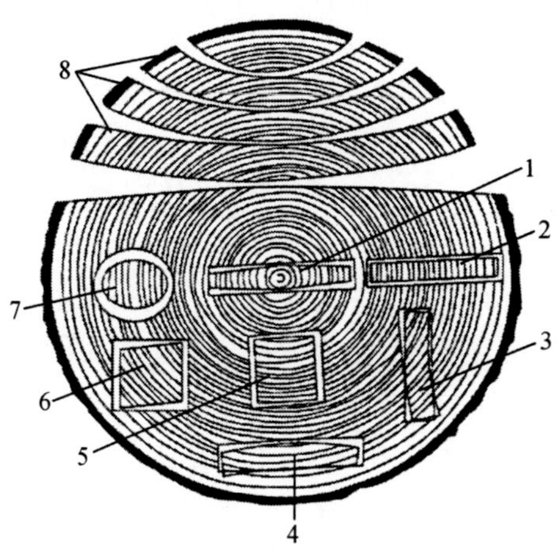

1—通过髓心的径锯板呈凸形;2—边材径锯板收缩较均匀;3—板面与年轮成 40°角发生翘曲;4,8—弦锯板呈翘曲;
5—两边与年轮平行的正方形变长方形;6—与年轮成对角线的正方形变菱形;7—圆形变椭圆形。

图 10-6　木材干燥后截面形状的改变

10.2.2　木材的力学性能

1. 木材的强度

木材的强度按受力状态分为抗压、抗拉、抗弯和抗剪强度。木材构造的各向异性决定了它的各种强度都具有明显的方向性,因而其强度有顺纹(力作用方向与纤维方向平行)和横纹(力作用方向与纤维方向垂直)之分。由于木材中的细胞大多是纵向排列的,故木材的顺纹强度比横纹强度大很多,工程上均充分利用其顺纹强度。它们之间的比例关系见表 10-1。

表 10-1　木材各种强度的大小关系

抗压		抗拉		抗弯	抗剪	
顺纹	横纹	顺纹	横纹		顺纹	横纹切断
1	1/10～1/3	2～3	1/20～1/3	3/2～2	1/7～1/3	1/2～1

(1)抗压强度

抗压强度是木材各种力学性质中的基本指标。木材的顺纹抗压强度很高,仅次于顺纹抗拉和抗弯强度,且木材的疵点对其影响较小。木材顺纹受压破坏是管状细胞受压失稳,而不是纤维的断裂。因此,这种强度在工程中应用很广,常将木材用作柱、桩、斜撑及桁架等承重构件。木材横纹受压时,其初始变形与外力呈正比,当超过比例极限时,细胞壁失去稳定,细胞腔被挤紧、压扁,产生显著的变形而破坏,但并非纤维断裂。因此木材的横纹抗压强度以使用中所限制的变形量来确定,通常取其比例极限作为横纹抗压强度的极限指标。木材的横纹抗压强度比顺纹抗压强度低得多,常将木材用作枕木和垫板等。

(2)抗拉强度

木材的顺纹抗拉强度是其各种强度指标中的最高者。木材顺纹受拉破坏时,木纤维一般不会被拉断,而是纤维间的连接被撕裂。但木材在实际使用中很少用作受拉构件,这是由于木材的疵病(节子、斜纹、裂缝等)对强度的影响极为显著,造成其实际抗拉强度降低很多,往往低于顺纹抗压强度,使该强度不能被充分利用。木材的横纹抗拉强度很低,这是因为木材纤维之间的横向连接薄弱,工程中一般不使用。

(3)抗弯强度

木材的抗弯强度很高,仅次于顺纹抗拉强度。木材受弯曲时将产生压、拉、剪等复杂应力:在构件上部产生顺纹压力,下部产生顺纹拉力,而在中部水平面和垂直面上产生剪切力。木材受弯破坏时,上部受压区首先达到极限强度,出现细小的皱纹但不会立即破坏;当外力继续增大时,皱纹在受压区逐渐扩展,产生大量塑性变形,但这时构件仍有一定的承载力;当下部受拉区达到极限强度,纤维本身及纤维间连接断裂则导致木材的最后破坏。工程中木材常用作受弯构件,如梁、支撑架、脚手板、地板等。但木材的疵点和缺陷对抗弯强度影响很大,特别是木节子出现在受拉区时尤为显著,另外裂纹不能承受弯曲构件中的顺纹剪切,使用中应加以注意。

(4)抗剪强度

抗剪强度又称剪断强度。根据剪应力作用于木材纤维方向的不同分为顺纹剪切、横纹剪切和横纹切断,如图 10-7 所示。顺纹剪切时,剪力方向和受剪面均与木材纤维平行,破坏时绝大部分纤维本身不破坏,而是纤维间连接撕裂产生纵向位移。横纹剪切时,剪力方向与纤维垂直,而受剪面与纤维平行,破坏时剪切面中纤维的横向连接被撕裂。横纹切断时,剪力方向和受剪面均与纤维垂直,破坏时纤维被切断。因此,木材的横纹切断强度最大,顺纹剪切强度次之,横纹剪切强度最小。

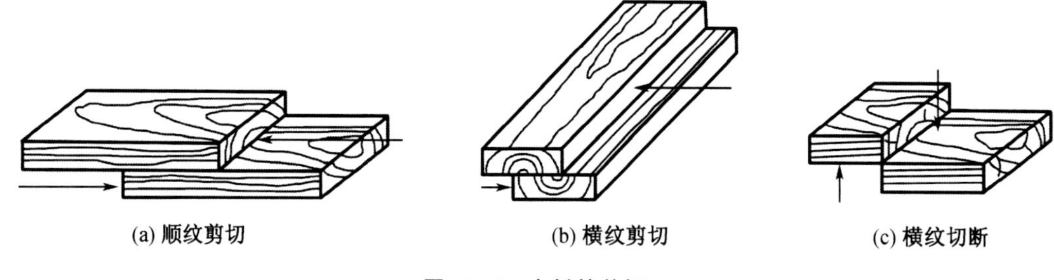

(a) 顺纹剪切　　(b) 横纹剪切　　(c) 横纹切断

图 10-7　木材的剪切

2. 影响木材强度的影响因素

(1)含水率

木材的强度受含水率的影响很大。当木材含水率在纤维饱和点以上变化时,只是自由水在变化,对其强度没有影响。但当木材的含水率在纤维饱和点以下变化时,随着含水率的降低,吸附水减少,细胞壁趋于紧密,木材强度增大;反之,则强度减小。含水率对木材各强度的影响程度并不相同,对顺纹抗压强度和抗弯强度影响较大,对顺纹剪切强度影响较小,对顺纹抗拉强度影响最小,如图 10-8 所示。

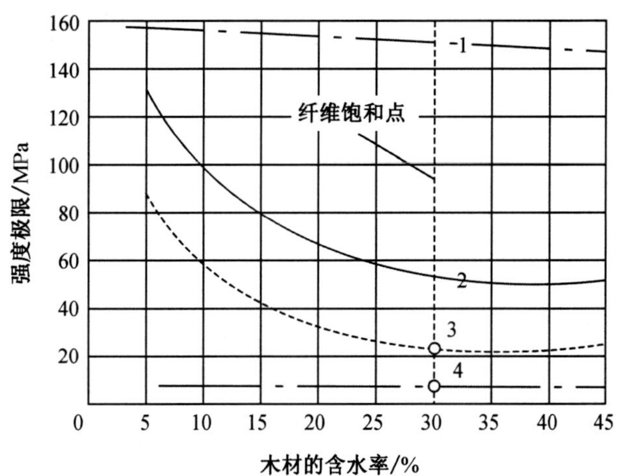

1—顺纹受拉;2—弯曲;3—顺纹受压;4—顺纹受剪。

图 10-8　含水率对木材强度的影响

测定木材强度时,通常规定以木材含水率为 12%(标准含水率)时的强度作为标准值,其他含水率时的强度可按 10-1 式换算(适用于木材含水率在 9%~15%范围内)。

$$\sigma_{w12}=\sigma_{w}[1+\alpha(w-12)] \tag{10-1}$$

式中　σ_{w12}——含水率为 12%时的木材强度,MPa;

σ_{w}——含水率为 W 时的木材强度,MPa;

W—实测木材的含水率,%;

α——含水率校正系数。顺纹抗压为 0.05;顺纹抗拉阔叶树为 0.015,针叶树为 0;抗弯为 0.04;顺纹抗剪为 0.03。

(2)荷载持续时间

木材在长期荷载作用下的强度称为持久强度,它仅为木材在短期荷载作用下极限强度的 50%~60%。这是由于木材在长期荷载作用下将发生较大的蠕变,随着时间的增长,产生大量连续的变形而破坏。木结构一般都处于长期负荷状态,所以在设计木结构时,通常以木材的持久强度为依据。

(3)环境温度

环境温度对木材的强度有直接影响。在通常的气候条件下,温度的变化不会引起木材化学成分的改变。但当木材温度升高时,组成细胞壁的成分会逐渐软化,强度随之降低;温度降低时,木材还将恢复原来的强度。而当木材长期处于 40~60 ℃温度时,会发生缓慢碳化;当木材长期处于 60~100 ℃温度时,会引起木材水分和所含挥发物的蒸发;当温度在 100 ℃以上时,木材开始分解为组成它的化学元素。所以,如果环境温度可能长期超过 50 ℃时,则不应采用木结构。当环境温度降至 0 ℃以下时,木材中的水分结冰,强度将增大,但木质变得较脆,一旦解冻,木材的各项强度都将低于未冻时的强度。

(4)缺陷

木材中的缺陷,如木节、斜纹、裂纹、虫蛀、腐朽等,都会造成木材构造的不连续和不均匀,因此影响其力学性质。木节使木材的顺纹抗拉强度显著降低,而对顺纹抗压强度影响则较小,在横纹抗压和剪切时,木节反而提高其强度。

(5)夏材率

同树种木材中的夏材率越高,其组织越紧密,木材的强度就越高,反之则越低。

10.3 木材的防护

木材作为土木工程材料是因其有很多优点,但天然木材易变形、易腐蚀、易燃烧。为了延长木材的使用寿命并扩大其使用范围,木材在加工和使用前必须进行干燥、防腐、防虫和防火等各种防护处理。

10.3.1 木材的干燥

干燥处理是木材生产上必不可少的过程。其目的是:减小木材的胀缩变形,提高使用的稳定性;提高力学强度,改善物理性能;防腐、防虫,提高耐久性;减轻质量,节省运输费用。通常,应将木材干燥至接近与环境湿度相应的平衡含水率。

1. 自然干燥

自然干燥的方法是:将锯开的板材或方材按一定的方式堆积在通风良好的空旷场地或通风棚内,但应避免阳光直射和雨淋,利用大气热能蒸发木材中的水分,使木材在自然条件下自行干燥。该方法简单易行,不需要特殊设备,干燥后木材的质量良好;但自然干燥的时间长,占用场地大,且只能干燥到风干状态。

2. 人工干燥

人工干燥常用的方法有:炉气干燥、蒸汽干燥、化学干燥、辐射干燥等。炉气干燥是用炉灶燃烧时的炽热炉气为热源,以炉气—湿空气混合气体为干燥介质对木材进行干燥。蒸汽干燥是用饱和水蒸气,通过加热器加热干燥介质来干燥木材的传统干燥方法。化学干燥是指用化学物品处理木材进行干燥。辐射干燥是利用微波、远红外射线等为热源对木材进行干燥。

10.3.2 木材的防腐、防虫

木材的腐蚀是因真菌侵入所致,侵蚀木材的真菌有三种:霉菌、变色菌和腐朽菌。霉菌寄生于木材表面,会使木材颜色发生变化,通常称为发霉。变色菌寄生于边材,对木材强度的影响也很小。危害最大的是腐朽菌,它能将细胞壁物质分解为其可吸收的养料,因而破坏细胞壁,使木材的密度、硬度、强度等物理、力学性质降低,最后变得松软易碎。

木材还会受到虫害的侵蚀,往往木材内部已被蛀蚀一空,而外表依然完整,几乎看不出破坏的痕迹,因此危害极大。蛀蚀木材的昆虫主要有白蚁和甲虫等,白蚁的危害较甲虫广泛而严重。木材被昆虫蛀蚀后形成虫眼,深的大虫眼或深而密集的小虫眼儿能破坏木材的完整性,降低其力学性质,也成为真菌侵入木材内部的通道。

木材的防腐、防虫就是应用构造措施和化学药剂等方法处理木材,以延长木材的使用年限。通常采用以下两种处理方法。

1. 构造预防法

无论真菌还是昆虫,它们的生存繁殖均需要适宜的温度和适当的湿度,木材的含水率为35%~50%时最适宜它们生存,小于20%时则难以生存。因此,将木材置于通风、干燥处,即可作为木材的构造防腐措施,起到防护作用。

2. 防腐剂法

对于经常受潮或间歇受潮的木结构或木构件,以及不得不封闭在墙内的木梁端头、木砖、木龙骨等,都必须用防腐剂处理。即用防腐剂涂刷于木材表面或浸渍木材,使木材含有有毒物质,起到防腐和杀虫作用。常用的防腐剂有水溶性防腐剂、油剂性防腐剂、复合防腐剂等。

10.3.3　木材的防火

木材的防火处理也称阻燃处理。木材经阻燃处理后,可提高耐火性,使其不易燃烧;或木材在高温下只炭化,没有火焰,不至于很快波及其他可燃物;或当火焰移开后,木材表面上的火焰立即熄灭。木材防火处理的方法有以下几种。

(1)用防火浸剂对木材进行浸渍处理,并应保证一定的吸入量和透入深度,可起到阻燃作用。

(2)将防火涂料涂刷或喷洒于木材表面,待涂料固结后即构成防火保护层,其防火效果与涂层厚度或每平方米涂料用量有密切关系。

(3)在生产纤维板、胶合板、刨花板等木质人造板时,添加适量阻燃剂,使板材不易燃烧。

10.4　木材的综合应用

木材由于其绿色环保、施工简易、冬暖夏凉、抗震性好等优异特性,在土木工程中广泛应用。木材的应用涵盖了从采伐、制材、防护、木制品生产、剩余物利用、废弃物回收等多个环节,在这些环节中,应当对每株树木的各个部分按照各自的最佳用途予以收集加工,实现多次增值以达到木材在量与质的总体上的高效益综合利用。

10.4.1　木材的初级产品

木材的初级产品按照加工程度和用途的不同,分为原条、原木、锯材等。

原条是指已经除去根、梢、枝,但尚未进行加工的木料。它主要用于土木工程中的脚手架、支撑架和供进一步加工。

原木是指已经除去根、梢、枝和树皮,并按一定尺寸加工成规定直径和长度的圆木段。

其又有直接使用原木和加工原木之分，直接使用原木在工程中用作屋架、檩条、木桩等，加工原木用于加工成锯材和胶合板等。

锯材是原木经制材加工得到的产品。锯材又可分为板材和方材两大类。宽度为厚度的3倍及以上的木料称为板材；宽度不足厚度3倍的木料称为方材，又称枋材。方材可直接在工程中用作支撑、檩条、木龙骨等，或用于制作门窗、扶手、家具等。

10.4.2 木制品及其应用

1. 木质人造板

天然木材不可避免地存在各种缺陷，同时木材加工时也产生大量的边角废料，为了提高木材的利用率和木制品质量，用木材、边角废料制作的人造板材已得到广泛的应用。人造板材与锯材相比，具有幅面大、尺寸稳定、材质均匀、结构性好、不易变形开裂、施工方便等优点，其延伸产品达上百种之多。但人造板材生产中采用的胶黏剂含有甲醛，甲醛会污染室内环境，所以必须限制人造板材产品的甲醛释放量。

(1)胶合板

胶合板又称层压板、多层板。它是将圆木蒸煮软化后旋切成单板薄片，然后将各单板按相邻层木纤维互相垂直的方向放置，经涂胶黏结、加压、干燥、锯边、表面修整而制成。胶合板的层数呈奇数，一般为3~13层。胶合板的特点是：材质均匀，各向异性小，变形较小，强度较高；且其表面平整、纹理美观、极富装饰性。薄层胶合板常用于室内隔墙、墙裙、顶棚等装饰和制作门面板、家具等，厚层胶合板多用作土木工程中的木模板。

(2)纤维板

纤维板也称密度板。它是利用木材碎料、树皮、树枝等废料或加入其他植物纤维为原料，经破碎、浸泡、研磨成木浆，再经施胶、加压成型、干燥处理而制成。纤维板材质均匀、各向同性，完全克服了木材的各种缺陷，且不易变形、翘曲和开裂。其中：硬质纤维板密度大、强度高，可用于室内墙面、顶棚等装饰以及制作门面板、家具等；半硬质纤维板表面光滑、材质细密、强度较高，且板面再装饰性好，是用于室内装饰和制作家具的优良材料；软质纤维板密度小，可用作保温和吸声材料。

(3)细木工板

细木工板是一种夹心板，它是利用木材加工中产生的边角废料，经整形、刨光成小块木条并拼接起来作为芯材，两个板面粘贴单层薄板，经热压黏合而成。细木工板构造均匀，具有较高的刚度和强度，且吸声性、绝热性好，易于加工。细木工板主要用于室内装饰和制作家具，既可用作表面装饰，也可直接作为构造材料。

(4)刨花板、木丝板和木屑板

刨花板、木丝板和木屑板是分别利用木材的刨花碎片、短小废料刨制的木丝和木屑，经干燥、拌胶黏剂、热压而成的板材。这类板材表观密度小，材质均匀，但强度不高，常用作室内的保温、吸声或装饰材料。

2. 木地板

木地板是用天然木材加工而成，有着独特的质感和纹理，且具有轻质高强、可缓和冲击、保温隔热性能好等优点，是建筑装饰中广泛采用的地板材料。

(1)实木地板

实木地板是用天然木材直接加工而成,又称原木地板,常用的是条木地板和拼花木地板。条木地板保持了天然木材的性能,其花纹自然、脚感舒适、易于加工,是室内装饰中普遍使用的理想材料。拼花木地板材质坚硬而富有弹性,纹理美观质感好,耐磨及耐腐蚀性好,且不易变形,常用于体育馆、练功房、舞台、高级住宅等高级场所的室内地面装饰。

(2)实木复合地板

实木复合地板是采用优质硬木材作表层,材质较软的木材为中间层,旋切单板为底层,经热压胶合而成的多层结构复合地板。因其是由不同树种的板材交错层压而成,有效调整了木材之间的内应力,所以既保持了普通实木地板的各种优点,又具有不变形、不开裂、铺装简易、表面耐磨性及防滑阻燃性能好等特点。实木复合地板既适合普通地面的铺设,又适合地热采暖地面的铺设。

(3)浸渍纸层压木质地板(强化木地板)

浸渍纸层压木质地板是以一层或多层专用纸浸渍热固性氨基树脂,铺装在刨花板、中密度纤维板、高密度纤维板等人造板基材表面,背面加防潮平衡层,正面加耐磨层,经热压而成的地板,又称为强化木地板。强化木地板的色彩图案种类很多,装饰效果好,且具有抗冲击、不变形、耐磨、耐腐蚀、阻燃、防潮、易清理等优点,但其弹性较小、脚感稍差、可修复性差。

10.4.3 木制建筑的应用

我国木结构建筑有几千年的历史,近年来由于保护自然资源的需要,木制建筑只应用于一些特殊建筑中。随着各种胶合材和木基复合材料应运而生,一些低质的木料和零碎的木料都能再利用来建造木结构建筑,从而大大提高了木材的使用率。

1. 轻质木框架建筑

轻质木框架建筑是用规格材、木质结构板材、石膏板等制作的木骨架墙体、楼盖和屋盖系统构成的建筑体系,在国外被普遍运用于居住建筑中 也可用于较大规模的商业和公共建筑物。木结构框架一般支承在混凝土基础上,最常采用的方式是平台框架结构。上层的楼板框架套在底层的上面作为平台来构筑墙体,墙体结构建造在平台上。墙体通常构造包括单层底板、中心间隔的木柱和双层的顶板。首层墙的底板用螺钉锚固在基础上。然后是将楼板、天花托梁和屋顶椽子架在墙的顶端。这些构件的尺寸由跨度和受荷载情况决定。

2. 多层木框架建筑

多层木框架建筑一般是一层,建筑形式上往往采用将一层木框架住宅建在底层预应力混凝土框架的车库和商业空间上面的方式。所以多层木框架房屋特别适合作为“填充”项目建在城市中心的小街区里,作为安置性的经济住房。

3. 原木建筑

原木建筑一般都是用原木建造的住宅建筑。它有许多种不同的样式,作为是传统的建筑形式,原木牢固的结构和良好的保温使房屋具有极佳的性能,结合现代设施,是极为优良的住宅形式。在建造时,原木是最主要的结构构件和围护构件,按照不同的构筑方式进行加工处理。加工后的原木构件内外侧可以是圆的、直的、斜的,端侧也分为圆的、直的、有凹凸槽的或特殊处理的。其中,最常见的原木形式是圆形有两种传统的建造技术瑞典加工法和北美加工法。前一种方法是将底部削切以适合另一构件顶端并以此相连接,后者则是将原木叠放,中间的缝隙用人造合成物填充。

10.4.4 木材在抢修抢建中的应用

在自然灾害(如洪水、地震等)或人为事故导致的紧急情况下,抢修抢建工作往往需要在短时间内迅速完成,以恢复基础设施功能和保障人员安全。木材因其天然可再生、易加工、自重轻等特点,成为抢修抢建中的理想材料之一。

(1)柳枕、柳把排等临时防浪设施

在汛期,利用柳枝、芦苇等扎成柳枕或柳把排,固定在堤顶上,以削减风浪对堤防的冲击。这种方法就地取材,成本低廉,且能有效防止堤防崩塌。

(2)木板子堰

在堤顶较窄、风浪较大的地方,可以使用木板(或紧急时用门板)紧贴木桩,形成子堰,以阻挡洪水。木板子堰的建造速度快,能够迅速提高堤防的防洪能力。

(3)临时住所

地震后,灾区往往需要大量临时住所供受灾群众居住。木材因其易于加工和搭建的特点,被广泛应用于搭建临时帐篷、简易房屋等。这些临时住所能够在短时间内为受灾群众提供安全的居住环境。

(4)基础设施修复

在地震灾区,桥梁、道路等基础设施可能受到严重破坏。利用木材可以快速搭建临时桥梁、铺设简易道路等,以恢复交通和物流通道。

(5)木材在军事工程抢修抢建中的应用

由于木材资源丰富,易于获取,且加工性能强,自重轻,便于运输和安装,能够适应潮湿、寒冷等多种环境需求,因此,在军事工程抢修抢建中广泛应用。

①营房和掩体

木材用于搭建临时营房和掩体,能够提供基本的住宿和防护功能,同时易于搭建和拆除,满足快速部署需求。例如,可以搭建临时仓库、办公室、医疗点等。

②桥梁和道路

木材用于搭建临时桥梁和道路,以便快速穿越复杂地形。在抢修抢建过程中,木材还常被用作加固和支撑材料。例如,可用木材制作临时支撑结构,制作护坡以防止坍塌等。

思考题

1. 木材在土木工程中应用广泛,它的主要优点与缺点是什么?
2. 何谓木材的纤维饱和点、平衡含水率、标准含水率,在实际使用中有何意义?
3. 试解释木材湿胀干缩的原因,说明其变形各向异性的特点?
4. 试比较木材的各种强度,影响木材强度的主要因素有哪些?
5. 木材的防护包括哪几方面,防护的主要措施是什么?
6. 简述木制品的主要品种及应用。

第 11 章　合成高分子材料

高分子材料也称为聚合物材料，他们具有独特的性能和广泛的用途，是现代工业和科学研究中不可或缺的一部分，高分子材料是以高分子化合物为基体，再配有其他添加剂（助剂）所构成的材料。

11.1　高分子材料的基本知识

11.1.1　基本概念

高分子材料是由大量的重复单元通过共价键连接而成的高分子化合物构成的材料。高分子化合物常简称高分子或大分子，又称聚合物，或高聚物。这些高分子化合物通常具有较高的分子量，能够形成复杂的结构。高分子化合物的最大特点是分子巨大，大分子由一种或多种小分子通过共价键相互连接而成（通过聚合反应），其形状主要为链状大分子或网状大分子。低分子化合物和高分子化合物之间并无严格界限，化学结构相同的化合物，分子量小者称低分子化合物，分子量大者称高分子化合物。高分子材料的许多奇特和优异性能，如高弹性、黏弹性、物理松弛行为等都与大分子的巨大分子量相关。

构成大分子的最小重复结构单元，简称结构单元，或称链节。构成结构单元的小分子称单体。例如聚乙烯大分子是由乙烯单体通过聚合反应首尾重复连接而成：(—CH_2—CH_2—CH_2—CH_2—CH_2—CH_2—CH_2—)。为简便计，可缩写成：(—CH_2—CH_2—)n。这是聚乙烯大分子的一种结构表达式，其中—CH_2—CH_2—为结构单元（链节），式中的下标 n 代表重复结构单元数，又称聚合度，是衡量分子量大小的一个指标。

11.1.2　高分子材料的分类

高分子材料按照来源可分为天然高分子材料和合成高分子材料。天然高分子是存在于动物、植物及生物体内的高分子物质，可分为天然纤维、天然树脂、天然橡胶、动物胶等。合成高分子材料主要是指塑料、合成橡胶和合成纤维三大合成材料，此外还包括胶黏剂、涂料以及各种功能性高分子材料。合成高分子材料具有天然高分子材料所没有的或较为优越的性能，如较小的密度、较高的力学、耐磨性、耐腐蚀性、电绝缘性等。

按照材料应用功能分类，高分子材料可以分为通用高分子材料、特种高分子材料和功能高分子材料三大类。通用高分子材料指能够大规模工业化生产，已普遍应用于建筑、交通运输、农业、电气电子工业等国民经济主要领域和人们日常生活的高分子材料。特种高分子材料主要是一类具有优良机械强度和耐热性能的高分子材料，如聚碳酸酯、聚酰亚胺等材料，已广泛应用于工程材料上。功能高分子材料是指具有特定的功能作用，可做功能材料使用的高分子化合物，包括功能性分离膜、导电材料、医用高分子材料、液晶高分子材料等。

按照传统习惯，可将高分子材料分为塑料、橡胶、纤维、涂料、胶黏剂五大类。

塑料是指具有可塑性和可成型性的高分子材料，主要用于制备各种塑料制品。塑料以聚合物为主要成分，另加有(或不加)改性用的添加剂或加工助剂，在一定温度、压力条件下可塑化成型并在常温下保持形状不变。塑料用聚合物又叫树脂，它决定塑料的类型和主要性能，一般而言，塑料用聚合物的内聚能介于纤维与橡胶之间，使用温度范围在其脆化温度和玻璃化温度(T_g)之间。对非晶态的塑料而言，其使用温度通常处于其 T_g 以下，而结晶塑料的使用温度可以在 T_g 以上或者以下。塑料中树脂含量一般为 40%~100%。塑料按使用范围通常分为通用塑料和工程塑料，他们的基本物性质见表 11-1。

表 11-1　通用塑料和工程塑料的基本物性质

项目	通用塑料		工程塑料			
	聚苯乙烯(PS)	聚乙烯(PP)	聚碳酸酯(PC)	聚甲醛(POM)	聚醚砜(PES)	聚醚醚酮(PEEK)
结晶性或非结晶性	非结晶	结晶	非结晶	结晶	非结晶	结晶
透光率/%	91	半透明	88	半透明	透明	不透明
密度/(g. cm^{-3})	1.05	0.91	1.20	1.42	1.37	1.32
拉伸强度/MPa	46	38	50	75	86	94
弯曲弹性模量/MPa	3 100	1 500	2 500	9 700	2 700	3 700
热变形温度/℃	88	113	140	170	210	>300
熔点/℃	—	175	—	178	—	338
耐溶剂性	一般	优	一般	优	良	优

橡胶是指具有高弹性和可变形性的高分子材料，橡胶制品用途广泛，最大的用途是制造轮胎，其次为胶管、胶滚、胶鞋、乳胶制品等，特殊的则可制作减震、密封、耐磨、防腐、绝缘、黏结等材料。橡胶是有机高分子弹性体，在很宽的温度范围内(-5~150 ℃)具有优异的弹性，见表 11-2。

表 11-2　几种主要橡胶的玻璃化温度(T_g)及使用温度范围　　单位:℃

名称	T_g	使用温度
天然橡胶	-73	-50~120
顺丁橡胶	-105	-70~140
丁苯橡胶	-60	-50~140

表 11-2(续)

名称	T_g	使用温度
聚异橡胶	-70	-50~150
丁腈橡胶	-41	-35~175
乙丙橡胶	-60	-40~150
聚二甲基硅氧烷	-120	-70~275

纤维是指具有良好拉伸性和耐磨性的高分子材料,其长度比直径大很多倍并且具有一定柔韧性,主要用于制备纺织品、绳索、工业纱线等。化学纤维是天然高分子或合成高分子化合物经过化学加工而制的纤维,又分人造纤维及合成纤维。人造纤维以天然聚合物为原料,主要有黏胶纤维、铜氨纤维、乙酸酯纤维、再生蛋白质纤维等。合成纤维由合成的聚合物制得,品种繁多,已工业化生产的有 40 余种,其中最主要的产品有聚酯纤维(涤纶)、聚酰胺纤维(锦纶)、聚丙烯腈纤维(腈纶)三大类,这三大类纤维的产量占合成纤维总产量的 90%以上。

涂料是合成树脂另一种应用形式,用来涂覆物体表面,形成保护或装饰膜层。涂料是多组分体系,主要组分包括成膜物、颜料和溶剂。成膜物也称基料,它是涂料最主要的成分,其性质对涂料的性能(如保护性能、力学性能等)起重要作用。颜料主要起遮盖和赋色作用,还有增强、赋予特殊性能(如防锈)、改善流变性能、降低成本的作用。一般为 0.2~10 μm 的无机粉末或有机粉末。溶剂通常是用以溶解成膜物的易挥发性有机液体。涂料涂敷于物体表面后,溶剂基本上应挥发尽,但溶剂对成膜效果和性能有很大的影响。常用的溶剂包括甲苯、二甲苯、丁醇、丁酮、乙酸乙酯等。

胶黏剂也称黏合剂,能将材料紧密黏合在一起的物质。胶黏剂可以分为无机胶黏剂和有机胶黏剂。有机胶黏剂一般是多组分体系。其主要组分为高分子,除了主要组分外,还有许多辅助成分,辅助成分可以对主要成分起到一定的改性或提高品质的作用。常用的辅料有固化剂、促进剂、硫化剂,增塑剂、填料、溶剂、稀释剂、偶联剂、防老剂等。有机胶黏剂按胶接强度分为结构型胶黏剂、次结构型胶黏剂、非结构型胶黏剂;按使用形式分为单组分和双组分胶黏剂;按形态分为水浴性、溶剂型、无溶剂型、膏状物、固态形状胶黏剂等;按组分结构分,有天然胶黏剂和合成胶黏剂。天然胶黏剂包括动物胶、植物胶和矿物胶,如骨胶、虫胶、鱼胶、淀粉、阿拉伯树胶、矿物腊、沥青等。合成胶黏剂包括热塑性树脂如聚乙烯醇、聚乙烯醇缩醛、聚丙烯酸酯、聚酰胺类等,热固性树脂如环氧树脂、酚醛树脂、不饱和聚酯等,橡胶如氯丁橡胶、丁基橡胶、丁腈橡胶、聚硫橡胶、热塑性弹性体等[5]。

11.1.3　高分子材料的结构与性能

高分子材料的性能是其内部结构和分子运动的具体反映。高分子材料的高分子链通常是由 103~105 个结构单元组成,高分子链结构和许许多多高分子链聚在一起的聚集态结构形成了高分子材料的特殊结构。高分子结构通常分为链结构和聚集态结构两个部分。

1. 高分子化合物的链结构

链结构是指单个高分子化合物分子的结构和形态,包括链中原子的种类和排列、取代基的种类、结构单元的排列顺序、支链类型和长度、分子的尺寸、形态等。

高分子是链状结构,高分子链是由单体通过加聚或缩聚反应连接而成的链状分子。高分子链的化学成分及端基的化学性质对聚合物的性质都有影响。通常主要是指有机高分子化合物,它是由碳-碳主链或碳与氧、氮或硫等元素形成主链的高聚物,即均链高聚物或杂链高聚物。

2. 高分子化合物的聚集态结构

聚集态结构是指高聚物材料整体的内部结构,包括晶态结构、非晶态结构、取向态结构、液晶态结构等有关高聚物材料中分子的堆积情况。

单体以结构单元的形式通过共价键连接成大分子,大分子链再以次价键聚集成聚合物。与共价键相比,分子间的次价键物理力要弱得多,分子间的距离比分子内原子间的距离也要大得多。根据分子在空间排列的规整性可将高聚物分为结晶型(分子链在空间规则排列)、部分结晶型(分子链在空间部分规则排列)、和非晶态(分子链在空间无规则排列)三类。

通常线型聚合物在一定条件下可以形成晶态或部分晶态,而体型聚合物为非晶态。通常结晶度越高,分子间作用力越强,高分子化合物的强度、硬度、刚度和熔点越高,耐热性和化学稳定性也越好,而与链有关的性能如弹性、伸长率、冲击强度则越低。通常条件下获得的结晶聚合物有的部分结晶,有些高度结晶,但结晶度很少达到 100%。聚合物的结晶能力与大分子微结构有关,涉及规整性、分子链柔性、分子间力等。结晶程度还受聚合方式、成型加工条件(拉力、温度)、成核剂等条件的影响。

11.2 塑　　料

11.2.1 塑料的组成

塑料为合成的高分子化合物,是利用单体原料以合成或缩合反应聚合而成的材料,由合成树脂及填料、增塑剂、稳定剂、润滑剂、色料等添加剂组成的,它的主要成分是合成树脂。塑料的基本性能主要决定于树脂的本性,但添加剂也起着重要作用。有些塑料基本上是由合成树脂所组成,不含或少含添加剂,如有机玻璃、聚苯乙烯等。

1. 树脂

树脂通常是指受热后有软化或熔融范围,软化时在外力作用下有流动向,常温下是固态、半固态,有时也可以是液态的有机聚合物。生产合成树脂的基本原料常称为单体,单体的性质决定了大分子物质的基本特性,所以在命名和区分塑料时,在单体名称前面加个"聚"字,就形成某种树脂或塑料的名称,如:聚乙烯、聚丙烯、聚氯乙烯等。简单组分的塑料中树脂含量高达 90%-100%,复杂组分的塑料中树脂含量也在 40%-60%。

2. 填充剂

填充剂又称填料，是塑料中重要的组成成分，它可以提高塑料的强度和耐热性能，并降低成本。例如酚醛树脂中加入木粉后可大大降低成本，使酚醛塑料成为最廉价的塑料之一，同时还能显著提高机械强度。填料可分为有机填料和无机填料两类，前者如木粉、碎布、纸张和各种织物纤维等，后者如玻璃纤维、硅藻土、石棉、炭黑等。填充剂在塑料中的含量一般控制在 40%以下。

3. 增塑剂

增塑剂，或称塑化剂，可增加塑料的可塑性和柔软性，降低脆性，使塑料易于加工成型。增塑剂(塑化剂)一般是能与树脂混溶，无毒、无臭，对光、热稳定的高沸点有机化合物，最常用的是邻苯二甲酸酯类。例如生产聚氯乙烯塑料时，若加入较多的增塑剂便可得到软质聚氯乙烯塑料。

4. 稳定剂

稳定剂主要是指保持高聚物塑料、橡胶、合成纤维等稳定，防止其分解、老化的试剂。为了防止合成树脂在加工和使用过程中受光和热的作用分解和破坏，延长使用寿命，要在塑料中加入稳定剂。常用的稳定剂有硬脂酸盐、环氧树脂等。稳定剂的用量一般为塑料的 0.3~0.5%。

5. 着色剂

着色剂可使塑料具有各种鲜艳、美观的颜色。常用有机染料和无机颜料作为着色剂。合成树脂的本色大都是白色半透明或无色透明的。在工业生产中常利用着色剂来增加塑料制品的色彩。

6. 润滑剂

润滑剂的作用是防止塑料在成型时粘在金属模具上，同时可使塑料的表面光滑美观。常用的润滑剂有硬脂酸及其钙镁盐等。在塑料成型加工过程中，为了改善熔融物料的流动性，并使之不黏附在金属设备或模具上，使脱模容易而加入的添加剂称为润滑剂。常用的润滑剂有硬脂酸及其盐类等

7. 抗氧剂

防止塑料在加热成型或在高温使用过程中受热氧化，而使塑料变黄，发裂等，除了上述助剂外，塑料中还可加入阻燃剂、发泡剂、抗静电剂、导电剂、导磁剂、相溶剂等，以满足不同的使用要求。

11.2.2　塑料分类

按热行为，可将塑料分成热塑性塑料和热固性塑料两大类。热塑性塑料受热后软化，冷却后又固化变硬，这种软化和固化可反复成型，有利于废塑料制品的回收循环使用，如聚乙烯、聚氯乙烯等。热固性塑料多半是线形或支链形低聚物或预聚体，受热后交联固化成型，一经成型固化后不再塑化熔融，也不溶解，不能进行多次成型，无法循环使用，如酚醛塑料。

按塑料的使用范围，则可粗分为通用塑料、工程塑料和特种塑料。通用塑料一般产量大、价格合理，有适当的力学性能，如聚乙烯、聚丙烯、聚氯乙烯、聚苯乙烯等。工程塑料一

般具有较佳的物理机械性能，能经受较宽的温度范围和较苛刻的环境条件，耐热、耐磨、尺寸稳定性好，更适合用作结构材料，如聚酰胺、聚甲醛、聚碳酸酯、聚苯醚等。特种塑料对性能有着更高的要求，具有通用塑料所不具有的特性，通常认为是用于能发挥其特性场合的塑料。广泛用于化工、电子、机械、汽车制造、航空、建筑、交通等工业。

11.2.3 塑料的主要性能

塑料与传统的金属和水泥混凝土材料相比，其性能差别很大，主要包括以下几方面的特点。

(1)可加工性好，装饰性强。塑料可采用比较简单的方法制成各种形状的产品，如薄板、薄膜、管材、异形材料等，并可采用机械化的大规模生产。塑料制品不仅可以着色，而且色泽鲜艳持久，图案清晰。可通过照相制版印刷，模仿天然材料的纹理达到以假乱真的效果。还可通过电镀、热压、烫金制成各种图案和花型，使其表面具有立体感和金属的质感。

(2)质量轻，比强度高。塑料的密度大约为 $0.8 \sim 2.2\ g/cm^3$ 之间，是钢材的 1/5，混凝土的 1/3，铝的 1/2，与木材相近。塑料的比强度(强度与表观密度的比值)较高，已接近或超过钢材，约为混凝土的 5~15 倍，是一种优良的轻质高强材料。因此，塑料及其制品不仅应用于建筑装饰工程中，而且也广泛应用于航空、航天等许多军事工程。

(3)隔热性能好，电绝缘性能优良。塑料制品的热导率小，其导热能力为金属的 1/500~1/600，混凝土的 1/40，砖的 1/20，泡沫塑料的热导率与空气相当，是理想的绝热材料。塑料一般是电的不良导体，电绝缘性好可与陶瓷、橡胶媲美。

(4)耐水性强，耐化学腐蚀性好。塑料属憎水性材料，一般吸水率和透气性很低，可用于防水、防潮工程。塑料制品对酸、碱、盐等有较好的耐腐性，可用于化工厂的门窗、地面、墙壁等。

(5)耐热性、耐火性差，受力变形大。塑料一般受热后都会产生变形，甚至分解。一般的热塑性塑料的热变形温度仅为 80~120 ℃，热固性塑料的耐热性较好，但一般也不超过 150 ℃。在施工、使用和保养时，应注意这一特性。

11.2.4 塑料制品在土木工程中的应用

塑料在土木工程中应用广泛。不仅可以因其结构材料的特性而做成玻璃纤维或者碳纤维这种增强的塑料，还可以作为功能材料用于防水、隔热、隔声、保温以及装饰。塑料机械性能和加工性能好，可以将塑料加工成塑料地板、塑料地毯、塑料门窗、塑料管道、塑料壁纸等，广泛应用于建筑工程中。

11.3 黏　合　剂

黏合剂又称胶黏剂、黏结剂，俗称胶，是能把各种材料紧密地黏合在一起的物质，多半是以聚合物为基料的多组分体系，其中往往还含有增塑剂、增韧剂、固化剂、填料、溶剂等辅料。

11.3.1 基本组成

胶黏剂通常是以具有黏性或弹性的天然或合成高分子化合物为基本原料，加入固化剂、填料、增韧剂、稀释剂、防老剂等添加剂而组成的一种混合物。

11.3.2 胶黏剂的分类

按胶接强度，胶黏剂可分为结构型、次结构型、非结构型三类，其胶接强度依次降低。按主要组成成分，则可分为天然胶黏剂、有机合成胶黏剂和无机胶黏剂。

11.3.3 常用的建筑胶黏剂

1. 环氧树脂胶黏剂

以环氧树脂为基料的胶黏剂称为环氧树脂胶黏剂，简称环氧胶，另加有固化剂和其他添加剂。环氧胶是当前应用最广的胶种之一。环氧胶有很强的黏合力，对大部分材料，如金属、木材、玻璃、陶瓷、橡胶、纤维、塑料、皮革等，都有良好的黏合能力，故有“万能胶”之称。与金属的胶接强度可达 2×10^7 Pa 以上。

2. 酚醛树脂胶黏剂

酚醛树脂胶的胶接力强、耐高温，优良配方胶可在 300 ℃以下使用，其缺点是性脆、剥离强度差。酚醛树脂是用量最大的品种之一。

未改性的酚醛树脂胶主要以甲基酚醛树脂为黏料，以酸类如石油磺酸、对苯甲磺酸、磷酸的乙二醇溶液、盐酸的酒精溶液等为固化催化剂而组成的，在室温或加热下固化。主要用来胶接木材、木质层压板、胶合板、泡沫塑料，也可用于胶接金属、陶瓷。通常还可以加入填料，以改善性能。

3. 橡胶类胶黏剂

以氯丁橡胶、丁腈橡胶、丁基橡胶、聚硫橡胶、天然橡胶等为基料制成的胶黏剂称为橡胶类胶黏剂。这类胶黏剂强度较低、耐热性不高，但具有良好的弹性，适用于胶接柔软材料以及热膨胀系数相差悬殊的材料。

11.3.4 胶黏剂的选用原则

1. 黏接材料的性质和要求

不同的黏接材料有不同的表面特性和化学成分,需要选择与之相匹配的胶黏剂。例如,金属材料通常需要使用耐高温和强度较高的胶黏剂,而橡胶材料则需要具有优良的耐化学品性能的胶黏剂。此外,还需要考虑胶接材料的尺寸和形状,以确定使用何种胶黏剂的黏接方法。

2. 压力和应力环境

如果黏接部位承受较大的拉伸或剪切力,需要选择具有良好强度和韧性的胶黏剂。如果黏接环境存在高温,需要选择具有良好耐高温性能的胶黏剂。相反,如果胶接部位需要承受低温环境,需要选择耐低温性能好的胶黏剂。此外,还需要考虑胶接部位是否需要经常受到震动或冲击。

3. 胶接的用途和条件

不同的用途和条件对胶黏剂的要求不同。例如,汽车制造中使用的胶黏剂需要具有耐久性和耐化学品的性能,以应对各种复杂的环境。而在电子行业,胶黏剂需要具有导电或绝缘的性能。此外,还需要考虑胶接部位是否暴露在水、紫外线、食品等特殊环境中。

4. 施工的方法和条件

不同的胶黏剂有不同的施工要求,如工作温度、干燥时间、固化时间等。因此,需要根据实际情况选择合适的胶黏剂。例如,在实地施工时,可能需要选择具有较长开放时间和固化时间较快的胶黏剂,以提高工作效率。

11.4 涂　　料

涂料是涂覆在被保护或被装饰的物体表面,并能与被涂物形成牢固附着的连续薄膜,起到保护、装饰或特殊功能的作用,俗称“油漆”。既包括传统的涂料,也包括以各类合成树脂为主要原料生产的溶剂型涂料和水性涂料。通常是以树脂、或油、或乳液为主,添加或不添加颜料、填料,添加相应助剂,用有机溶剂或水配制而成的黏稠液体。建筑涂料是一类具有装饰功能、保护功能和居住性改进功能的涂料。

11.4.1 涂料的组成

涂料主要由基料(成膜物质)、溶剂、颜料和助剂等部分组成。

1. 基料

基料是使涂料牢固附着于被涂物体表面上形成连续薄膜的主要物质,是涂料的基础,它对涂料和涂膜的性能起决定性的作用,可以作为成膜物质的物质品种很多,但主要使用树脂。

2. 溶剂

溶剂能将涂料中成膜物质溶解或分散为均匀液态,便于形成涂膜,施工结束后又能从漆膜中挥发至大气,不存留在涂膜中。水、无机化合物和有机化合物都可以作为涂料的溶剂组分。

溶剂有些在涂料制造时加入,有些在涂料施工时加入。溶剂的选用除考虑其对基料的相容性或分散性外,还应该注意其挥发性、毒性、闪点及价格等因素。一个涂料品种中既可以使用单一溶剂,也可以使用混合溶剂,一般将基料和挥发剂的混合物称为漆料。

3. 颜料

颜料主要用于着色、提供保护、装饰及降低成本。颜料能够使涂膜呈现多种色彩,提高涂膜遮盖被涂物体的能力,发挥涂料的装饰和保护功能。部分颜料还能提高漆膜的力学性能、耐久性能,提供防腐蚀、导电、阻燃等性能。

4. 助剂

助剂是添加到涂料中的辅助成分,用于改善涂料的特性和应用性能,在涂料配方中的用量很小,一般只有千分之几或更少。它可以改进生产工艺,保持储存稳定,改善施工条件,提高产品质量,赋予特殊功能。

11.4.2　常用建筑涂料

建筑涂料就是涂饰于建筑物表面,能与基体材料很好黏结并形成完整而坚韧保护膜的物料,既可以给建筑物带来美观效果,又可以有效保护建筑物。根据使用范围分类建筑涂料分为:内墙涂料、外墙涂料、地面涂料等。

1. 内墙涂料

内墙涂料也叫内墙漆,主要功能是装饰及保护室内墙面,使其美观整洁。内墙涂料应具有环保、涂层细腻、遮盖力好、耐水性、耐擦洗性好、具有一定的透气性、施工性好等性能。

常用的内墙涂料包括水溶性涂料、乳胶漆、粉末涂料、水性仿瓷涂料等,我们常见的乳胶漆、墙面漆就属于液态涂料。

(1)低档水溶性涂料是聚乙烯醇溶解在水中,再在其中加入颜料等其他助剂而成。低档水溶性涂料不耐水、不耐碱,涂层受潮后容易剥落,属低档内墙涂料,适用于一般内墙装修,优点是价格便宜、无毒、无臭、施工方便等;缺点是耐久性不好,易泛黄变色,用湿布擦后会留下痕迹。

(2)乳胶漆是一种以水为介质,以丙烯酸酯类、苯乙烯-丙烯酸酯共聚物、醋酸乙烯酯类聚合物的水溶液为成膜物质,加入多种辅助成分制成。

(3)粉末涂料是一种新型的不含溶剂 100%固体粉末状涂料,包括硅藻泥、海藻泥、活性炭墙材等,特点是无溶剂、无污染、可回收、环保,节省能源和资源,减轻劳动强度,涂膜机械强度高,是目前比较环保的涂料。

(4)仿瓷涂料是以多种高分子化合物为基料,配以各种助剂、颜料、填料经加工而成的有光涂料,其装饰效果细腻、光洁、淡雅,价格不高,优点是耐磨、耐沸水、耐老化及硬度高,但是施工工艺繁杂,耐湿擦性差。

2. 外墙涂料

外墙涂料是用于涂刷建筑外立墙面的,所以最重要的一项指标就是耐候性,要求抗紫外线的照射达到长时间照射不变色。外墙装饰直接暴露在大自然,经受日晒雨淋,所以外墙涂料相对内墙涂料就要求有超强的保护性能特点。

外墙涂料的主要功能是装饰和保护建筑物的外墙面,使建筑物外貌整洁美观,从而达到美化城市环境的目的。同时能够起到保护建筑物外墙的作用,延长其使用时间。为了获得理想的装饰与保护效果,外墙涂料应具有装饰性、耐候性、耐沾污性、耐水性等性能。

常用外墙涂料包括乳胶漆、弹性涂料、金属漆等。外墙乳胶漆不仅有清洁作用,而且耐久性好,但其无弹性,无防开裂作用。弹性涂料用于有外保温地区,分为单层和复层两种。复层弹性涂料,既有弹性防开裂的夹层,又有起到清洁功能的面层,因价格较贵,所以进入市场后开发了单层弹性涂料,即将两种功能合一,合入面层中。金属漆主要是仿铝板效果,无弹性作用,因此不适用于有外保温的地区。

3. 地面涂料

地面涂料的主要功能是装饰与保护室内地面,使地面清洁美观,与其他装饰材料一同创造油压式室内环境。为了获得良好的装饰效果,地面涂料应具有以下特点:耐碱性好、黏结力强、耐水性好、耐磨性好、抗冲击力强、涂刷施工方便及价格合理等。常用的地面涂料有环氧树脂地面涂料、丙烯酸地面涂料和聚氨酯地面涂料。

环氧树脂地面涂料有强劲的耐磨能力,优异的耐化学性,在酸碱盐油环境下的稳定性好,在防腐和防氧化方面有诸多应用。有较强的防滑性。但是环氧树脂涂料对紫外线天生的无法抵抗,让它只能用于室内。而且防潮能力和低温耐性差,对于渗水潮湿地面,必须先经过防潮处理之后才能施工,在零下 30 ℃以下的环境中使用,易发脆。

聚氨酯地面涂料常用于室外。聚氨酯地面涂料在室外应用不易破损,室外防腐效果更强。聚氨酯地面涂料可以应用户外阳光日晒的环境,有较好的抗冲击力,可以在零下 60 ℃的环境下使用。其缺点是气味臭,施工时具有浓烈的刺激性气味,散味较慢;对于酸碱盐的耐性一般;收缩性高:施工收缩比较高,温差对于表面的影响较大。

丙烯酸地面涂料广泛用于工厂车间地坪的防尘防污、仓库,停车场和球场表面涂装。其可以应用于阳光照射的户外环境,如室外停车场、球场、公园路道等;良好的附着性,在日常使用情况下不易脱落;对于雨水或地表渗水,具有一定的耐性,不易产生分解。它的缺点是不耐磨,单体结构决定了分子力不强,硬度和耐磨性能比较弱;抗冲击性差:在强冲击下容易爆裂碎化;不耐热,温度超过 170 ℃时开始降解。

思考题

1. 试述塑料的组成成分及它们所起的作用。
2. 热塑性塑料和热固性塑料各自的特征是什么?
3. 与传统材料相比,建筑塑料有哪些优缺点?
4. 通用塑料与工程塑料的性能特点是什么?
5. 胶黏剂是如何分类的?举例说明两种广泛应用的胶黏剂的特点及应用。
6. 胶黏剂的选择需要注意哪些要点?

7. 常用涂料的类型有哪些？

8. 试述涂料的组成成分及它们所起的作用。

9. 对内墙涂料的基本要求有哪些？试列举三种常用的内墙涂料，并说明其特性。

参 考 文 献

[1] 湖南大学. 土木工程材料[M]. 2 版. 北京:中国建筑工业出版社,2011.
[2] 李红英. 抢修抢建特种材料[M]. 北京:中国建筑工业出版社,2022.
[3] 吴中伟,廉慧珍. 高性能混凝土[M]. 北京:中国铁道出版社,1999.
[4] 郝元恺,肖加余. 高性能复合材料学[M]. 北京:化学工业出版社,2004.
[5] 洪向道. 新版常用土木工程材料手册[M]. 北京:化学工业出版社,2006.
[6] 马保国,刘军. 建筑功能材料[M]. 武汉:武汉理工大学出版社,2004.
[7] 王福川. 新型建筑材料[M]. 北京:中国建筑工业出版社,2003.
[8] 江苏省建设工程质量监督总站. 建筑材料检测[M]. 北京:中国建筑工业出版社,2010.
[9] 建设材料规范大全[M]. 北京:中国建筑工业出版社,2006.
[10] 胡曙光. 特种水泥[M]. 2 版. 武汉:武汉理工大学出版社,2010.
[11] 彭小芹. 土木工程材料[M]. 4 版. 重庆:重庆大学出版社,2021.
[12] 王立久. 建筑材料学[M]. 4 版. 北京:中国水利水电出版社,2020.
[13] 周明华. 土木工程结构试验与检测[M]. 南京:东南大学出版社,2002.
[14] 杨茂森,殷凡勤,周明月. 建筑材料质量检测[M]. 北京:中国计划出版社,2000.
[15] 张亚梅. 土木工程材料[M]. 6 版. 南京:东南大学出版社,2021.
[16] 孙家国,欧阳和平,钟含. 建筑材料与检测[M]. 3 版. 郑州:黄河水利出版社,2022.
[17] 宋岩丽,范红岩. 建筑材料与检测[M]. 4 版. 北京:人民交通出版社,2023.
[18] 潘祖仁. 高分子化学:增强版[M]. 北京:化学工业出版社,2007.
[19] 刘广建. 超高分子量聚乙烯[M]. 北京:化学工业出版社,2001.
[20] 黄丽. 高分子材料[M]. 北京:化学工业出版社,2005.
[21] 洪定一. 聚丙烯:原理、工艺与技术[M]. 北京:中国石化出版社,2002.
[22] 张留成,瞿雄伟,丁会利. 高分子材料基础[M]. 北京:化学工业出版社,2002.
[23] 张玉龙,李萍. 工程塑料改性技术[M]. 北京:机械工业出版社,2006.
[24] 冯孝中,李亚东. 高分子材料[M]. 哈尔滨:哈尔滨工业大学出版社,2007.
[25] 王亚兰. 塑料门窗的特点及在建筑节能中的应用[J]. 塑料助剂,2024(2):69-71.
[26] 李立新,周泽魁. PVC 塑料管材成型工艺及设备[J]. 化学建材,2002,18(3):29-31.
[27] 王致禄,陈道义. 聚合物胶黏剂[M]. 上海:上海科学技术出版社,1988.
[28] 武利民. 涂料技术基础[M]. 北京:化学工业出版社,1999.
[29] 吴东云. 土木工程材料[M]. 2 版. 武汉:武汉理工大学出版社,2021.
[30] 王春阳. 土木工程材料[M]. 2 版. 北京:北京大学出版社,2013.
[31] 赵志曼,张建平. 土木工程材料[M]. 北京:北京大学出版社,2012.